# COMPRENDRE LA BIODIVERSITÉ

## Du même auteur

Probabilité statistiques et biologie
(en collaboration avec J. L. Chassé)
*CEDIC, 1975*

Index et concordance pour
« Alice's Adventures in Wonderland »
de Lewis Carroll
(en collaboration avec Philippe Thoiron)
*Champion-Slatkine, 1989*

Artificial Intelligence in Numerical and Symbolic Simulation
(en collaboration avec G. C. Vansteenkiste)
*Aléas, 1991*

Modélisation en biologie et en écologie
*Aléas, 1994*

La Nécessité du hasard
*EDP Sciences, 2007*

Amazonie, une aventure scientifique et humaine du CNRS
(en collaboration avec G. Fornet)
*Galaade, 2010*

On the Origins and Dynamics of Biodiversiy
The Role of Chance
*Springer, 2010*

La Course de la gazelle
*EDP Sciences, 2011*

Modélisation des systèmes vivants
*Hermès/Lavoisier, 2012*

Modeling Living Systems
*ISTE/Wiley, 2012*

Les Cailloux du Petit Poucet
*EDP Sciences, 2015*

*ALAIN PAVÉ*

# COMPRENDRE LA BIODIVERSITÉ

## VRAIS PROBLÈMES ET IDÉES FAUSSES



OUVRAGE PUBLIÉ AVEC LE CONCOURS
DU CENTRE NATIONAL DU LIVRE

*ÉDITIONS DU SEUIL*
*57, rue Gaston-Tessier, Paris XIX^e^*

ISBN 978-2-02-134150-8



www.seuil.com

# La biodiversité, de LUCA à... Ratatouille

*Le premier ennemi de la connaissance n'est pas l'ignorance, c'est l'illusion de la connaissance.*
STEPHEN HAWKING

La vie est apparue sur la Terre il y a environ quatre milliards d'années. Nous n'avons pas de trace du premier organisme, si tant est qu'il ait été unique. On peut seulement supposer qu'il était unicellulaire et que son génome était proche de celui reconstitué à partir des séquences actuellement connues pour aboutir à une sorte de plus petit génome commun. Ce premier être vivant hypothétique a été dénommé LUCA pour *Last Universal Common Ancestor*.

Les premiers organismes se sont diversifiés et ont évolué. Ceux, extrêmement variés, qui existent aujourd'hui résultent de cette histoire. Pour désigner cette multitude, on parle de diversité biologique, de biodiversité. Pour la décrire et la mesurer commodément, on convient de ranger les organismes qui se ressemblent dans des catégories, par exemple des espèces, catégories plus permanentes que ces organismes individuels qui apparaissent et disparaissent continûment. À un moment et dans un lieu donnés, la biodiversité peut être plus ou moins bien évaluée, par exemple, en nombre d'espèces identifiables. Ce nombre peut changer au cours du temps et en fonction du lieu. Tout cela donne souvent l'impression d'un grand bazar et d'un non moins grand remue-ménage permanent. Comment s'y reconnaître ? C'est l'une des grandes difficultés pour les scientifiques qui s'intéressent au monde vivant.

Et *Ratatouille* ? Au-delà du contexte scientifique, notre imagination nous promène. Ainsi des êtres vivants sont inventés, souvent humanisés et mis en scène. En nous tenant à notre époque, c'est, par exemple, le cas de dessins animés, comme ceux dont Félix le Chat était le héros dans l'entre-deux-guerres, ou Mickey et ses divers compagnons, jusqu'à des films plus récents comme *Ratatouille*. Cette biodiversité imaginaire vaudrait considération, d'autant qu'elle diminue régulièrement depuis 1937. Et là, ce n'est guère naturel !

Et que dire des humains, ces animaux curieux, les seuls sachant décrire, compter, évaluer la biodiversité d'hier, d'aujourd'hui et qui essayent de prévoir celle de demain ? Êtres vivants eux-mêmes, ils sont des éléments anecdotiques de cette biodiversité, mais jouent un rôle considérable. Ils transforment le monde qui les entoure sans pour autant le connaître suffisamment, ne faisant pas toujours bien la part entre le réel et l'imaginaire. Quelle est alors la fonction particulière de la tout aussi bizarre sous-espèce *Homo sapiens scientificus* dans cet orchestre sans chef ?

De fait, la biodiversité et ceux qui nous en parlent nous ballottent entre des visions scientifiques, à l'image de celles ayant permis la reconstruction du génome de LUCA, et des récits plus ou moins fantasmés, comme ceux des dessins animés. Dans l'entre-deux, ce qui est souvent le cas, il est bien difficile de se repérer. Pour y aider, nous allons tenter de distinguer les discours de la science la plus rigoureuse, ceux de la biologie et de l'écologie scientifique, de ceux des autres écologies, notamment politique ou religieuse, ou provenant des institutions, des ONG et autres associations, des médias, des amateurs plus ou moins bien éclairés, des ministres, des poètes et des artistes.

# Tour d'horizon

Je ne déteste pas les naturalistes ! Et pourtant, il m'est arrivé d'avoir envie de paraphraser Claude Lévi-Strauss[1], tant leur tendance contemplative, quasi religieuse, peut prendre le pas sur le rationnel. Beaucoup d'écologues aujourd'hui héritent de cette tradition avec ses qualités et ses défauts. En vérité, n'ayant pas eu cette formation initiale et n'étant pas écologiste de formation, j'ai beaucoup appris grâce à eux[2]. Ils m'ont montré comment regarder la nature, l'observer, la décrypter et l'apprécier. Dans leur grande majorité, ils ont adopté ce mot magique de « biodiversité », mot inventé en 1985 et popularisé à partir de 1988. Trente ans après, presque tout le monde le connaît. J'ai été témoin à plusieurs titres de cette énorme *success story* pour un terme « savant », une vague sur laquelle l'écologie surfe maintenant autant qu'elle le peut. Cet ouvrage résulte de l'expérience accumulée et quelque peu critique à son propos : solide thématique mais parfois galvaudée, ayant perdu une part de ses fondements scientifiques. Que s'est-il passé ?

Tout d'abord, a-t-on attendu 1985 pour se rendre compte de l'énorme variabilité des êtres vivants ? Non, bien sûr ! En effet, pour les scientifiques, la question de la diversité biologique est ancienne, elle a été même centrale pour les sciences de la vie et avant pour ce que l'on appelait l'histoire naturelle. En revanche, l'observation d'effets indésirables des actions de l'homme sur les autres êtres vivants de la planète a contribué à la populariser. Il s'agit, par exemple, de la disparition de populations entières d'animaux ou de végétaux ou encore de la raréfaction de certaines autres. On a également constaté l'épuisement de ressources vivantes, la dégradation de milieux et la prolifération de nuisibles. C'est essentiellement pourquoi une inquiétude s'est exprimée et concrétisée dans ce néologisme de « biodiversité ».

Le succès est tel que, de nos jours et pour le plus grand nombre, ce terme remplace fréquemment celui de « nature », entité souvent idéalisée et le plus souvent perçue comme positive. Et pourtant, dans notre esprit, elle n'en reste pas moins évanescente, comme le disait Condorcet : « La nature est un de ces mots dont on se sert d'autant plus souvent que ceux qui les entendent ou qui les prononcent y attachent plus rarement une idée précise » [2]. De fait, la biodiversité hérite de cette vision plutôt floue de la nature.

Cependant, derrière le succès sans précédent d'un mot inventé par des biologistes, les discours à son propos s'éloignent parfois des faits ou de la réflexion scientifique, allant jusqu'à l'expression d'un véritable catastrophisme : nous irions dans le mur, la planète serait en danger, nous serions au seuil d'une sixième grande extinction, dont les humains seraient responsables et aussi, à terme, les victimes. Face à ces affirmations, souvent péremptoires, pessimistes, il faut savoir raison garder et s'interroger sur ce qui les motive. Il y a certes des faits, mais pas uniquement, on peut aussi déceler ou au moins supposer des intentions. Dans ce cas, il est souvent utile de se référer aux philosophes, par exemple à Spinoza, qui écrivait : « Les passions tristes sont l'apanage des prédicateurs et des despotes[3]. » Ce n'est sans doute pas du despotisme, encore que le monde politique puisse y trouver un avantage ; en revanche, certaines déclarations semblent bien relever de prédications, parfois apocalyptiques.

Qu'en est-il sur le plan scientifique ? De fait, l'écologie s'est appropriée la question de la biodiversité. En effet, cette discipline s'intéresse d'abord aux relations des êtres vivants entre eux et avec les milieux dans lesquels ils vivent. Or, la biodiversité n'a de sens que si ces êtres existent et ils ne vivent que grâce à ces relations, à ces interactions. De plus, les humains, êtres vivants à la fois banals et singuliers, jouent un rôle particulier. C'est ce qui a fait précisément émerger cette question de la biodiversité et dramatiser les discours à son propos. C'est aussi ce qui la rend complexe car elle oblige à considérer des dimensions non spécifiquement biologiques, par exemple politiques, économiques, culturelles, et même religieuses.

L'écologie est ainsi quelque peu tiraillée entre, d'une part, les autres sciences de la nature, tout particulièrement les autres disciplines biologiques et, d'autre part, les sciences humaines et sociales. De plus, elle a cette particularité d'être plurielle : écologie scientifique, écologie politique, écologie religieuse, voire d'autres encore, comme une écologie des ONG, une écologie des associations et une écologie médiatique. Par conséquent, ne pourrait-on pas parler d'écologies, au pluriel, et qualifier chacune d'elles ? Mais alors, n'y a-t-il pas de risques de dispersion, et même de dérives du métier d'écologue qui devrait en principe rester ancré dans les sciences de la vie ? Et les discours très divers de ces écologies ne paraissent-ils pas embrouillés ? En tout cas, parler d'un sujet complexe dans la confusion ne contribue pas à l'éclairer.

La biodiversité révèle aussi des facettes qu'on pourrait qualifier d'utilitaires. En effet, le vivant est source de productions nécessaires à notre vie, par exemple pour l'alimentation ou la médication, de fonctionnalités précieuses, par exemple de détoxification ou de recyclage, d'idées nouvelles, notamment pour des développements, technologiques (biomimétisme et technologies bio-inspirées), de dimensions esthétiques (paysages naturels ou aménagés, jardins créés et entretenus avec grand soin, compositions diverses comme les murs végétaux). Beaucoup voient là des trésors à exploiter. En revanche, certains êtres vivants sont également sources de désagréments et même de pathologies (infections, allergies, agressions, intoxications) et, complication extrême, il en existe qui peuvent être tantôt neutres vis-à-vis des humains, tantôt redoutablement pathogènes (comme le vibrion cholérique). D'autres, enfin, sont perçus positivement mais peuvent s'avérer dangereux, c'est le cas des ours.

Outre ce que l'on observe, ce que l'on utilise et ce que l'on idéalise, il est indispensable de savoir de quoi l'on parle, de bien expliciter les termes qu'on manipule, en premier celui de biodiversité lui-même, de consacrer du temps à une réflexion conceptuelle à son propos et si possible d'élaborer une théorie qui ne soit pas un simple collage d'arguments d'origines diverses. En effet, une théorie solide est un moyen efficace et assez sûr pour engendrer des prolongements utiles, pour mieux penser le réel, pour répondre à des finalités, pour proposer des produits nouveaux ou pour concevoir des applications, dont des technologies innovantes. Plus généralement, ce type de réflexion permet de mieux comprendre cette biodiversité et quoi en faire. Par exemple, la théorie de l'évolution est parfois considérée comme un objet de spéculation intellectuelle, peu en relation avec des aspects pratiques. Or l'intégration récente de la dimension évolutive dans divers domaines concrets est très prometteuse. C'est le cas pour la santé[4], l'agronomie, les biotechnologies, l'aménagement et la gestion des écosystèmes. Il a fallu un peu plus d'un siècle et demi pour en arriver là, et l'on accumule les succès. En même temps, on fait progresser cette théorie par une confrontation permanente avec le réel. Plus généralement, il est nécessaire d'intégrer le fait évolutif dans les sciences de la vie : «*Nothing in biology makes sense except in the light of evolution*[5]» et, dans la continuité, d'affirmer que seule une lecture évolutive peut donner un sens à la biodiversité. Or, malgré des efforts importants, l'écologie peine encore à faire cette lecture en oubliant que le créateur de la discipline, Ernst Haeckel, était avant tout un évolutionniste et même que Darwin, lui-même, n'ignore pas ce qu'on a appelé plus tard l'écologie. C'est pourquoi un chapitre est consacré à ce sujet, à cette théorie.

Bien évidemment, on peut théoriser sans mathématiser. À ce sujet, certains auteurs citent les travaux de Charles Darwin. Ils ont presque raison, mais seulement presque. En effet, dans ses travaux, notamment son ouvrage fondateur, il n'y a pas de formulation mathématique, comme il en existait, par exemple, dans les publications des physiciens. En revanche, dans ses carnets de notes, on a trouvé un graphe arborescent, dessiné sur le terrain, où il représente des relations phylogénétiques possibles entre espèces. Plus encore, dans son ouvrage, un schéma de principe explicitant l'origine commune d'espèces différentes est soigneusement dessiné. Ces schémas et quelques autres ont vraisemblablement servi de support à ses réflexions. Ce ne sont pas des modèles mathématiques, mais des schémas relationnels, c'est-à-dire de véritables modèles graphiques. Plus tard, des biométriciens ont modélisé de nombreux aspects de cette théorie, notamment lorsque les dimensions génétiques (génétique mendélienne et génétique des populations) ont été prises en compte. Ces extensions ont constitué le « néodarwinisme » ou la « théorie synthétique de l'évolution[6] ».

Tout cela n'est-il pas excitant, d'autant plus que ce n'est pas fini ?

Maintenant, regardons du côté des humains, ce qu'ils font et ce qu'ils disent. En effet, de façon plutôt simpliste, ils sont d'abord considérés comme destructeurs de biodiversité. Bien entendu, il existe des situations où c'est vrai et même caricatural, par exemple lors de la transformation de vastes forêts en terres agricoles, ou de façon plus radicale pour l'exploitation minière ou pour faire des espaces « bétonnés ». Cependant, la situation est plus subtile. En effet, l'agriculture a produit des variétés nouvelles, ainsi un article de Bernard Le Buanec, l'un des meilleurs spécialistes de la question, présente bien la question [5]. La pratique de l'agriculture a aussi conduit à une diversification des paysages, à la création de nouveaux écosystèmes, c'est-à-dire à une biodiversité d'un autre niveau, celui d'ensembles de parcelles plus ou moins hétérogènes, de haies et de bosquets [6]. D'un autre côté, la création de villages et de cités a rassemblé de plus en plus d'humains dans des espaces artificialisés. Une biodiversité urbaine a été installée, notamment dans des parcs et des jardins ; une partie a même émergé spontanément [7]. Ce processus d'anthropisation a aussi permis de préserver des territoires ruraux et naturels propices à l'expression et au maintien d'une grande biodiversité. Les humains ne sont pas mauvais par essence. Ils ne détruisent pas par plaisir. Ainsi savons-nous maintenant que c'est d'abord la pauvreté qui les mène à altérer gravement leur environnement. Inversement, on ne peut pas ignorer non plus que des cas, bien trop nombreux encore, relèvent de la cupidité entraînant des destructions dommageables. Au total, on constate quand même que ces humains sont parfaitement capables de faire évoluer leurs relations avec les autres êtres vivants de la planète, tout en sachant que de bonnes intentions peuvent avoir des conséquences négatives [8]. Rien n'est gagné pour autant, comme le suggère un modèle nommé HANDY (*Human and Nature Dynamics*) [9]. En effet, une exploitation inconsidérée des ressources naturelles, une répartition très inégalitaire des richesses et une diminution des emplois paraissent être des facteurs déterminants d'effondrement des civilisations. La nôtre n'est pas à l'abri, on peut même penser qu'elle y va gaillardement, mais rien n'est sûr, même pas le pire !

Pour mieux comprendre ces dimensions humaines, on est évidemment amené à mobiliser certaines disciplines du secteur scientifique spécialisé dit des « sciences de l'homme et de la société », mais, pour un écologue, en évitant de s'y dissoudre.

Revenons aux sciences de la nature. Quand on écoute les biologistes et les écologues, quand on lit leurs écrits, on remarque qu'ils emploient souvent un mot magique, celui de « hasard ». Qu'en font-ils ? Pour les plus avertis, ils utilisent le calcul des probabilités qui en traite bien, pour analyser les résultats souvent variables de leurs expériences. Mais ils hésitent à aller plus loin, à disséquer ce hasard : d'où vient-il ? Peut-on agir sur lui et sur ses effets ? Il y a peu de temps, interrogé sur cette question par un dirigeant de la recherche d'une grande entreprise, je signalais que dans l'introduction du livre d'Henri Poincaré consacré au calcul des probabilités, paru en 1912, on trouvait des réponses et que manifestement ces réflexions ont été en grande partie ignorées jusqu'à un passé relativement récent. J'ajoutais aussi que celles, plus anciennes, d'Antoine-Augustin Cournot sur la « contingence », évoquant le hasard comme la rencontre de chaînes causales indépendantes, étaient très importantes pour tout ce qui concernait les phénomènes historiques, notamment l'évolution biologique. Un participant à cette discussion, au demeurant un excellent scientifique, me répondit que Cournot c'est « de la philosophie de terminale », ce que j'ai traduit par « pas d'intérêt scientifique », et que pour le texte de Poincaré, il n'est pas étonnant qu'il ait été ignoré, « parce qu'on ne lit jamais les introductions des ouvrages ». Dommage… Très généralement et malgré son omniprésence dans les discours des scientifiques, ceux-ci ont des difficultés avec le hasard et vont jusqu'à l'ignorer. Alice Roberts l'a très bien noté dans le célèbre quotidien britannique *The Guardian* à propos d'un article publié dans la revue *Science* sur le rôle prépondérant du hasard dans l'émergence des pathologies cancéreuses [10]. On ne peut donc pas passer sur ce sujet primordial quand on parle du vivant et de son évolution. C'est pourquoi j'ai tenté de faire le tour de la question et choisi de le présenter dans le dernier chapitre, en forme de conclusion ou, mieux encore, comme une sorte de « cerise sur le gâteau » : le hasard nous dit beaucoup sur la biodiversité et la biodiversité nous oblige à sortir d'un discours évanescent à son propos. Ce détour peut paraître curieux mais il s'est imposé. Certains pourront me qualifier de monomaniaque car j'en ai déjà parlé dans un livre récent : *La Nécessité du hasard, vers une théorie synthétique de la biodiversité* avec une multiplicité de faits biologiques et écologiques illustrant ses effets. Ici, le contexte s'y prêtant encore, cette réflexion est prolongée et renforcée.

Pour mieux expliquer la démarche suivie dans ce livre, singulièrement dans le dernier chapitre, mais pas exclusivement, j'évoque l'une de mes marottes, à savoir la modélisation. J'ai déjà expliqué par ailleurs en quoi les modèles ont été des sortes de cailloux pour me repérer dans les sentiers sinueux des sciences de la vie [11]. Plus généralement, cette méthodologie est devenue précieuse dans beaucoup d'autres domaines, tant pour la construction théorique que pour répondre à des finalités pratiques. Elle permet aussi de spéculer en construisant des réalités virtuelles. Il faut cependant la manier avec précaution. Ainsi, la modélisation ne doit jamais être déconnectée du réel, même dans les approches les plus abstraites, les plus spéculatives. Les modèles présentés dans cet ouvrage sont simples. Ainsi trouve-t-on la « loi aire-espèces », importante en écologie, et un modèle graphique, permettant d'illustrer l'utilisation, parfois maladroite, de cette loi. Le modèle logistique est aussi évoqué. Il est simple et s'applique à une grande diversité de situations biologiques et écologiques. Sous sa forme continue, on l'utilise pour représenter l'évolution de la biodiversité à l'échelle géologique (chapitre 3). D'autres modèles sont cités sans les détailler, par exemple ceux utilisés à des fins de prédiction, souvent pour en signaler les limites. Une partie du chapitre 5 y est consacrée. Comme le lecteur, s'il a une lecture linéaire de l'ouvrage, aura déjà vu des modèles et certaines de leurs utilisations, on en profite pour donner plus de précisions méthodologiques, avant de se lancer dans les prédictions, le graal de tout modélisateur. Mais, à l'image de cette coupe mythique, le pouvoir prédictif est difficile à trouver et à prouver : les états passés et présents sont déjà délicats à établir ; pour ceux du futur, certaines prévisions sont possibles, mais il faut rester très modeste.

Le modèle logistique est aussi présenté sous sa forme discrète, pour réfléchir sur l'origine de la variabilité biologique et imaginer des mécanismes pouvant engendrer le hasard nécessaire à la production de cette variabilité (c'est l'objet du chapitre 8). Grâce à ce modèle simple, que tout un chacun ayant le niveau du bac peut comprendre et manipuler, une digression un peu théorique est proposée pour illustrer un résultat mathématique assez récent, très utile et très rassurant. En effet, parmi les grands développements mathématiques ayant eu des applications spectaculaires au XX^e^ siècle, deux sont à mettre en exergue : la théorie des systèmes dynamiques et la théorie des probabilités. Soupçonnés par Poincaré, des liens formels entre ces deux monuments ont été établis, mais presque un siècle après, donc récemment. Ces liens formels justifient une pratique plus ou moins courante : dans des situations « mécaniquement » complexes, comme l'élémentaire jeu de « pile ou face », des équations apparemment simples peuvent être établies. En fait, elles ne l'ont été qu'en 2008. Si le jeu est simple, les équations sont quelque peu compliquées et hors de portée de la plupart des personnes, même celles ayant une bonne culture en mathématiques et en physique. En revanche, il y a bien longtemps que l'approche probabiliste du « pile ou face » a été faite, en gros à la fin du XVII^e^. On l'utilise même souvent pour débuter un cours de calcul des probabilités. Mais alors n'y a-t-il pas quelque contradiction lorsque d'un côté on a une équation « exacte » et de l'autre on se contente de probabilités donnant des résultats plus vagues ? D'un côté, une approche précise et mécaniste, de l'autre un « à peu près ». Deux démarches apparemment distinctes, voire incompatibles. Or ce n'est pas le cas. En effet, des mathématiciens ont établi les liens entre les deux théories et nous pouvons justifier l'emploi de l'une ou de l'autre, ou de l'une et de l'autre. Prenons à titre d'exemple le travail du GIEC (Groupe d'experts intergouvernemental sur l'évolution du climat). D'un côté les équipes multiplient les simulations à partir de modèles dynamiques complexes, utilisant de gros moyens de calcul, et de l'autre une synthèse est proposée sous des formes statistiques et probabilistes, par exemple la température moyenne sur le globe en 2100 à laquelle on associe un intervalle dans lequel on aura une forte probabilité d'observer une température réelle, ce qu'on appelle un « intervalle de confiance ». Malgré son apparence, cette pratique n'est pas un bricolage douteux, elle est maintenant rigoureusement justifiée. Ouf, diront certains. Pour l'une ou l'autre, comme le pile ou face et d'autres jeux mécaniques dits de hasard, l'argument est celui de la simplicité *versus* la complexité. Ainsi l'approche probabiliste est plus simple que l'approche mécaniste, certes approximative mais souvent suffisante. Encore que le calcul exact est tellement sensible à l'impulsion initiale qu'il n'est pratiquement pas possible d'observer un résultat qui aurait été prédit. Donc le calcul des probabilités est au moins à double titre préférable à celui du calcul exact. Cependant ce dernier nous rassure, car il nous permet aussi de comprendre pourquoi le résultat « exact » est quand même difficile à prédire.

Je gage qu'à partir de tout cela, Pierre Desproges aurait pu nous proposer une belle « Minute nécessaire de monsieur Cyclopède » !

Mais revenons à notre biodiversité. Nous savons que les

variations sont biologiquement indispensables, par exemple pour permettre aux êtres vivants d'évoluer. En revanche, ces variations sont gênantes d'un point de vue pratique. En effet, elles limitent nos possibilités de prédiction, notamment d'états futurs de la biodiversité. C'est bien plus difficile que pour le pile ou face et même que pour le climat. Nous en discutons dans le chapitre 5 à propos de cette fameuse sixième extinction qui nous est régulièrement promise, mais aussi sur des exemples plus prosaïques d'évolution d'écosystèmes. En tout cas, il n'y a pas le choix, il faut faire avec cette variabilité biologique.

Somme toute, le but de ce texte est aussi d'exposer de réels sujets d'intérêt et de préoccupation concernant le vivant, notamment l'origine de sa diversité, ses devenirs possibles, les bénéfices qu'on peut en tirer, son rôle dans le fonctionnement de la biosphère, le potentiel évolutif qu'elle représente. Cela étant, le terme de biodiversité reste flou. Il y a encore des confusions entre énoncés scientifiques et positions idéologiques et morales qu'il s'agit de clarifier. La dimension évolutive doit être systématiquement introduite en signalant le rôle prépondérant de hasards d'origines diverses qui limitent drastiquement les possibilités de prédictions et donc du futur de la biodiversité elle-même. Au bout du compte, peut-être faut-il aller jusqu'à une refondation du concept à la mesure de son importance et de l'intérêt qu'on doit y porter, trouver l'« âme de la biodiversité », comme suggéré dans un article de *Nature* paru juste avant la phase d'édition du présent ouvrage [12]. Ne serait-il pas aussi utile de repenser l'écologie scientifique elle-même, dans son propre intérêt, et de renforcer son image positive pour susciter des passions joyeuses plutôt que des passions tristes ?

Par ailleurs, la conception de cet ouvrage a des effets de bord non négligeables. Ainsi avons-nous évoqué la modélisation, une méthodologie plutôt réservée à des spécialistes. En effet, si le terme est largement connu, en revanche la méthodologie l'est moins, même dans la communauté scientifique. Il est donc bon d'en discuter. Dans la foulée, on montre en quoi les mathématiques, même très abstraites, peuvent être immensément utiles, pour mieux comprendre et donc pour mieux faire, par exemple en matière de biodiversité. Retour d'ascenseur, la biodiversité et la discipline de prédilection qui s'en occupe peuvent fournir de jolis problèmes aux mathématiciens. Cependant, la modélisation n'est pas la seule méthodologie employée. Ainsi la statistique offre des outils remarquables, si tant est qu'ils soient bien conçus, bien choisis, bien compris, bien utilisés et les résultats bien interprétés. L'usage et parfois l'abus de ces « calculs » peuvent conduire à des résultats tout simplement faux. C'est ce que dénonce John Ioannidis dans le domaine biomédical [13]. Les pratiques sont voisines dans d'autres secteurs des sciences du vivant, comme l'écologie, pour laquelle quelques exemples typiques concernant la biodiversité, son estimation et sa dynamique sont analysés.

En définitive, en utilisant les connaissances les plus solides, il s'agit de comprendre au mieux la biodiversité et non pas de la brandir comme un slogan. Aussi les arguments et résultats avancés sont-ils étayés par une bibliographie précise, des références largement étalées dans le temps, mais faisant également appel aux avancées les plus récentes. Elles sont reportées en fin d'ouvrage où le lecteur trouvera toutes les informations classiques pour accéder à l'original. Elles sont également repérées dans le texte, là où elles peuvent renforcer l'argumentation, en quelque sorte des éléments de preuve. Des notes complètent le texte principal. Afin de ne pas alourdir la présentation, elles ont été reportées en fin d'ouvrage, on y trouvera des commentaires, des compléments et les traductions des passages en langues étrangères, notamment ceux en anglais.

# 1

# Exemples et expériences

Nous entendons souvent parler de biodiversité, souvent à juste titre, mais parfois maladroitement. C'est ainsi que j'ai été frappé, le 21 avril 2008, quand un journaliste, à la radio, a annoncé la relaxe du chasseur qui avait malencontreusement tué l'ourse des Pyrénées Cannelle en ajoutant : « Sale coup pour la biodiversité. » On peut comprendre l'émotion suscitée par l'événement, mais parler de biodiversité n'a guère de sens lorsqu'il s'agit d'un seul individu, dernier représentant de la seule population de la lignée pyrénéenne de l'espèce *Ursus arctos*. En effet, son unique ourson, opportunément nommé Cannellito, a pour père un mâle de la même espèce mais de lignée slovène, c'est donc un hybride et non pas un spécimen, au sens taxonomique, de l'espèce – ou de la sous-espèce – de sa mère. Pour la petite histoire, le feuilleton judiciaire ne s'est pas arrêté là, tant diverses associations ont été pugnaces. Le lecteur pourra s'en rendre compte en consultant les sites internet consacrés à cet événement et à ses suites. La biodiversité s'éloigne alors du terrain pour envahir les prétoires.

À travers les exemples qui suivent, nous allons présenter d'autres cas, parfois caricaturaux, où le comique involontaire n'est pas absent, ce qui ne doit pas cacher pour autant le sérieux du sujet, mais qui souligne aussi la légèreté de certains propos. La biodiversité peut relever de l'imaginaire, parfois c'est clair, comme dans le cas des contes et légendes ou des dessins animés. Parfois aussi, nos désirs ou nos craintes peuvent troubler notre perception du monde au bénéfice d'une réalité plus ou moins inventée.

## L'escargot de Quimper n'aime pas le foot

Le 13 décembre 2012, un grand quotidien national annonçait[7] : « Escargots : 1. Stade brestois : 0 ». En bref, ce club sportif souhaitait construire un centre de formation sur un terrain de la commune de Plougastel. Outre son intérêt pour les footballeurs et les jeunes souhaitant avoir une formation à ce sport très populaire, un tel centre est aussi une nécessité imposée par la fédération nationale pour rester en Ligue 1 ou y accéder. Or des individus d'une espèce protégée, l'escargot de Quimper (*Elona quimperiana*), étaient présents sur le site. Se sont ensuivis la mobilisation d'une association de protection de la nature et l'abandon du projet. Que les amateurs de football se rassurent, au moins provisoirement, le centre de formation semble sur les rails : Plougastel a perdu mais le quartier de Penhélen à quelques kilomètres a été choisi, quoique les Brestois ne soient pas à l'abri d'une autre trouvaille sur ce nouveau terrain.

## Le Pique-prune au risque des autoroutes, des tronçonneuses et… d'Iter

La présence du scarabée Pique-prune (*Osmoderma eremita*), espèce également protégée, a été avérée sur le trajet prévu de l'autoroute A48, Alençon-Le Mans. La construction de cette autoroute a été alors interrompue entre 1996 et 2004. Le coût du gel de ce chantier a été non négligeable : l'estimation globale est de 70 millions d'euros[8].

Ce même insecte a aussi été un objet de débat dans l'Yonne. Citons le début d'un article à ce sujet[9] :

> Les 700 tilleuls de l'allée qui borde la route menant au château de Tanlay, joyau bourguignon de l'époque Renaissance, seront élagués. Ordre en a été donné vendredi par le conseil général de l'Yonne. Ainsi s'achèvera, dans le braillement des tronçonneuses,

> une bataille de trois ans montée au sommet du pouvoir après être descendue dans les tréfonds des troncs de ces arbres majestueux plantés là en 1797. Le combat fut épique qui a vu ferrailler des écologistes, un ministère, des responsables des Eaux et Forêts, une châtelaine, un conseiller général, des entomologistes, un maire et on en passe, tous confrontés à l'épineuse question de savoir s'il y a des scarabées Pique-prune dans les tilleuls de l'allée Marguerite de la Chauvinière.

La question était simple : les arbres vieillissants pouvaient créer une insécurité pour les passants, notamment sur la route départementale longeant en partie cette allée. Au début, l'abattage pur et simple avait été envisagé, un simple élagage a aussi été proposé. Il est néanmoins bon de signaler, dans ce cas, que la présence de l'insecte protégé n'a pas été prouvée et reste hypothétique, mais que si des individus avaient été trouvés dans des arbres abattus, les virtuoses de la tronçonneuse auraient pu être poursuivis au titre de l'« article L. 415-3 du Code de l'environnement ». L'élagage a été un bon compromis.

Cet insecte est aussi présent dans quelques arbres du site sur lequel se construit le prototype de réacteur de fusion thermonucléaire Iter à Cadarache[10]. Devant ce fait, l'équipe en charge de ce projet a eu l'intelligence de déplacer les arbres dans lequel le coléoptère a été détecté, préservant ainsi son habitat et évitant les problèmes rencontrés ailleurs. De plus, des mesures de compensation environnementales ont été prises. Corrélativement au fait, ce coléoptère célèbre, mais symbolique, a peut-être permis de mieux sensibiliser les opérateurs du projet aux questions environnementales, s'ils ne l'étaient avant.

On pourrait multiplier les exemples de ce type. Ils sont assez fréquents, posent problème et peuvent être au bout du compte très coûteux et obérer certaines activités. Pour allier des intérêts louables de communautés humaines avec la préservation de la nature et de sa biodiversité, des solutions ont été proposées, comme des mesures dites compensatoires, notamment l'aménagement d'espaces où une biodiversité équivalente à celle partiellement ou totalement détruite serait « installée » et protégée, si tant est que cela soit possible. C'est ce qui a été fait à Cadarache[11].

## L'ours, le loup et le cormoran

Les situations précédentes traduisent principalement des conflits d'usage, d'une part entre le souhait de préserver une nature idéalisée, des espèces symboliques, et d'autre part des aménagements décidés, à tort ou à raison, pour développer certaines activités. Les choix de conservation ne sont pas toujours justifiés, car certaines espèces ont la possibilité de se maintenir elles-mêmes, sans qu'il soit besoin de leur donner un statut particulier, ou parce que des conséquences, non évaluées et non anticipées, peuvent être négatives.

Prenons, d'abord, le cas d'*Ursus maritimus*, ours blanc ou ours polaire, considéré comme une espèce en danger à la suite du réchauffement climatique. Une étude récente a mis en évidence une adaptation remarquable aux variations climatiques. En effet, l'ours blanc et l'ours brun des régions arctiques sont interféconds et s'hybrident à l'occasion. C'est ce que montre l'analyse d'ossements de ces deux populations d'ours où les croisements deviennent fréquents quand elles peuvent se mélanger. C'est le cas pendant les périodes de réchauffement climatique. Rappelons que les ours sont des prédateurs : ils ont un avantage s'ils peuvent se fondre dans le décor pour ne pas être précocement détectés par leurs proies. C'est le cas pour l'ours brun dans les zones sans neige et pour le blanc dans les espaces enneigés. Les hybrides sont plutôt bruns et profitent d'espaces déneigés. C'est ce qu'indique une étude historique, qui a montré que lors des périodes de réchauffement climatique l'hybride est majoritaire, et lors des refroidissements, la variété blanche se reconstitue à nouveau dans les zones couvertes de neiges et de glaces[12]. La variété brune se retrouve alors dans les autres espaces peu ou pas enneigés. Le réchauffement climatique n'est pas forcément une épée de Damoclès au-dessus de la tête d'*Ursus maritimus* qui a déjà montré sa capacité à subsister grâce à l'hybridation avec l'ours brun. À la suite de cette découverte, nous pensions que des hybrides pouvaient apparaître dans le contexte climatique actuel. Gagné ! Quelques années plus tard, un chasseur canadien en a abattu un spécimen[13].

Cet exemple illustre très bien la remarque du paléontologue Alan Grant dans le film *Jurassic Park* à propos des œufs de dinosaure qu'il vient de trouver alors que tout avait théoriquement été fait pour éviter des reproductions : « La vie trouve toujours son chemin »... Enfin, on aime d'autant plus les ours qu'on en est loin, comme j'ai pu le noter en trouvant sur le bord d'une route en Amazonie un amusant slogan dans le contexte équatorial : « Sauvons les ours polaires » (figure 2.5).

Les messages alarmistes se succèdent, ainsi l'hebdomadaire *L'Obs* affiche sur son site web des données en vrac : toutes sont discutables, mais la plus amusante est celle qui annonce qu'il ne reste plus *que* 300 loups en France[14]. Rappelons que lors de la signature en 1979 de la convention de Berne sur les espèces protégées, et sa traduction en droit français, un décret de 1990, il n'y en avait plus un seul sur le territoire métropolitain depuis 1918 et que maintenant cette population est en pleine expansion. Il aurait été plus correct d'écrire quelque chose du genre : « à nouveau des loups dans l'Hexagone, au moins 300 ». Il faut néanmoins espérer que nous n'assistions pas aux mêmes effets que celui que je vais présenter sur le cormoran.

Cet oiseau, notamment l'espèce présente en France, *Phalacrocorax carbo sinensis*, est un cas intéressant à examiner. En effet, ce volatile est un grand consommateur de poissons et peut donc poser des problèmes non seulement pour les pisciculteurs, mais aussi pour tous ceux qui se livrent à la pêche récréative. En 1965, les Néerlandais décident de protéger cette espèce, puis la directive européenne « Oiseaux » du 2 avril 1979 institue une protection totale sur les territoires des pays membres de l'Union européenne. Dans les années 1970, en France métropolitaine, les effectifs peuvent être évalués à quelques milliers d'individus, mais au milieu des années 1990, on en compte entre 60 000 et 100 000. Cette explosion démographique résulte de la protection totale. Elle se traduit concrètement par des impacts non négligeables sur les poissons d'eau douce des rivières, des fleuves, des lacs et des étangs (prélèvement annuel qu'on peut estimer à partir de ces données de 10 à 15 000 tonnes par an) au grand dam des pêcheurs et des pisciculteurs. Si bien qu'en 1992 le statut du cormoran a été dégradé en France afin de permettre une régulation par la chasse sportive. Un travail scientifique précis et bien argumenté a été produit pour le ministère chargé de l'Environnement confortant cette position [14]. Malheureusement, il semble que ce gibier n'intéresse pas beaucoup les chasseurs…

Le rapport sur le cormoran se conclut par une remarque fort pertinente, en forme de recommandation : « Le problème est un conflit d'usages pour lequel la décision ne peut pas reposer sur la seule expertise scientifique », qui peut paraître banale aujourd'hui, mais qui ne l'était pas à l'époque. C'est le cas dans de nombreux conflits environnementaux pour lesquels on agite l'argument de la préservation de la biodiversité.

Il faut bien sûr se préoccuper de ces espèces, par exemple du loup, bien évaluer la dangerosité pour les autres animaux, notamment d'élevage, mais aussi pour l'homme et les petits de l'homme. Le loup a été un animal très présent dans l'histoire. Cet animal était et reste proche des humains, c'est d'ailleurs l'ancêtre de toutes les races de chiens actuelles. Mais il est aussi un animal dont la rencontre n'est pas sans risque.

## Des mouflons, des chats, des oiseaux… et des scientifiques dans les îles Kerguelen

Les îles Kerguelen constituent un archipel situé au sud de l'océan Indien (49° 20' S, 69° 34' E). L'île principale est aussi appelée île Kerguelen ou Grande Terre. Possession française depuis leur découverte au XVIII^e siècle par le navigateur breton Yves Joseph de Kerguelen de Trémarec, elles sont occupées en permanence grâce à des rotations de personnels militaires, administratifs, techniques et scientifiques, sous l'autorité des TAAF (Terres australes et antarctiques françaises). Les recherches scientifiques menées sur cet archipel sont principalement coordonnées par l'IPEV, l'Institut Paul-Émile Victor. Elles sont devenues un haut lieu des recherches en écologie.

En effet, l'écosystème lui-même est suffisamment simple pour qu'une analyse précise puisse être faite. La zone océanique qui entoure ces îles a un statut de zone économique exclusive (ZEE) où la pêche est très présente. On y trouve des populations remarquables, notamment d'oiseaux et de mammifères marins. Les travaux sur les oiseaux, notamment les albatros et les manchots, sont très connus, comme leurs auteurs, Pierre Jouventin et Yvon Le Maho. Nous allons nous limiter à la présentation de deux autres exemples portant sur des populations de mouflons et de chats, importées par des humains et qui, ensuite, se sont développées spontanément (d'autres animaux ont été introduits, notamment des moutons et accidentellement des rats). L'intérêt pour les biologistes, notamment les spécialistes de génétique des populations, réside dans l'isolement de ces populations. C'est un domaine où des résultats théoriques sont bien formalisés. Cette situation est très favorable pour tester ces théories. En fait, les introductions avaient d'autres motivations et *a posteriori* constituent des expériences involontaires d'un grand intérêt. Signalons néanmoins que la présence de mouflons et de chats, bien qu'ancienne, est régulièrement contestée. Bien entendu, les scientifiques sont très réservés. D'une part, ce serait interrompre des expériences rares, menées sur le long terme, d'autre part l'idée même est très discutable.

À ce point de notre histoire, il nous faut faire une parenthèse institutionnelle. Les TAAF sont des territoires d'outre-mer, dont les « habitants » sont temporaires et pour la plupart des agents de l'État, notamment des militaires et des scientifiques. Ils sont peu nombreux, de l'ordre d'une centaine en période de pointe sur l'île principale des Kerguelen, résidant surtout au lieu-dit

« Port-aux-Français ». Les liaisons sont maritimes, assurées par le *Marion-Dufresne II*, pour les îles de l'océan Indien, et par l'*Astrolabe* pour la terre Adélie. Les TAAF, dans leur ensemble, sont gouvernées par un administrateur ayant tous les pouvoirs. Il est assisté par des chefs de district, qui localement ont aussi les pleins pouvoirs. C'est le cas sur l'île Kerguelen. Le plus souvent, les choses se passent bien, mais quelques conflits et maladresses ont été rapportés. Il est tentant pour un agent ayant toute autorité d'imposer un point de vue ou d'essayer de le faire. De leur côté, les scientifiques sont parfois obnubilés par leur objet de recherche. On en arrive à des paradoxes, par exemple de chefs de district écologistes, au sens politique et idéologique, qui se disputent avec des écologistes scientifiques. Il a même été question d'éradiquer le chat pour des motifs « écologiques » de retour à une hypothétique virginité originelle des écosystèmes. Signalons quand même que l'éradication de populations « nuisibles », introduites en milieu insulaire, par exemple les rats, n'est pas à proscrire a priori. En fait, c'est au cas par cas selon le statut des populations et la connaissance qu'on en a. Or quand ce sont des objets de recherche scientifique, ces populations sont suivies avec beaucoup de soin et les chercheurs sont bien placés pour conseiller les « décideurs ».

Mais revenons à nos mouflons.

Après un échec en 1956, deux individus provenant du zoo de Vincennes ont été introduits en 1957 sur l'île Haute de l'archipel. L'idée initiale était de disposer de gibier pour la chasse sportive, distraction offerte aux résidents temporaires. Initialement, la population s'est mise à croître quasi exponentiellement, puis dans les années 1980 on observe de larges fluctuations, entre 300 et 700 individus, essentiellement dues à des contraintes environnementales (mortalité attribuée à l'insuffisance périodique de ressources alimentaires). L'évolution de la diversité génétique de cette population de mouflons a pu être reconstituée dans la période 1958-2003. Ainsi, des échantillons de la population vivant sur l'île étaient disponibles pour les années situées entre 1988 et 1996, grâce à la contribution de Jean-Louis Chapuis et de Denis

Réale du Muséum national d'histoire naturelle. Pour les années manquantes, les trophées, principalement des cornes, ramenés par les chasseurs ayant hiverné dans ces îles ont permis d'obtenir des échantillons complémentaires. Enfin, du matériel génétique de la population d'origine, provenant du zoo de Vincennes, était aussi disponible. Il était attendu que cette population de mouflons soit génétiquement très homogène, à cause de la faible diversité de départ et de sa diminution supposée au fil du temps, conséquence de la forte endogamie due aux croisements entre apparentés. En effet, dans des petites populations isolées, les individus familialement proches sont susceptibles de se reproduire entre eux, ce qui entraîne de la consanguinité avec une proportion importante d'homozygotes. Alors, la diversité génétique de la population s'appauvrit et son potentiel évolutif diminue. Or, étonnamment, c'est le contraire qui a été observé, à savoir une augmentation de la diversité génétique. Que peut-on en dire ?

Plusieurs explications sont possibles. Tout d'abord, l'augmentation de la diversité pourrait être attribuée à des mutations, hypothèse peu plausible, les durées sont trop brèves pour ce type d'être vivant, encore que les mécanismes de brassages, découverts depuis, pourraient en partie l'expliquer. Par ailleurs, les îles sont beaucoup trop isolées pour envisager une migration et il n'y a pas eu d'autres introductions de mouflons par l'homme. En fait, cette diversité s'explique principalement par l'élimination, au fil des générations, des individus ayant une faible diversité génétique (principalement des « homozygotes »), alors que les individus hétérozygotes sont en mesure de mieux résister aux maladies. Ainsi, la fragilité des homozygotes se traduit par leur mortalité accrue, au bénéfice des hétérozygotes, et joue donc en faveur de la diversité de la population locale.

En définitive, le résultat attendu n'est pas celui observé : la diversité génétique est plus grande que prédite et elle augmente même. Elle demeure toutefois encore inférieure à ce qui pourrait être observé dans une population continentale de plus grande taille. L'explication reste néanmoins conforme à un volet de la « théorie » classique connue, par exemple par les sélectionneurs, sur la fragilité des homozygotes tout en illustrant l'extraordinaire réservoir adaptatif des êtres vivants conduisant à une diversité « inattendue ».

Et que dire maintenant de nos matous insulaires ?

On sait que quelques individus ont été introduits dans les années 1950 pour lutter contre les rongeurs mais n'auraient pas survécu, ni leurs descendants éventuels. En revanche, les deux individus introduits en 1956 sur la base de Port-aux-Français seraient à l'origine de la population actuelle de plusieurs milliers d'individus (vraisemblablement plus de 10 000). Tous les chats ont un pelage noir ou noir et blanc. La population de chats de Kerguelen ainsi que les sous-populations identifiées ont montré de fortes fluctuations d'abondance au cours de la période d'étude (1996-2007). Ces fluctuations sont étroitement liées aux variations de la diversité génétique. Ce synchronisme résulte vraisemblablement d'échanges entre sous-populations. En effet, l'augmentation des effectifs accroît la dispersion des individus et alors la fréquence des rencontres et des croisements entre individus des sous-populations. Ce résultat est en accord avec les modèles théoriques développés par Masatoshi Nei et ses collaborateurs [15]. Les variations ne sont pas imputables à la sélection naturelle de certains génotypes, contrairement aux mouflons.

Cela étant, cette diversité reste limitée, la permanence de la couleur du pelage en est un témoin direct. Il est possible que la sélection artificielle opérée sur cet animal ait restreint l'expression de processus de diversification, mais jusqu'à quel point ? En tout état de cause, il serait dommage d'arrêter maintenant l'expérience : le chat s'est installé, il a trouvé sa place en tant que prédateur dans l'écosystème local. Sauf explosion de la population demandant une régulation, il est « urgent de ne rien faire » et de laisser les chercheurs travailler.

On note aussi un certain « conflit d'usage » entre scientifiques, d'une part, ceux qui centrent leurs études sur les oiseaux soumis à une prédation par les chats, et, d'autre part, ceux qui s'intéressent à ces derniers. Le mouflon échappe à ce différend. Par ailleurs, aléatoirement, un chef de district peut révéler des penchants pour une écologie radicale et prendre ou menacer de prendre des initiatives peu heureuses. Leur pouvoir le permet : les TAAF échappent à la plupart des réglementations de droit « commun », notamment européennes. Certains considèrent que cette organisation est une sorte de fossile vivant d'institutions d'anciens régimes royaux et coloniaux. Enfin, les militaires assurent la logistique et la sécurité, notamment sanitaire, avec efficacité et neutralité.

Bien entendu, la biodiversité présente sur l'archipel ne se résume pas aux cas cités ici, même si l'écosystème en question est simple. L'un des biais d'interprétation est d'avoir tendance à focaliser sur quelques aspects symboliques ou d'intérêt scientifique. C'est ce qu'on a noté pour l'ours des Pyrénées. Cet animal ne représente bien sûr pas toute la biodiversité de cette région. Encore une fois, la disparition de Cannelle n'est pas tout à fait un « sale coup pour la biodiversité ».

## Où sont passés les oiseaux des champs ?

Ce titre est repris du journal du CNRS (mars 2018)[15]. En effet, ce journal d'information scientifique signale qu'un suivi précis sur le territoire national (Muséum national d'histoire naturelle) et dans une zone atelier de recherche sur l'environnement (CNRS)[16], dans l'ouest de la France, aboutit dans les deux cas à la même conclusion : les populations d'oiseaux de nos campagnes ont perdu de l'ordre d'un tiers de leurs effectifs en dix-sept ans. Les causes incriminées sont l'usage des pesticides et la disparition des haies. Les pesticides diminuent drastiquement les populations d'insectes, sources de nourriture pour de nombreux oiseaux. De plus, ils peuvent avoir aussi un effet toxique direct sur les oiseaux. Beaucoup de populations de nombreuses espèces d'oiseaux sont ainsi perturbées. En revanche, d'autres ne le sont pas. Il en est de même pour les insectes (Jean-Claude Prudhomme, communication personnelle). De toute façon, il n'y a pas de disparition d'espèces, ce qui indique *a minima* que la comptabilité en nombre d'espèces pour caractériser la biodiversité est insuffisante. Nous reviendrons largement sur ce point.

Simultanément avec l'emploi de pesticides, les paysages ont souvent été homogénéisés. Des haies ont été supprimées, autant d'habitats favorables pour les oiseaux, par exemple pour la nidification, qui ont disparu. Cet argument n'est qu'en partie recevable : depuis une vingtaine d'années on observe une extension des haies pour reconstituer des bocages.

Par ailleurs, il semble que les chats domestiques, principalement les chats errants, ont un impact non négligeable sur les populations d'oiseaux. L'exemple des chats des îles Kerguelen est illustratif mais n'est pas le seul, d'où l'intérêt de bien observer ces populations et surtout l'émergence ou non de régulations naturelles.

Grâce à ces exemples, on peut déjà voir des situations diverses, conséquences d'actions humaines, et pressentir qu'il faut agir avec circonspection – la protection aveugle n'est pas toujours la meilleure (cas du cormoran), l'absence de contrôle non plus (sur les pesticides, sur les populations errantes de prédateurs, comme le chat, etc.) –, sans diaboliser les agriculteurs, ni leurs chats !

Ces travaux, à la date de la médiatisation, n'avaient pas encore donné lieu à publication ou du moins des références n'ont pas été transmises. Il est ennuyeux que de dignes institutions se laissent aller à ce type de déclaration pour des résultats non encore validés par les procédures scientifiques, même si l'on peut faire confiance aux chercheurs en question. On évite aussi de dire qu'il y a des populations d'oiseaux qui augmentent. Au bout du compte, le débat sort du champ scientifique et devient médiatique[17]. Les discours simplistes sont fréquents. Cependant, il n'est parfois pas possible de s'en contenter, ou plutôt ne le devrait-on pas. Il faut alors expliquer en faisant preuve de pédagogie[18].

Nous évoquerons à nouveau cette question de la gestion « raisonnée » de la biodiversité et des espaces qui la portent.

## Les pirates sont-ils dans la forêt ?

Prenons encore un exemple, celui de la « biopiraterie ». Des entreprises prospectent ou font prospecter le milieu naturel pour trouver des ressources nouvelles à exploiter afin d'en tirer des profits. C'est le cas de nombreuses ressources vivantes. Il faut néanmoins constater la faiblesse des retours vers les populations humaines habitant les territoires d'où proviennent ces ressources. Cependant, si celles-ci n'ont pas été identifiées et utilisées par les populations autochtones, la question du « juste retour » est délicate. De plus, si elles ne sont pas endémiques, c'est-à-dire non spécifiques d'un territoire identifiable tant écologiquement que socialement, la situation est encore plus difficile. En revanche, si les « savoirs traditionnels » référencent cette ressource, sa valorisation peut difficilement se faire en ignorant les peuples découvreurs et dépositaires de ces savoirs empiriques. Mais interdire tout prélèvement d'êtres vivants sur un territoire à des fins de recherche scientifique est contre-productif pour tout le monde. Il faut évidemment promouvoir le dialogue, la concertation. Ces divers points ont été l'une des principales raisons de l'élaboration de la Convention sur la diversité biologique lors de la Conférence de Rio de Janeiro en 1992, mais les problèmes soulevés sont loin d'être résolus. La régulation via ce qu'on appelle les autorisations et partages des avantages (APA) représente une étape, mais celles-ci multiplient les difficultés, concernant par exemple la récolte d'échantillons nécessaires pour mener des recherches scientifiques : lourdeur du dispositif, occasion d'exprimer des pouvoirs parfois abusifs.

Des inquiétudes légitimes sont à l'origine de ces dispositions réglementaires. Mais recouvrent-elles toujours une réalité et sont-elles chaque fois bien fondées et bien étayées ?

Certains appellent biopirates des personnes qui vont prélever des ressources vivantes sur un territoire de façon « clandestine » dans le but d'en tirer profit et qui ne respectent pas ces réglementations, comme les pirates en milieu marin. Plutôt qu'un discours général sur le sujet, citons deux anecdotes révélatrices pour montrer la difficulté d'utilisation de ce terme.

Lors d'une réunion organisée par la région Guyane en 2003, un participant accusait les chercheurs de s'enrichir en dérobant et en exploitant des « molécules » issues de la forêt, les traitant, en quelque sorte, de biopirates. Un silence complaisant s'est installé. C'est alors qu'un scientifique présent dit : « Ce n'est pas mon cas, mais j'aimerais en savoir plus. En effet, nous avons l'habitude, nous les chercheurs, de nous appuyer sur des données concrètes. Il y a peu de temps que je suis en Guyane, pourriez-vous me citer des exemples voire une évaluation du nombre de molécules illégitimement appropriées ? » Un grand silence suivit, il n'y avait pas d'exemple. Le discours sur la biopiraterie est parfaitement recevable en tant que précaution, pour éviter de tels agissements, mais pas en tant qu'accusation péremptoire, sans preuve. En fait, l'imaginaire l'emporte souvent sur les réalités et, plus ou moins consciemment, permet d'en oblitérer d'autres.

Certaines pratiques peuvent être néanmoins l'objet de débats. Ce fut le cas, début 2016, à propos d'un dépôt de brevet concernant une molécule antipaludéenne et peut-être aussi anticancéreuse, la « Simalikalactone » (SkE). Voici le *pitch* de l'article de *Médiapart* sur le sujet :

> Des scientifiques de l'IRD ont déposé un brevet sur une molécule présente dans une plante utilisée depuis des siècles en Guyane pour soigner le paludisme. La fondation France Libertés les accuse de s'approprier les savoirs des populations autochtones. Alors que le Sénat doit voter mardi 26 janvier le projet de loi sur la biodiversité, cette affaire ravive la bataille autour de la privatisation du vivant[19].

Il est dommage que l'emphase journalistique sur le sujet l'emporte sur le raisonnable alors que cet exemple mérite attention, comme l'affirmation de la profondeur temporelle du savoir. Il ignore d'autres résultats, par exemple que beaucoup de substances naturelles biologiquement actives sont toxiques et que c'est le cas de cette molécule. Pour une véritable valorisation, il faut alors la transformer. *A contrario*, les travaux menés en grande partie par des équipes du CNRS ont été faits en toute clarté. À ce propos, on peut signaler qu'une thèse a été défendue le 1er juillet 2011 à Cayenne sous le sceau de l'université des Antilles et de la Guyane qui fait très bien le point sur le sujet [17] [18].

Il n'en demeure pas moins que ce type de maladresse nourrit la suspicion de la part des populations locales envers certains chercheurs, des industriels et même l'État, et on les comprend (figure 1.1).

Signalons quand même que les échantillonnages systématiques et les analyses pratiquées à grands frais n'ont pas apporté les résultats espérés. C'est pour cette raison que nous avons recommandé d'avoir recours à des recherches bioguidées : réfléchir avant sur ce que l'on cherche et utiliser ce que l'on sait déjà.

Figure 1.1. La maladresse de certains chercheurs et de certaines institutions laisse des traces. Ainsi, lors des manifestations de mars 2017 en Guyane, cette banderole a été affichée à l'un des ronds-points de l'agglomération de Cayenne. Couachi est le nom local de la plante *Quassia amara* d'où a été extraite la molécule antipaludéenne évoquée dans le texte. (Photo Philippe Gaucher.)

## Que nous dit la biodiversité des humains ?

La biodiversité ne concerne pas que les papillons, les plantes à fleurs, les oiseaux, toutes ces particularités vivantes de la nature, mais aussi ceux qui en parlent, à savoir les humains. Ils peuvent même deviser de leur propre diversité, dont ils ont une perception immédiate, notamment morphologique. Cependant, cette diversité n'est pas toujours facile à objectiver et à quantifier. On peut dire de grandes bêtises à son propos. En revanche, même si c'est toujours délicat, la diversité génétique se prête mieux à ce type de regard.

Tout d'abord, le caractère mendélien des mécanismes héréditaires des groupes sanguins a été très tôt démontré, en fait dès les années 1910. La diversité de ces groupes donne une première appréciation de la diversité génétique. Dans les années 1930, R. Ruggles Gates a observé que les individus de peuples amérindiens d'Amérique du Nord, d'ascendances uniquement amérindiennes, sont tous du groupe O [19] [20]. De nombreux articles se succèdent alors sur le sujet, d'autant plus que les analyses génétiques ont progressé. Mais ce n'est pas suffisant et, afin de mieux comprendre l'origine de cette faible diversité, il a fallu reprendre ce que l'on sait de l'histoire des populations humaines de la planète.

Tout d'abord, il est admis que la colonisation de la planète par l'« homme moderne » *Homo sapiens* a débuté, à partir de l'Afrique centrale, il y a un peu plus de 100000 ans selon les dernières évaluations. C'est au prix de longues marches, sur de nombreuses générations, que le peuplement planétaire s'est accompli. Aujourd'hui, on observe une diminution de la diversité en fonction de la distance parcourue, tout au long de l'histoire, par les populations, avant qu'elles ne s'implantent dans un lieu géographique propice (figure 1.2).

Il y a entre – 15000 et – 13000 ans par rapport au présent, un groupe provenant d'Asie centrale arrive dans les Amériques. Bien sûr les individus de ce groupe ne savent pas qu'ils mettent les pieds dans un vaste et nouveau continent. Vide d'humains, ce territoire n'a pas encore de nom. L'effectif de ce groupe est faible, de l'ordre de 250, ce qui limite la diversité déjà réduite lors du trajet migratoire, depuis l'Afrique, qui s'est étalé sur de multiples générations. Une sorte de distillation avec diminution progressive de la diversité génétique. La dernière étape a été un véritable « goulot d'étranglement » (*bottleneck*) [20] accentuant encore la perte de diversité et observé par ailleurs, par exemple, au laboratoire sur des populations animales contrôlées.

Qu'en est-il de l'Amazonie ?

Les populations amazoniennes sont très mélangées, amérindiennes initiales (environ 12000 ans BP[20]) [21], puis européennes après 1492, et africaines avec l'esclavage. Les peuplements européens et africains, voire d'autres origines, sont documentés et peuvent faire l'objet d'études menées par les historiens. Ce n'est pas vrai, en général, pour les populations amérindiennes arrivées à l'époque précolombienne et la question de ces origines fait l'objet de grands débats depuis une cinquantaine d'années. Des chercheurs, travaillant au sein du programme Amazonie du CNRS, ont apporté des contributions déterminantes à ce sujet [22].

Les travaux relèvent de plusieurs disciplines (anthropologie, biologie et génétique humaines, linguistique), en soulignant que les outils de la biologie moléculaire ont permis des percées significatives : les analyses génétiques précises conduisent à la reconstitution de parentés (phylogénie moléculaire) et contribuent alors à une meilleure connaissance de l'histoire de ces populations. Ainsi, il a été montré que les populations amérindiennes de Guyane ont connu des crises démographiques majeures, commencées dans les populations du littoral, avant d'affecter les groupes de l'intérieur. Ces données révèlent un déclin particulièrement important chez les Indiens Emerillon, qui échappent de peu à l'extinction dans les années 1950. La faible variabilité génétique actuelle de cette population résulterait des crises démographiques survenues, plus anciennement, depuis le début de l'époque postcolombienne et probablement plus ancienne comme on l'a vu ci-dessus. Des petites valeurs de diversité génétique ont également été observées dans une autre population, les Amérindiens Palikur, n'ayant pas connu de crise de cette ampleur et dont l'évolution démographique est comparable à celle des autres groupes amérindiens étudiés (Kali'na, Wayampi et Apalai). Cette faible variabilité serait non seulement due à la longue migration d'*Homo sapiens*, mais aussi à leur organisation sociale. On voit à travers cet exemple que la variabilité génétique a plusieurs origines possibles, simplement démographiques mais aussi socioculturelles, et que son analyse contribue à l'étude de l'histoire de ces populations.

Ces équipes ont aussi participé à une étude plus vaste, au niveau du peuplement des Amériques, publiée en 2012 dans la revue *Nature* [23].

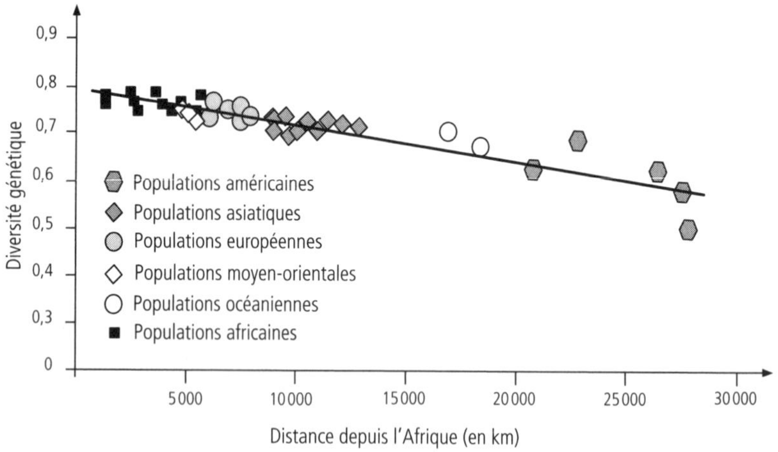


Figure 1.2. Érosion de la diversité génétique au long des chemins historiques de migration de l'« homme moderne » depuis 100000 ans [24]. L'article de référence explique clairement comment cette estimation est faite.

En effet et comme nous venons de l'évoquer, le peuplement des Amériques a été l'objet de nombreuses recherches en génétique, en archéologie et en linguistique. Il n'en demeure pas moins que des questions centrales sont restées non résolues. L'une d'elles, très controversée, est de savoir si le peuplement s'est fait grâce à une migration unique ou à de multiples flux migratoires à partir de la Sibérie ou éventuellement d'ailleurs. Le modèle de dispersions dans les Amériques est également mal compris. Cet article montre que les Amérindiens descendent d'au moins trois courants de flux de gènes asiatiques, mais la plupart viennent d'une population ancestrale unique appelée *First American* par les auteurs (les 250 évoqués ci-dessus). Le peuplement initial a été suivi d'une expansion vers le sud, facilitée par la côte comme le suggère la découverte de la civilisation Clovis en Californie. Cette étude met à bas toutes les spéculations sur des peuplements plus anciens et d'autres origines, par exemple africaines, insulaires du Pacifique, ou européennes. Cela ne veut pas dire que des arrivées épisodiques et intermittentes n'aient pas pu avoir lieu, mais elles n'ont laissé aucune trace et n'ont pas participé au peuplement précolombien des Amériques.

En recoupant avec d'autres données archéologiques, on peut penser que la migration principale, venant de Sibérie, a eu lieu il y a 15 000 ans, pendant la période dite tardiglaciaire. Les premières marques repérées de présence humaine en Amazonie datent de 12 000 ans et, depuis, l'Amazonie a été peuplée et traversée par les humains [21]. Les traces sont multiples. Nous sommes loin d'une forêt « vierge » ; même si ces traces sont subtiles, elles font preuve de diverses cultures. Nous sommes loin aussi des sauvages de l'enfer vert ! Et des divagations des uns et des autres sur le peuplement des Amériques.

Enfin, il est vraisemblable que la mondialisation et l'accélération concomitante des échanges vont atténuer cette faible diversité, sinon la compenser à long terme. En effet, les mariages entre partenaires dont les lieux de naissance sont éloignés sont de plus en plus fréquents.

## Biodiversité des villes, biodiversité des champs

Si l'on peut s'inquiéter dans de nombreux cas, beaucoup d'exemples peuvent être cités où la biodiversité se porte plutôt bien. Ainsi, la déprise agricole dans certains territoires a conduit à l'installation et à l'extension de friches très diversifiées. Quelques cas très précis ont été suivis, par exemple en Normandie [25].

On peut également se demander en quoi les pratiques des agriculteurs ont des effets sur la biodiversité. Pour y répondre les agronomes ont étudié celle des exploitations agricoles. C'est ainsi qu'ils n'ont pas noté de différences sensibles entre exploitations « bio » (*organic farming*) et conventionnelles. En revanche, la préservation ou la création d'une diversité d'habitats seminaturels (haies, bandes herbeuses, friches, prairies permanentes...) influencent positivement la biodiversité dans les exploitations aussi bien conventionnelles que biologiques. C'est ce que montre la plus importante étude internationale menée à ce jour, portant sur 12 régions européennes, 205 exploitations et 1 470 parcelles et habitats semi-naturels et cultivés issus de systèmes agricoles variés (grandes cultures, élevage, polyculture-élevage, maraîchage, oliveraie, vignes). C'est une indication très utile pour les gestionnaires des milieux agricoles soucieux de préserver ou d'augmenter la biodiversité de ces milieux [26]. Ce type d'article est très précieux : avant de le lire, j'aurais parié sur une différence significative entre les deux grands types d'exploitations. En fait, à la lecture, on s'aperçoit que les résultats sont plutôt conformes à la théorie écologique concernant le lien entre biodiversité et diversité des habitats.

Bien sûr, il y a une question d'échelle. En effet, un trop grand morcellement limite les possibilités d'expression des espèces présentes en augmentant notamment la compétition intra et interspécifique. En revanche, une trop grande homogénéisation laisse la place à des espèces opportunistes qui peuvent s'implanter en prenant la place d'autres, déjà présentes, même si elles ne sont pas invasives (terme à utiliser aussi avec précaution). Ainsi la mode des « couloirs écologiques », facilitant les passages d'individus de telles espèces, ne pourrait-elle pas conduire à des résultats contraires à l'attente, à savoir une diminution de la biodiversité alors que ces couloirs sont censés la préserver ? De plus, la diversité des habitats et un certain isolement sont aussi favorables à la spéciation, c'est-à-dire à l'apparition d'espèces nouvelles, par les processus évolutifs darwiniens. Ce phénomène est trop négligé parce qu'on pense que ces processus sont très lents. Or, les exemples s'accumulent d'évolution rapide, à l'échelle de la vie humaine et peut-être moins, comme nous allons le voir plus loin, notamment avec le moustique du métro de Londres.

Changeons de cadre, passons du milieu rural au milieu urbain. Une expérience a été conduite à l'occasion de l'aménagement du jardin de l'École normale supérieure «lettres et sciences humaines» de Lyon. Le paysagiste ayant installé ce jardin d'un peu plus d'un hectare, en milieu urbain, enchâssé dans les murs de l'école, a choisi de planter une grande diversité de plantes, représentant 250 espèces, puis de pratiquer une gestion douce de cet espace, c'est-à-dire de ne pas évincer systématiquement toute plante immigrante. Quatre ans plus tard, on comptait 600 espèces présentes cohabitant dans ce jardin [27]. Bien entendu, ici, les individus appartenant à ces espèces ne résultent pas d'une spéciation, mais d'une immigration.

En fait, on ignore souvent que les systèmes vivants se diversifient spontanément et rapidement et que la cohabitation est au moins aussi fréquente que la compétition. Préserver des espaces où peuvent s'exprimer ces dynamiques est un bon moyen d'assurer l'extension de la biodiversité : il ne s'agit pas de conserver, mais de laisser libre cours tout en assurant un suivi et en retenant que ce qui est permanent, c'est le changement.

La biodiversité des villes est principalement concentrée dans les jardins, publics ou privés, mais il existe aussi une biodiversité «sauvage», qui fait l'objet d'études originales par ce qu'on appelle l'écologie urbaine.

## Biodiversité et climat : je t'aime, moi non plus…

L'observation empirique, les données historiques et contemporaines, ainsi que les connaissances biologiques et écologiques, montrent une forte dépendance entre les êtres vivants et le climat.

Par exemple, et pour commencer par le plus ancien, la composition de l'atmosphère a été modifiée drastiquement avec l'apparition des organismes photosynthétiques, de là l'effet de serre a changé, puis le climat s'est rafraîchi. Tout au long de l'histoire de la Terre, la composition de cette atmosphère a été un facteur déterminant pour le climat, sans oublier l'intensité du rayonnement solaire incident, lié à son activité et aux paramètres astronomiques de la planète. Les changements de sa couche superficielle ainsi que les formations nuageuses modifient la quantité d'énergie absorbée. Il en résulte une variabilité météorologique et climatique importante, avec des périodes froides et chaudes. La dynamique de la biosphère en dépend énormément et cette dynamique, en retour, influence le climat. La météorologie, quant à elle, s'intéresse à des phénomènes portant sur des intervalles de temps plus courts. D'une certaine façon le climat est une sorte de moyenne des conditions météorologiques. Pendant les périodes de changement climatique, la répartition des êtres vivants se modifie à la suite de migrations vers les zones bioclimatiques qui leur sont favorables. Cependant, lors des périodes de refroidissement on observe des ruptures marquées par les épisodes de glaciations : sous la glace, la biodiversité s'appauvrit drastiquement et lors de la fonte, elle s'enrichit rapidement.

Actuellement, période de réchauffement avérée, on observe d'abord des migrations animales, principalement des poïkilothermes. C'est le cas des poissons marins des zones tropicales qui remontent vers le nord. Des insectes font de même, comme la processionnaire du pin, insecte méditerranéen, qu'on retrouve dans le centre de la France. Les végétaux migrent aussi, mais plus lentement, sauf ceux que nous cultivons, comme la vigne : le Brexit ne l'arrête pas ! Tant mieux pour nos amis d'outre-Manche. Les espèces « sauvages » font de même mais plus progressivement, car les migrations sont dépendantes du cycle de reproduction et du hasard des processus de transport.

On peut raisonnablement anticiper ces phénomènes, sinon dans les détails, du moins globalement, car la dépendance des êtres vivants à la température et à l'humidité est bien documentée et même modélisée. Cette dépendance est résumée par le terme de « bioclimatique » largement utilisé par les géographes et les écologues pour traduire une réalité observée sur la planète. On sait également que des écosystèmes diversifiés sont plus productifs que ceux qui le sont moins, notamment pour la production primaire, celle des végétaux absorbant du $CO_2$, le principal gaz à effet de serre. Cette relation a été montrée expérimentalement de nombreuses fois ou peut être aussi déduite à partir des connaissances biologiques et écologiques [28]. Ainsi, un être vivant est présent dans un écosystème ou peut s'y installer si les paramètres de ce milieu lui permettent de vivre et de se reproduire, c'est-à-dire s'ils sont compatibles avec ceux de la « niche écologique » de son espèce. Cela vaut pour tous les organismes présents dans un habitat particulier, appartenant à la même espèce et aux autres espèces présentes[21]. Ils partagent des ressources communes et en utilisent de spécifiques. Certains peuvent d'ailleurs être des ressources pour d'autres, comme des proies pour des prédateurs, ou en fournissent grâce aux produits de leur métabolisme ou encore s'en débarrassent grâce à des émissions répulsives ou toxiques. On observe aussi que la diversité et le mélange permettent une meilleure exploitation du milieu, sans l'épuiser, que s'il était occupé par une seule espèce. Le changement climatique ne joue pas que sur la répartition des individus, mais aussi sur les interactions entre eux.

Ses nombreuses entités et leurs relations entraînent au total une grande complexité ; la combinatoire est très grande, source de difficultés à faire la part des choses qui peuvent mener à des supputations sans fin et parfois embrouillées.

Le contexte étant posé, revenons sur la relation réciproque entre biodiversité et climat :

1. La biodiversité à un endroit donné est dépendante des conditions locales bioclimatiques. Elle est constituée d'êtres vivants adaptés à ces conditions. Les organismes présents dans un habitat particulier sont des représentants des espèces dont les niches écologiques sont compatibles avec les caractéristiques biophysiques locales, celles de cet habitat particulier.

2. Globalement, les zones arrosées et chaudes, comme les forêts intertropicales humides, sans alternance saisonnière marquée, sont plus diversifiées que les zones tempérées ou froides.
3. L'utilisation des ressources ainsi que les rejets des divers métabolismes ont des effets sur les paramètres physico-chimiques et biophysiques du milieu. De plus, la couverture de surface influe sur le bilan radiatif.

Par ailleurs, l'activité humaine modifie les conditions de milieu de façon sensible, localement mais aussi à l'échelle de la planète[22]. C'est sur cette activité que nous pouvons agir en premier. Là est la question principale.

Tout d'abord, il faut être prudent dans les conclusions et bien faire les bilans et les dynamiques pour améliorer nos connaissances et éclairer nos décisions. Se référer à un état d'équilibre supposé est un héritage de la thermodynamique du XIXe siècle. De plus, les thermodynamiciens contemporains, comme Ilya Prigogine, ont montré que les systèmes vivants sont hors de l'équilibre, en changement permanent, et c'est pour cela qu'ils sont vivants donc évolutifs. La fascination de la plupart des écologues pour l'équilibre est une grande faiblesse, d'autant plus que l'écologie des perturbations a bien montré les limites de cette hypothèse et que de toute façon les écosystèmes se modifient en permanence en suivant leur dynamique interne [30].

Les rôles écologiques des composantes de la biosphère doivent être évalués. Par exemple, pour les forêts nous n'avons plus guère de doute : elles sont des réservoirs de biodiversité, elles captent et stockent « en moyenne » plus de carbone, *in situ*, qu'elles n'en émettent. On peut amplifier ce stockage par l'emploi des matériaux issus du vivant, très « carbonés », comme le bois, d'autant plus que ce stockage est *ex situ*. Pour les zones humides, la combinaison d'habitats terrestres et aquatiques est favorable à la biodiversité, mais les conditions souvent anoxiques conduisent à la production de méthane ($CH_4$), gaz à effet de serre plus puissant que le $CO_2$. Ce sont aussi des lieux de développement de pathogènes et de vecteurs de maladies. Le choix de la protection ou tout autre choix doit être circonstancié. Nous sommes loin de tout connaître, mais ces évaluations ont été faites pour beaucoup d'écosystèmes plus ou moins artificialisés, comme les agrosystèmes. En complément de ce qui se passe actuellement, le passé de certains écosystèmes et celui corrélatif des climats anciens sont progressivement établis. C'est, par exemple, le cas de la forêt amazonienne, présentée dans le chapitre 3. Ce sont des références à ne pas oublier, en exprimant nos conclusions sur la période contemporaine.

Il n'y a plus de doute, le changement climatique est en cours. Malgré la complexité de la situation, la question de son suivi, de son évaluation, et de ses conséquences sur la biosphère, mais aussi sur les humains, leurs sociétés et leurs réalisations est posée. On peut spéculer sur des avenirs imaginables et là des objets et des concepts mathématiques peuvent être très utiles, mais s'agit-il de modèles prédictifs ou d'une catégorie particulière qu'on pourrait appeler des modèles spéculatifs, illustrant les extraordinaires capacités heuristiques des mathématiques ? D'un côté, les modèles climatiques utilisés par le GIEC se veulent prédictifs. Par exemple, on peut estimer des valeurs moyennes de variables climatiques dans le futur, comme la température moyenne sur le globe, et des intervalles de confiance d'une telle estimation. On peut également reconstituer les climats du passé. En revanche, d'autres modèles sont spéculatifs, comme celui proposé par l'équipe de Will Steffen [31]. On sait seulement qu'il s'agit d'un système dynamique non linéaire hypothétique dont on ne connaît pas l'expression précise (sauf qu'il pourrait être écrit avec le formalisme des équations différentielles non linéaires de grande dimension). On en déduit qu'il pourrait exhiber des attracteurs, des singularités, dont des bifurcations, etc., sans pouvoir en préciser la nature, la vraisemblance et encore moins la probabilité d'occurrence (*cf.* chapitre 8, à propos des bifurcations). On y reviendra, mais on peut déjà souligner l'efficacité du langage des systèmes dynamiques pour décrire le réel et ses curiosités. Le cas du modèle HANDY a déjà été évoqué [9], sauf que dans ce cas les équations sont peu nombreuses et explicitées dans le texte, permettant alors au lecteur curieux de reproduire les simulations, voire d'en faire d'autres. Soulignons que le plus souvent, ce n'est pas le cas, le modèle étant alors désigné par un acronyme, ce qui limite les possibilités d'analyse, de critique et de reproduction des calculs.

Cela étant, même s'il faut s'en préoccuper sérieusement, il ne faut pas s'en tenir aux discours catastrophistes, notamment pour les modèles spéculatifs, parce que ce ne sont pas des prévisions, mais des éventualités qu'il ne faut pas ignorer, mais dont on ne peut pas estimer la vraisemblance. Ensuite, parce que nous ne sommes pas démunis pour réagir et nous adapter[23]. Après tout, le vivant, dont nous les humains faisons partie, est bien une priorité mais aussi une « partie prenante » quand même adaptable et évolutive dans tout ce joli bazar : biodiversité et climat sont liés, pour le meilleur et pour le pire !

## Fables, contes et légendes : une biodiversité imaginaire

Nous avons déjà évoqué *Ratatouille*, issu de l'imaginaire contemporain. Or, beaucoup de fables et de contes anciens mettent en scène des êtres vivants. On y voit des animaux domestiques de la maison, quelques autres qualifiés de sauvages, des plantes décoratives et potagères, mais aussi des végétaux cultivés en plein champ, ou qu'on trouve dans les forêts. Ces récits parlent aussi d'autres organismes, réels ou inventés[24]. Des vertus divines sont attribuées à certains d'entre eux. C'est, semble-t-il, le cas de l'Irminsul[25], arbre sacré (ou totem) des Saxons. Les animaux sont souvent humanisés et dotés de la parole. Les auteurs les utilisent pour caricaturer des humains, non explicitement nommés souvent par précaution. On reconnaît cependant des caractères, voire des personnages particuliers. Ce subterfuge est utilisé depuis l'Antiquité et une œuvre majeure du Moyen Âge affirme le genre : *Le Roman de Renart*. On y trouve déjà presque tous les rôles et les finalités, l'évocation des caractères, la critique sociale et un récit philosophique. Plus récemment, *Alice's Adventures in Wonderland* de Lewis Carroll présente des jeux logiques et philosophiques, animés, par exemple, par le lapin blanc et l'ineffable « chat du Cheshire ».

Notons qu'au-delà de l'individu, l'écosystème est un décor actif, plein de refuges mais aussi de dangers cachés. C'est dans une forêt sombre et inquiétante que le Petit Poucet et ses frères sont perdus. Au fond se trouve la maison de l'ogre, lieu du danger majeur : se faire tuer et être mangé. Le récit montre aussi qu'on peut s'en tirer avec intelligence !

Enfin, la dramaturgie moderne y a largement recours, notamment à travers le cinéma : les dessins animés, qui ont fait le succès de Walt Disney, et les films mettant en scène des animaux réels (par exemple, les tigres de *Deux frères*, *L'Ours* et *Le Dernier Loup* de Jean-Jacques Annaud). Cependant, depuis la sortie de *Blanche-Neige et les Sept Nains*, dans les productions successives des studios Disney et Pixar, on observe une diminution régulière du nombre de scènes montrant la « nature » et une biodiversité animale décroissante. Selon les auteurs de ces études, les cinéastes s'éloignent de la nature et les effets induits sur les jeunes spectateurs, de surcroît de plus en plus citadins, seraient du même ordre [33]. Ces chercheurs, dont les travaux relèvent principalement de la biologie de la conservation, expliquent ainsi les difficultés rencontrées pour mobiliser les jeunes dans des actions de préservation de la nature.

On pourrait multiplier les exemples d'une biodiversité imaginée, souvent magnifiée. Tout cela traverse les cultures et les civilisations. Les représentations du monde vivant incluses dans ces récits influencent nos perceptions, nos réactions et développent notre sensibilité envers ce monde, allant parfois jusqu'à biaiser notre jugement. Il est important d'en avoir conscience quand on parle de biodiversité afin de pondérer nos discours.

2

# Histoire quelque peu brinquebalante du concept

Il est toujours utile, sinon nécessaire, d'avoir une perspective historique pour éclairer les débats présents. Répétons-le, la diversité des formes vivantes a constitué l'un des principaux problèmes des savants qui tentaient de comprendre ce monde. Par exemple, Aristote y consacre une partie de son œuvre, notamment son « histoire des animaux[26] ». Beaucoup d'autres la regardent avec intérêt. Par exemple, les artistes y puisent une part importante de leur inspiration. Les guérisseurs, médecins et apothicaires y trouvent des remèdes et pharmacopées. Les agriculteurs s'intéressent aux ressources vivantes pour produire des denrées alimentaires ; ils les améliorent pour accroître la quantité et la qualité de leurs productions Les chasseurs, pêcheurs et cueilleurs, exploitent des ressources « sauvages ». Tout ce beau monde a acquis une connaissance plutôt empirique et utilitaire du monde vivant. Mais les progrès décisifs ne viennent qu'au XVIIIe siècle, quand le vivant commence à être étudié pour lui-même, notamment avec la *Systema naturæ* de Carl von Linné et l'*Histoire naturelle* de Buffon.

## Prolégomènes

Durant cette longue histoire, la vision la plus commune est théologique, celle d'une nature intangible, œuvre de Dieu. Les quelques tentatives qu'on peut qualifier aujourd'hui d'évolutionnistes n'ont pas de succès au-delà de cercles très restreints.

Ainsi, Lucrèce (env. 96-55 av. J.-C.), dans *De Rerum Natura*, dénie le finalisme d'Aristote et introduit le rôle du hasard : les organes se constituent au hasard, c'est *a posteriori* que la fonction émerge. Cette vision est très actuelle mais ne s'est pas imposée à l'époque, ni pendant les siècles qui suivirent. Certes saint Augustin (354-430) comme saint Grégoire de Nysse (env. 330-env. 395) pensent que Dieu est bien créateur, mais seulement des premiers êtres et des premières choses. Ensuite, la vie se débrouillerait, elle changerait et s'adapterait au gré des événements. L'hypothèse de départ est extérieure au discours scientifique, mais la suite n'est pas contradictoire avec une lecture évolutionniste. Ces points de vue ne se sont pas imposés, mais ils n'étaient pas non plus au centre des doctrines exposées par ces penseurs ou des préoccupations métaphysiques de l'époque.

Ibn Khaldoun (1332-1406) marque la pensée du monde arabe ; il est surtout connu pour son immense œuvre historique, politique et sociologique où il discute de l'ordre du monde, des minéraux aux êtres vivants et à l'homme. Dans son ouvrage *Al-Muqaddimah* ou *Prolégomènes*, on trouve la phrase : « Le stade le plus élevé, celui de l'homme, vient du monde des singes[27]. » On n'a rien découvert de particulier sur des sources éventuelles ayant inspiré sa réflexion dans ce domaine ; cependant les penseurs de ce monde n'étaient pas isolés et ils étaient influencés aussi bien par la pensée occidentale, grecque et romaine, que par la pensée orientale, principalement persane et indienne.

La Renaissance est d'abord marquée par la révolution copernicienne. Un virage épistémologique important est pris, en particulier grâce à Galilée : la connaissance ne s'acquiert pas uniquement par la lecture des ouvrages des Anciens, mais aussi par l'observation de la nature et par l'expérimentation. Au XVII^e^ siècle, l'intérêt semble limité pour les « choses de la vie », mais de nouvelles idées préparent le terrain. Par exemple Hobbes, avec sa philosophie matérialiste, introduit une vision dynamique, donc de mouvement et de changement ; il se livre aussi à une critique de l'aristotélisme. Il n'en demeure pas moins qu'en Occident Aristote reste la référence jusqu'au XVIII^e^ siècle, même si de temps en temps des « penseurs, contestataires », comme Jérôme Cardan (1501-1576), surtout connu pour son œuvre mathématique, ou Giulio Cesare Vanini (1585-1619), émettent l'hypothèse d'une origine naturelle de la vie. Ce dernier, inculpé par l'Inquisition, paya de sa vie sa pensée originale qui ne concernait pas seulement cette idée hérétique. Être savant à l'époque n'était pas sans risque !

Par la suite, des conceptions nouvelles peuvent être qualifiées de transformistes, même si ce terme n'apparaît qu'à la fin du XVIIIe et au début du XIXe avec Erasmus Darwin et Jean-Baptiste de Lamarck. Cette vision est combattue par des grands naturalistes, le plus connu étant Georges Cuvier, qui reste sur une position fixiste, c'est-à-dire celle d'une nature créée et immuable. Une célèbre controverse a d'ailleurs opposé Georges Cuvier à Étienne Geoffroy Saint-Hilaire, en 1830, à l'Académie des sciences. Ce dernier défendait les idées transformistes de Lamarck, mais l'Académie donna plutôt raison à Cuvier et à sa conception fixiste, comme quoi une assemblée de savants peut n'avoir pas raison, comme l'a montré la suite de l'histoire.

En 1859, une œuvre magistrale et fondatrice est publiée : *De l'origine des espèces*. Son auteur, Charles Darwin, élimine la vision religieuse du créationnisme, ainsi que le vitalisme et le finalisme. Il met aussi le fixisme en question et présente ce qui est dès lors appelé la « théorie de l'évolution » [34].

C'est en fait une quadruple révolution, un énorme changement de paradigme ; un c'est déjà beaucoup, quatre c'est gigantesque, on comprend qu'il y eut quelques résistances et turbulences, y compris dans le milieu scientifique [35].

À la même époque, Gregor Mendel donne la première explication « mécaniste » de la diversification des êtres vivants. Cette découverte n'a pas bénéficié du même succès que l'œuvre de Darwin. En pratique, elle a été ignorée pendant une quarantaine d'années alors qu'elle constitue les bases de la génétique [36].

Dès lors deux positions principales peuvent être distinguées, le fixisme dont Cuvier a été l'avocat, suivi par quelques-uns : le monde a été créé et reste fixé par la suite dans son état originel.

Cependant, cette conception ne rendait pas compte de la réalité. Par exemple, une grande partie de l'œuvre de Cuvier a été consacrée à l'étude des fossiles, il observait des apparitions, des transformations et des disparitions plutôt compatibles avec une vision changeante de la nature. Mais au lieu de se rallier au transformisme de Lamarck ou même de le prolonger, il expliqua ses observations comme étant la traduction d'une suite de disparitions et de créations. Très curieusement, Cuvier était aussi un inventeur de l'anatomie comparée dont les résultats étaient bien plus compatibles avec le transformisme qu'avec le fixisme. Certains naturalistes, comme Alcide d'Orbigny, campèrent sur cette position, allant jusqu'à décompter 27 extinctions et créations[28]. D'autre part, une partie de la communauté scientifique française penchait davantage vers le transformisme de Lamarck, c'est-à-dire la transmission des caractères acquis, que vers l'évolutionnisme de Darwin, où les caractères résultent de fluctuations aléatoires et d'une sélection naturelle portant sur ces caractères. Ces processus sont communément admis aujourd'hui, mais signalons quand même que certains caractères acquis sont transmissibles, même si cette acquisition est réversible et fait l'objet de travaux très actifs dans le cadre de l'épigénétique.

Revenons à nos moutons. Avant l'apparition de l'expression « diversité biologique » et a fortiori avant l'invention du mot « biodiversité », on parle plutôt de variations et de « variabilité biologique ». Ces expressions désignent la diversité des espèces[29] constituant le monde vivant, mais aussi les différences entre individus d'une espèce donnée ou entre membres d'une même lignée : les enfants successifs d'un couple ne sont pas des copies conformes, même des jumeaux homozygotes présentent des petites différences. De fait, la diversité caractérise le vivant dans son ensemble. En quelque sorte on peut dire, selon une expression de Giuseppe Longo, que « la variation est l'invariant du vivant ». Elle s'exprime par des différences, de diverses natures, résultant par exemple d'expressions génétiques de génomes voisins, modulées par des conditions internes de nature physiologique, ou externes de nature environnementale. Par ailleurs, un héritage phylogénétique conduit à identifier des parentés. Ce mélange de ressemblances et de différences complique l'analyse de la réalité observée, à savoir un monde vivant d'une immense diversité, mais avec des permanences bien identifiables : un chat est un chat, mais il y a déjà des chats et des chattes, et deux chats d'une même fratrie ont souvent des pelages différents, même si leur couleur est en grande partie héritée.

La diversité du monde vivant représente une richesse au sens premier du terme. Cette richesse n'est pas intangible comme celle d'un coffre rempli de pièces d'or. Il faut d'abord éviter de la mettre globalement en danger, de la dilapider. Cependant, elle a sa propre dynamique ; elle est à même de se renouveler et de changer spontanément, par elle-même, au cours du temps. Sur la base de ces constatations, des organisations et des institutions ont été créées pour la protection de la nature et des êtres vivants qui la peuplent. C'est par exemple le cas des parcs naturels aux États-Unis, mis en place à la fin du XIXe siècle. Le président Theodore Roosevelt y fut pour beaucoup. Son intérêt pour les espaces naturels ne s'est pas démenti par la suite. Ainsi, après l'exercice de la présidence des États-Unis, il explora une partie de l'Amazonie ; il y laissa un bon souvenir, au point que son nom a été donné à un fleuve de cette région mythique[30].

Ce modèle de parcs naturels, et plus généralement d'espaces protégés, a toujours un grand succès. La protection concerne aussi des catégories d'êtres vivants. Ainsi, les ligues pour la protection des oiseaux ont été constituées au début du XXe siècle. Ce fut le cas en 1912 pour la France. Par ailleurs, les politiques et les gestionnaires ont été très tôt concernés par la valorisation et la gestion des ressources vivantes et des espaces où on les trouve. Par exemple, toujours en France, l'administration royale s'est occupée des pêches littorales au moins à partir du XVIIe siècle ; elle a alors légiféré à leur sujet [37] [38]. C'est vrai aussi pour les espaces forestiers et pour ce qu'on appelle aujourd'hui la faune sauvage, longtemps objet des chasses royales et nobiliaires[31]. En tout état de cause, une abondante législation concerne le vivant et, consécration ultime, le terme « écologie » en vient parfois à désigner un ministère ou des structures administratives… On pourrait dire que nous avons là une vision institutionnelle de la biodiversité.

Enfin, on ne peut nier l'importance de l'imprégnation religieuse. Lynn White, scientifique et homme d'Église, en a fait une analyse précise dans un article célèbre paru dans *Science* en 1967 [39]. Cette analyse est d'autant plus précieuse qu'elle présente les divers points de vue : de l'animisme aux versions tirées des récits de la Création, l'homme et la nature créés par Dieu. L'homme est conforme à son image et la nature, notamment les êtres vivants qui la peuplent, est conçue pour servir la nouvelle créature. Cette vision pourrait être qualifiée d'anthropocentrée et d'utilitariste. Une autre interprétation est contemplative et naturaliste. Les êtres vivants sont tous « frères », dans une vision moderne on dirait qu'ils sont solidaires. Elle est illustrée par saint François d'Assise. La proposition finale de l'article de Lynn White est d'ailleurs que ce saint devienne le « saint patron » de l'écologie, vœu exaucé par le pape Jean-Paul II en 1979. Bien entendu, le pape actuel, déjà par le choix de son nom, est dans la même lignée, il a d'ailleurs pris soin dans son encyclique *Laudato si'* de parler de maison commune et d'environnement. Cela étant, la quasi-sanctification de l'écologie, après sa version politique, a quelque chose de troublant, même s'il est loisible d'éprouver de la sympathie pour saint François d'Assise, ainsi que pour le pape François. Le mélange des genres introduit presque toujours des confusions. Par exemple, les discours qu'on trouve dans les grandes revues scientifiques peuvent traduire une certaine religiosité. C'est aussi pour cette raison que l'article de Lynn White est intéressant : scientifique, il assume clairement et pleinement sa fonction religieuse et nous éclaire sur bien des points. En dehors du champ scientifique, l'imprégnation religieuse est parfois perceptible dans les autres discours, par exemple politiques. C'est le cas quand on évoque une « nouvelle alliance » entre les humains et les autres êtres vivants de la planète. Enfin, dans des expressions extrémistes, on voit de temps en temps poindre de véritables intégrismes.

Nous devinons déjà que notre perception du monde, de la nature et des êtres vivants qui la peuplent est fortement conditionnée par notre culture. L'un des grands apports à cette compréhension de nous-mêmes est dû aux études des anthropologues qui ont fait un « pas de côté » en allant étudier des sociétés très différentes de la nôtre, comme les peuples premiers, par exemple les Indiens d'Amazonie, les sociétés de Papouasie, les aborigènes d'Australie ou encore les habitants du Grand Nord, notamment les Inuits. Changer de point de vue, d'objet d'étude, permet de mieux comprendre comment nous voyons la nature, notre monde, notre univers et notre espace d'action. Nous avons intérêt à aller « voir ailleurs ». C'est un peu ce qui est arrivé pour certains écologues au contact des grands écosystèmes comme la forêt amazonienne : la vision ordonnée, organisée, fixiste, la référence à un état d'équilibre (le climax), très répandue est inspirée par nos forêts européennes qui n'ont plus grand-chose de « naturel » ; pour la plupart, elles sont créées et soigneusement gérées par les humains. De fait, les systèmes écologiques naturels ne sont jamais spontanément à l'équilibre. L'aléatoire joue un rôle important dans leur dynamique, tout en assurant une certaine résilience. Retenons quand même que ces idées ont encore quelque chose d'hérétique en écologie. Si de plus on dit que la biodiversité change continûment, souvent indépendamment de notre volonté, que ce qu'on avance à son sujet est souvent approximatif et au moins aussi fortement inspiré de considérations idéologiques que scientifiques, il est difficile d'être compris et parfois tout simplement entendu, même si les arguments sont solides[32].

## L'invention du mot sans véritable définition

L'intérêt pour les êtres vivants de la planète, ainsi que pour les ressources qu'ils représentent, n'est donc pas nouveau. Cet intérêt est d'origine scientifique, politique, économique, culturelle et, comme nous venons de le voir, religieuse. Cependant, des malentendus et des conflits sont possiblement engendrés selon les perceptions qu'on peut en avoir et les usages qu'on peut en faire. La situation est souvent complexe à cause de la diversité et de la complexité des êtres et systèmes vivants. Un ordre de complexité supplémentaire est introduit par la structuration du vivant en niveaux d'organisation, de la cellule à l'écosystème et à la biosphère (organismes, populations, communautés, etc.). Il est alors commode de parler de système vivant, sachant que la diversité biologique s'exprime à tous ces niveaux. De plus il existe des interactions entre entités d'un même niveau, par exemple entre organismes, et entités de niveaux d'organisation différents. C'est ainsi que l'on sait que la taille d'une population peut influencer la fécondité des individus qui la composent. À cet égard, la grande différence entre le modèle exponentiel de Malthus et le modèle logistique de P.-F. Verhulst est précisément l'introduction d'un terme limitant la fécondité et qui dépend de la taille de la population [41] [42]. Par exemple, la limitation de la croissance et de l'effectif des populations, notamment humaines, peut s'expliquer autrement que par des phénomènes brutaux (guerres, épidémies, famines, etc.) comme le suggérait Malthus.

La multitude des interactions est aussi une diversité. On peut également intégrer les représentations qu'on s'en fait, mais aussi des rapports que les humains entretiennent entre eux à propos du vivant, par exemple des conflits d'usage (une forêt peut être dévolue à la production de bois ou considérée comme une réserve animale et végétale, ou encore récréative, pour le jeu, la promenade ou la chasse). Le néologisme « biodiversité » tente de rendre compte de cette situation quelque peu confuse. Il apparaît dans les années 1980, popularisé après la parution de l'ouvrage édité par Edward Osborne Wilson au titre éponyme : *Biodiversity* [43], et surtout à la suite de la Conférence de Rio sur l'environnement et le développement, en 1992. Le livre de Wilson peut être considéré comme le premier document scientifique médiatisant le concept de biodiversité, associant les aspects écologiques, économiques et sociaux. Il alerte aussi sur les menaces pesant sur cette biodiversité. Lors de la Conférence de Rio, la Convention sur la diversité biologique (CDB) est élaborée, avec pour objectif principal le « juste retour » de bénéfices tirés de la valorisation du monde vivant et de ses produits. Ce juste retour concerne les pays et les sociétés locales où vivent les êtres vivants en question. Comme corollaire, il s'agit aussi de préserver ces richesses potentielles. Bien que le titre de cette convention n'utilise pas le mot biodiversité, dans la pratique on parle de la convention sur la biodiversité pour embrayer sur le succès du mot. Déjà exprimée dans l'ouvrage de Wilson, l'idée d'une diminution de la biodiversité liée à l'action des sociétés humaines s'impose de plus en plus. On parle alors d'« érosion de la biodiversité ». Cette idée se concrétise le plus souvent en termes catastrophistes, ainsi évoque-t-on souvent une sixième grande extinction.

Plusieurs initiatives de recherche sont alors prises aussi bien au niveau national qu'international. À titre d'exemple, on peut citer le programme « Dynamique de la biodiversité et environnement » lancé par le CNRS en 1993, et celui intitulé « Diversitas » de l'IUBS (*International Union of Biological Sciences*). Les idées fondatrices de ce programme de l'IUBS peuvent être trouvées dans la contribution de Talal Younès et de Francesco di Castri intitulée « Biodiversity, science and development : Towards a new partnership » (Biodiversité, science et développement : vers un nouveau partenariat[33]).

Le concept connaît un grand succès, illustré par l'analyse du nombre d'occurrences du terme dans la littérature scientifique. À cette fin on peut en avoir une appréciation en explorant les bases de données bibliographiques, par exemple celle du journal *Nature*. Ainsi, la figure 2.1 montre la croissance quasi exponentielle de l'utilisation de ce terme dans la littérature scientifique entre 1986 et 1998. Cette croissance ne peut pas être simplement expliquée par un changement de terminologie, *biodiversity* ne remplace pas l'expression *biological diversity* qui continue à être utilisée et qui connaît même un léger accroissement de son emploi.

Après 1998, le nombre d'occurrences est variable au cours du temps. Cette variabilité est difficile à interpréter. Elle a sans doute

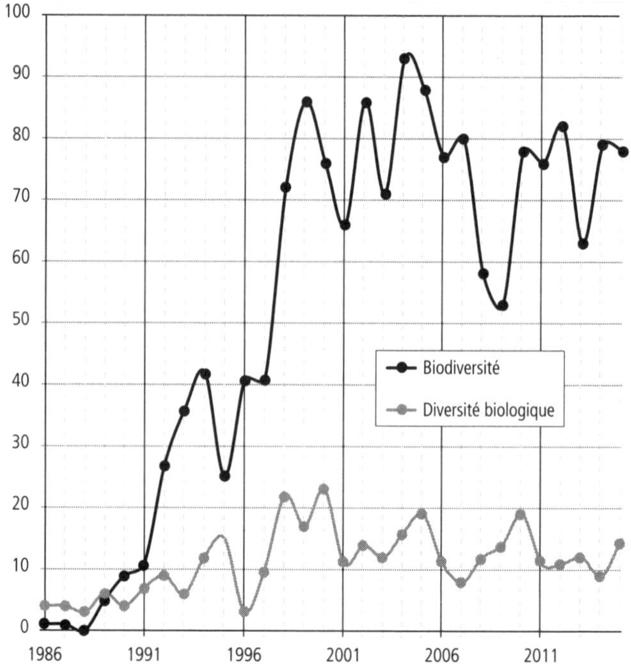


Figure 2.1. Nombre d'occurrences du mot *biodiversity* (biodiversité) et de l'expression *biological diversity* (biodiversité biologique) entre 1986, année de la première apparition du mot *biodiversity* dans la littérature scientifique, et 2015 (exemple du journal *Nature*).

plusieurs origines : conjoncturelles, liées à des événements internationaux ou même à des choix éditoriaux. Par exemple, le pic de 2002 correspond au sommet mondial sur le développement durable de Johannesbourg. Au-delà de l'événement lui-même, « biodiversité » est devenu un mot du vocabulaire scientifique.

## Biodiversité et écologie

Par ailleurs, Neff et Corley remarquent que *biodiversity « is a word that was invented to encapsulate a variety of other concepts [than biological diversity] and also ethical norms [...] biodiversity as a concept within ecology marks one of the most significant trends in that field*[34] » [44]. La polysémie du mot peut être d'un certain point de vue source de confusions, mais elle est aussi une richesse et explique, au moins en partie, son succès.

Si l'écologie est la principale discipline concernée, d'autres secteurs scientifiques le sont aussi : géosciences, chimie, autres disciplines des sciences de la vie, ainsi que les sciences de l'homme et de la société. On est en présence d'un domaine très pluridisciplinaire et l'intensité des liaisons entre disciplines illustre les approches interdisciplinaires, sinon transdisciplinaires (figure 2.2).

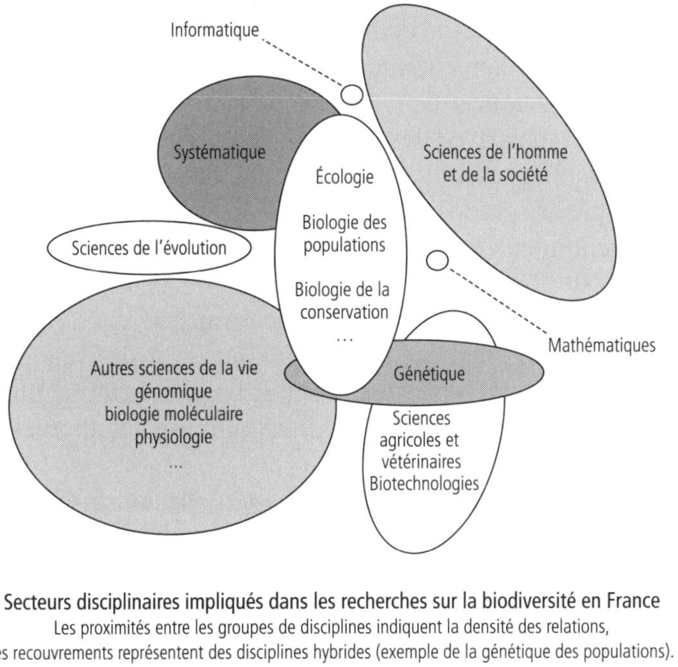


Figure 2.2. Schéma établi à partir de l'analyse de l'appartenance des auteurs de la communauté scientifique française signataires de publications sur la biodiversité. Le rôle central de l'écologie apparaît nettement. On note également la présence ponctuelle de l'informatique (bio-informatique) et des mathématiques (rapport de la Fondation pour la recherche sur la biodiversité, FRB, 2012 [47]).

De leur côté, Masquiliez et Cuxac relèvent aussi l'importance du thème tout en proposant une analyse comparative entre les recherches menées en France et dans le monde [45]. Ils présentent en plus une vision diachronique entre 2000 et 2010. Le nombre d'études sur la biodiversité reste important, mais stable, ou plutôt stationnaire. De plus, les oscillations enregistrées ne s'organisent pas autour de tendances croissantes ou décroissantes mais autour d'une valeur moyenne stable. Ces résultats sont compatibles avec le graphe représenté dans la figure 2.2. En revanche, l'expression « évolution biologique » est de plus en plus rencontrée et marque un renouveau décisif dans les sciences de la vie avec (enfin !) une prise en compte de plus en plus importante de la dimension évolutive, y compris dans les domaines finalisés, à l'exemple de la médecine[35]. Il n'en demeure pas moins que l'écologie n'en est pas encore réellement imprégnée. Le terme « biodiversité » est utilisé par les sciences de l'évolution, notamment la phylogénie moléculaire, mais avec des relations ténues avec l'écologie. On peut néanmoins noter que les indices statistiques ne rendent pas bien compte des grandes tendances dans un domaine scientifique et qu'il vaut mieux faire appel à des panels d'experts et procéder comme pour une enquête sociologique (*cf.* « 100 articles d'écologie qu'il faut avoir lus », par F. Courchamp et C. J. A. Bradshaw [46]). Cela étant, dans ce cas particulier on peut avancer sans grand risque que la biodiversité serait apparue comme un sujet dominant pour des chercheurs interrogés sur les thématiques porteuses…

Pour les sciences de la nature, les approches recensées s'intéressent principalement :

- au rôle et aux fonctions de la biodiversité dans les écosystèmes (par exemple, sa contribution à la résilience et aux « services » rendus par ces écosystèmes) ;
- à la diversité des produits du vivant : matériaux et substances naturelles (chimie des substances naturelles, biomécanique et mécanique des matériaux issus du vivant), leur action biologique et écologique (chimie des substances biologiquement actives, écologie chimique) et bien sûr

les produits pharmaceutiques, alimentaires, cosmétiques et autres ;

- aux effets du changement climatique sur le vivant, à la contribution du vivant à ces changements et à leur régulation, aux échelles locales, régionales, continentales et planétaires ;
- à l'évaluation de la biodiversité, impliquant la biométrie et la bio-informatique, et à la modélisation de sa dynamique à plusieurs échelles d'espace et de temps ;
- aux origines (paléontologie, évolution biologique, anatomie comparée, phylogénie, notamment phylogénie des gènes et des génomes, etc.).

La figure 2.2 illustre ce que nous observons dans le monde scientifique. à savoir une mobilisation modeste des sciences de la vie au-delà de l'écologie et des disciplines satellites, comme la biologie de la conservation.

Les sciences de l'homme et de la société centrent leurs travaux sur les relations des humains entre eux. Les disciplines de ce secteur prennent de plus en plus en compte les environnements dans lesquels les humains vivent, évoluent, comment ils agissent en fonction de leurs besoins et de leurs perceptions, des espaces dans lesquels ils se situent et se déplacent, ainsi que des entités peuplant ces environnements. Bien évidemment, dans le champ de la biodiversité, les scientifiques de ces disciplines s'intéressent aux relations avec les autres êtres vivants de la biosphère[36], mais aussi à celles des humains entre eux à propos de ces êtres, de ce qu'ils représentent, de ce qu'ils valent à leurs yeux. On trouve alors les dimensions culturelles et éthiques, y compris religieuses, la définition de valeurs attachées à la diversité du vivant, les perceptions et les représentations. Les dimensions économiques ne sont pas ignorées et deviennent même très prégnantes (valeurs économiques, marchés de la biodiversité et sa gestion économique, des services des écosystèmes, des coûts et bénéfices associés, etc.). Cet ensemble est progressivement constitué sous le vocable de « bioéconomie », un néologisme de plus, néanmoins utile. Les usages traditionnels de la biodiversité ne sont pas oubliés et nous apprennent beaucoup sur les fonctionnements de ces sociétés (par exemple, grâce à l'ethnopharmacologie).

Comprendre les relations des humains entre eux, à leurs propos ou en fonction des entités qui les entourent, pose la question des régulations, de l'émergence et de l'expression de ces régulations ainsi que de leur mise en pratique. Une part importante relève des aspects juridiques et politiques. Il en découle un florilège de lois, de règles et de directives, dont il faut bien admettre, encore une fois, qu'elles sont très imprégnées d'une vision fixiste de la nature. Quelque part un paradoxe, pour un monde en changement permanent, certes sous l'influence anthropique, mais aussi sous sa propre dynamique. En revanche, dans le domaine scientifique les approches non fixistes sont en nette progression.

La répartition spatiale des êtres vivants fait partie des principaux centres d'intérêt, impliquant notamment la géographie. Des spécialités lui sont consacrées, par exemple la phytogéographie ou plus généralement la biogéographie, avec, aujourd'hui, la mise en relation de cette répartition avec les usages des espaces. Ces usages influencent grandement la biodiversité et sont la conséquence de choix politiques, techniques et économiques. C'est directement le cas des aménagements, et indirectement des politiques agricoles, rurales, littorales et urbaines, ou plus généralement environnementales, conduisant à une évolution des divers milieux et paysages par le biais de la mise en application de ces politiques. Les effets sont majeurs et rapides, beaucoup plus, par exemple, que les conséquences des changements climatiques, mais ils peuvent aussi les accompagner, par exemple en adaptant les pratiques à ces changements[37].

Les principaux aspects technologiques sont liés aux secteurs scientifiques mentionnés, par exemple la chimie des substances naturelles ou la mécanique des produits du vivant (bois et fibres) ou, pour les sciences de la vie, ce qui concerne l'agriculture, l'alimentation et la santé. Les êtres vivants sont aussi des sources d'inspiration pour des innovations technologiques (par exemple les avions ou les drones inspirés du vol des oiseaux ou des insectes, les systèmes de régulation suggérés par la physiologie, la chimie du médicament inspirée par les molécules naturelles biologiquement actives). Le secteur d'activité correspondant est en plein développement, on parle maintenant de biomimétisme ou de technologies bio-inspirées. Ainsi la cybernétique, s'inspirant des régulations métaboliques, inventée par Norbert Wiener[38], a été grandement à l'origine de la science du « contrôle automatique ». Plus anciennement, certaines intuitions et inventions de Léonard de Vinci viennent de son extraordinaire sens de l'observation de la nature. La biodiversité a donc un volet technologique, source possible d'innovations, au-delà de la chimie, encore peu valorisé et peu médiatisé au profit des messages alarmistes et catastrophistes.

Tout cela relève d'une pratique interdisciplinaire, explicite ou implicite, souvent annoncée mais pas toujours réalisée.

Revenons à l'écologie scientifique. Cette discipline a focalisé son attention sur la biodiversité. Elle apparaît maintenant comme une sorte de chef d'orchestre de toute l'activité scientifique la concernant. Cette position peut être enviable, mais elle n'est pas sans risques. Le premier est la tentation d'englober l'ensemble du sujet avec toutes ses variantes, par exemple pour des écologues de s'inventer anthropologues ou économistes, alors qu'il s'agit plutôt d'apporter leurs compétences disciplinaires et de participer à la coordination de recherches interdisciplinaires. Bien sûr, ils peuvent s'inspirer des travaux faits par ailleurs sur le sujet ; ils doivent même s'en informer, mais ne pas se substituer aux spécialistes. C'est vrai aussi dans d'autres domaines. Mettons quand même un bémol à cette remarque : des scientifiques peuvent revendiquer des doubles compétences avec succès et, par là même, créer des interfaces, par exemple entre l'anthropologie et l'écologie. Bien qu'il existe des cas particuliers, aller au-delà peut se terminer par un affaiblissement du discours. En revanche, acquérir une culture générale dans d'autres domaines que celui de la discipline originelle est très utile, voire nécessaire au travail scientifique, surtout si l'on œuvre dans un contexte interdisciplinaire, comme c'est le cas pour la biodiversité.

Ce qui vient d'être exposé est vrai très généralement pour toutes les disciplines, mais est crucial pour l'écologie. Dans ce cas s'y ajoutent d'autres dimensions, non scientifiques, par exemple idéologiques et politiques. Et là, l'écologie représente une sorte de singularité, comme nous l'avons déjà évoqué, puisque des mouvements politiques s'y réfèrent explicitement dans leur intitulé et qu'elle a un « saint patron ». Du côté des scientifiques, il y a nécessité de bien faire la part des choses quand ils sont impliqués dans ces dimensions non scientifiques.

Enfin, il y a ceux qui s'inventent écologues, par exemple des membres d'associations écologistes sans compétence reconnue dans le domaine, et se croient capables d'émettre des avis autorisés de nature scientifique. C'est le domaine privilégié des experts « autoproclamés ». Pondérons quand même notre propos, des amateurs éclairés existent dans d'autres domaines, par exemple en astronomie, et leur apport peut être très précieux. C'est vrai aussi dans certaines sciences de la nature, les cas des mycologues, des ornithologues ou des entomologistes sont bien connus : des « amateurs » peuvent avoir de grandes compétences. Le problème en écologie est que la confusion des genres est plus facile.

Le champ d'action scientifique de l'écologie est vaste. Il convient d'autant plus d'éviter des fuites en avant et des effets de bord, conduisant souvent à des raisonnements et solutions simplistes ou de compliquer à loisir les choses. Ainsi la question de la biodiversité est-elle suffisamment importante et complexe pour mériter une grande rigueur scientifique dans une organisation interdisciplinaire et éviter la dispersion dans des catégories différentes, politiques ou idéologiques, sinon la question de la scientificité de l'écologie peut se poser, elle l'est même explicitement [52]. Comme nous l'avons déjà suggéré, une solution ne serait-elle pas de parler d'écologies, donc au pluriel, en distinguant bien l'écologie scientifique des autres ? Il est dommage d'en arriver là. En effet, le terme « écologie » désigne bien la discipline scientifique selon les normes et usages épistémologiques, mais les autres utilisations ne peuvent être ignorées. D'autres confusions sont aussi fréquentes, comme celle déjà signalée entre « nature » et « biodiversité » et même parfois entre « biodiversité » et « écologie ». Il faut faire contre mauvaise fortune bon cœur !

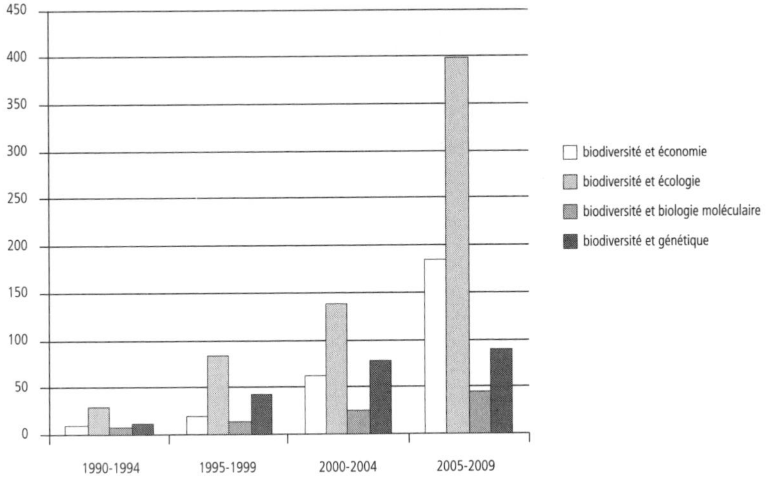


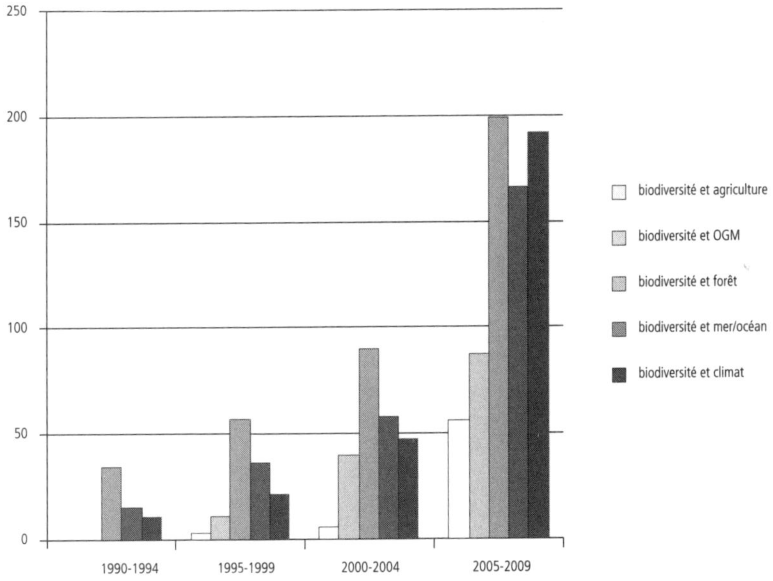


Figure 2.3. Co-occurrences des mots associés à biodiversité dans un même article : en haut, biodiversité et quelques disciplines scientifiques concernées ; en bas, association avec des sujets et des objets d'actualité (réf. : base de données du journal *Le Monde*, celle de *Nature* ne peut pas être utilisée pour ce type d'analyse).

## La biodiversité, médiatisée et socialisée

Pour aller plus loin dans l'analyse, on peut procéder comme pour les aspects scientifiques en recourant aux bases de données de la presse de grande diffusion. C'est ce qui a été fait en utilisant encore une fois celle du journal *Le Monde* (figure 2.4).

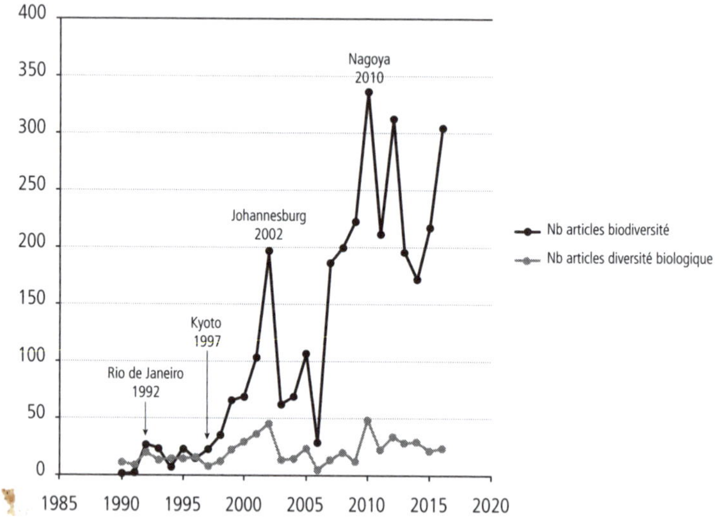


Figure 2.4. Occurrences de « biodiversité » et « diversité biologique » dans le journal *Le Monde* entre 1987 et 2016. On note des nombres élevés d'occurrences pour les années où se sont tenues des manifestations internationales concernant la biodiversité, mais pas uniquement. Par exemple, en 2012, les jeux Olympiques de Londres ont porté des messages « écologiques » et en 2016, en France, les discussions de la loi sur la biodiversité ont été relayées par la presse.

Le mot et le concept connaissent donc un succès scientifique, c'est le cas aussi dans les médias et dans la sphère sociale. En bref, les préoccupations exprimées concernent principalement ce que nous voyons, c'est-à-dire la biodiversité locale, ou ce que nous aimons voir (qu'il s'agisse des espèces emblématiques ou des écosystèmes qui nous sont habituels ou qui sont mythiques), ce qui peut être intéressant dans notre vie quotidienne, ce qui est bon ou ce qui est mauvais, ce qui est agréable ou ce qui ne l'est pas. Les perceptions, les représentations, les comportements et donc les valeurs attribuées à la biodiversité (pas seulement monétaire, mais aussi culturelle et éthique, voire religieuse) sont conditionnées par ces dimensions humaines. Elles sont différentes selon les cultures et les croyances spécifiques et changent au cours du temps. L'art pariétal nous a laissé de belles représentations d'animaux et même de scènes de chasse. La Bible nous livre une description du jardin d'Éden représenté par de nombreux artistes. De son côté, la forêt amazonienne a été considérée comme l'« enfer vert » (film de James Whale, sorti en 1940) ou appelée la « dévorante Amazonie » (titre d'un livre de Pierre Joffroy racontant l'aventure des Maufrais en Amazonie sorti en 1959), mais elle a été aussi idéalisée comme dans *La Forêt d'émeraude* (film de John Boorman, sorti en 1988). Or, ce genre de forêt n'est ni un enfer ni un paradis, c'est simplement une forêt, un écosystème plus désorganisé que structuré et abritant une grande diversité biologique, dont des humains. On parle beaucoup moins du bush australien, lui aussi abritant une grande biodiversité, et plus dangereux pour les humains que la forêt amazonienne. Autant d'exemples de représentations assez communes, qui influencent inconsciemment notre vision de la nature et de la biodiversité associée. J'ai même trouvé, sur le bord d'une route, en Guyane, un curieux slogan peint sur le capot d'une épave de voiture (figure 2.5) !

Lorsque nous examinons les sujets abordés, les visions catastrophistes semblent être dominantes. La perméabilité entre la perception sociale et le discours scientifique est importante. Les ONG et les associations sont très présentes à l'interface science-société, en particulier dans l'expression médiatique.

Le point de vue catastrophiste est lié à une perception positive systématique de la biodiversité : elle est bonne en soi. Est-ce une conséquence d'une vision idéalisée de la nature ? Et quand nous avons à considérer les aspects négatifs (par exemple, la biodiversité des agents pathogènes), le point de vue devient une nouvelle fois positif en considérant qu'une grande biodiversité assure aussi une protection contre ces agents pathogènes. Il arrive même qu'on évoque le rôle de ces agents dans les écosystèmes pour améliorer leur image en participant à un équilibre mythique. Cela illustre la boucle entre idéalisation positive et vision catastrophiste ; quelque part, elles se renforcent mutuellement et s'expriment particulièrement bien dans l'écologie politique ou dans celle des ONG.

À ce niveau, on peut être ravi par l'extraordinaire appropriation du mot, d'un concept au départ scientifique, mais est-ce sans conséquence ?

Figure 2.5. Les animaux sauvages sont parfois idéalisés, faisant oublier que certains d'entre eux peuvent être dangereux pour les humains, comme l'ours polaire. Cette photo a été prise par l'auteur sur le bord de la route entre Régina et Saint-Georges-de-l'Oyapock en Guyane. De très loin, cet animal peut paraître inoffensif, et même redoutablement sympathique !

## 3

# On compte beaucoup, plus ou moins bien, et qu'en fait-on ?

La biodiversité recouvre des réalités, des préoccupations mais aussi des opportunités multiples qu'il s'agit d'identifier et d'évaluer. Cependant, et au-delà de l'intention, « identifier et évaluer la biodiversité » reste une expression très générale : s'agit-il d'évaluer son intérêt pour les sociétés humaines, par exemple symbolique, esthétique, économique, ou son importance dans le fonctionnement des écosystèmes et plus généralement de la biosphère ? La description peut aussi se limiter à comptabiliser diverses catégories biologiques ou taxonomiques aboutissant à des nombres de gènes, de génomes, d'espèces, de genres, de familles, etc.

En effet, la diversité biologique se décline « du gène à l'écosystème » : peut-on tout compter ? Et même, est-ce que cette énumération aurait du sens ? Examinons d'abord la diversité génétique, elle est énorme, vu les combinatoires possibles ; même dans une lignée, on peut penser qu'il n'existe pas deux génomes identiques à un moment donné et peut-être même tout au long de l'histoire de toutes les lignées de toutes les populations, de toutes les espèces.

Mais, direz-vous, et pour les vrais jumeaux ? En fait, quelques mutations, même rares, les distinguent, et aussi quelques modifications épigénétiques qui nous mènent à pouvoir les distinguer y compris dans des enquêtes criminelles [53].

Bien évidemment, se placer à ce niveau de granularité n'a pas de sens : l'univers des possibles est trop vaste pour que ce soit utilisable au-delà d'un simple ordre de grandeur, pour se faire une

**Immense diversité génétique potentielle**

Prenons un exemple : soit une espèce diploïde portant 23 paires de chromosomes et exactement 1 000 gènes par chromosome, chacun d'entre eux ayant exactement deux allèles. Un calcul simple montre que le nombre de génotypes possibles est de $2^{46\,000}$, soit de l'ordre de $10^{14000}$ ($46000 \log_{10} 2 = 13847,38$). Cet exemple a été tiré d'un exercice proposé à une classe de terminale S, il y a une quinzaine d'années. Chez l'homme on compte 23 paires de chromosomes et un nombre de gènes voisins à celui indiqué, nous avons ainsi une évaluation de la diversité génétique humaine maximale. La diversité est encore plus grande si l'on considère le génome dans son ensemble : $3.10^9$ nucléotides chacun d'entre eux pris parmi 4 possibles conduit à un maximum de $4^{3000000000}$ génomes différents « possibles ». Une bibliothèque de Babel. Cela étant, l'univers des possibles réel est beaucoup plus petit. En effet, comme pour les livres, le patrimoine génétique a un sens, ce qui réduit drastiquement la taille de cet univers.

idée. Il faut donc réduire cet univers, par exemple en recensant ou en estimant les génotypes réels et leur traduction phénotypique ou, plus généralement, ceux qui ont un sens biologique et si possible compréhensible par le plus grand nombre. Inversement des catégories plus vastes, comme animaux et végétaux, ne nous renseignent pas beaucoup sur la diversité. On doit alors se placer à un niveau intermédiaire.

## Caractériser la biodiversité : le choix de l'espèce est-il bon ?

Nous n'allons pas détailler toutes les estimations possibles, nous nous en remettons à la « coutume », le choix de l'espèce, sans exclure, au cas par cas, d'autres possibilités, comme se limiter à un nombre de genres ou de familles, ou encore envisager une diversité fonctionnelle plutôt que structurelle. La catégorie *espèce* a un triple avantage : elle est taxonomique, elle est biologique et elle a un sens historique. En effet, cette catégorie a été définie sur des bases de ressemblances morphologiques et constitue une unité élémentaire commode de la classification du vivant. Elle a aussi une propriété biologique essentielle, celle d'interfécondité des individus appartenant à la même espèce : les descendances ont cette même propriété. Elle a aussi un sens phylogénétique : elle est issue d'une histoire qu'on peut reconstituer, comme nous le verrons dans le chapitre suivant. Enfin, elle présente une cohérence génomique : les individus d'une même espèce ont des génomes voisins, ce qui est d'ailleurs explicable par leur histoire commune. En tout état de cause, ce choix est évidemment discutable, comme tout choix, mais faute de mieux, comme l'avouait Darwin, nous nous y tenons pour l'essentiel. Ainsi, le concept a été énoncé pour décrire des organismes visibles à notre échelle, à savoir des métazoaires (ou multicellulaires), ce qui explique qu'il soit plus délicat à exprimer pour des unicellulaires, mais l'approche génomique répond en grande partie à cette critique.

Ce concept est aussi popularisé ; il est connu par le plus grand nombre. Dans un premier temps, on conviendra donc de caractériser la biodiversité, dans un espace donné, par le nombre des espèces étant représentées par au moins un individu dans cet espace, éventuellement pondéré par l'abondance relative, à savoir le nombre d'individus de chaque espèce. Encore une fois, d'autres critères peuvent être choisis, mais pour l'essentiel nous nous en tiendrons là.

## Premières utilisations du concept

Précisons à nouveau que nous n'avons pas attendu que le mot « biodiversité » soit inventé pour définir des catégories d'êtres vivants et s'en servir. C'est ainsi que les naturalistes, puis zoologistes et botanistes ont beaucoup œuvré pour aboutir à cette description. Dans un premier temps et encore souvent, les motivations de ces scientifiques n'étaient pas de recenser, de mesurer la biodiversité, mais de décrire de nouvelles espèces et de remplir des collections (d'abord privées, dans des cabinets de curiosités, puis dans des musées publics et privés). C'est ainsi que le modèle linnéen a fourni un cadre pour nommer et classer les observations et les descriptions, pour ranger les spécimens (*cf.* encadré).

Ces spécialistes se sont d'abord intéressés à la nature qui les entourait, ils étaient assez présents en Europe et en Asie, puis dans la foulée en Amérique du Nord. Souvent soutenus par les sociétés de géographie, ils ont aussi exploré un certain nombre de contrées qualifiées d'exotiques. Cette exploration a largement accompagné l'expansion coloniale [54]. L'objectif principal de certains d'entre eux était d'ailleurs de trouver de nouvelles ressources, de les rapporter sur le territoire métropolitain et de les acclimater, ou encore de les valoriser dans les territoires conquis.

Dans les pays d'Europe, ce qu'on appelle aujourd'hui une science participative était très présente via des amateurs éclairés, à titre individuel ou réunis dans des associations ou sociétés « savantes ». Ils étaient des utilisateurs des « clés de détermination », réalisées par les spécialistes, pour reconnaître et nommer les spécimens qu'ils observaient et récoltaient souvent pour leurs collections ; ils participaient aussi à l'élaboration de ces clés et à des descriptions anatomiques, puis progressivement à comprendre comment les organismes de diverses espèces coexistaient dans la nature puis s'organisaient dans le temps. Enfin, et comme on l'a déjà signalé, des « corps de l'État », dès l'Ancien Régime, étaient aussi impliqués, comme ceux qui géraient les patrimoines cynégétiques et forestiers, et plus récemment les collections du Jardin du Roy puis du Muséum (national) d'histoire naturelle. Ce sont ces communautés qui ont principalement participé au développement de la systématique et à l'émergence de l'écologie en tant que discipline scientifique, mais c'est le biologiste et évolutionniste allemand Ernst Haeckel qui inventa le mot.

Ces activités naturalistes étaient très vivaces en France, si bien que la biodiversité animale et végétale du territoire métropolitain est assez bien connue. L'outre-mer a été aussi exploré et

**Le modèle linnéen**

En bref, le modèle linnéen est une représentation hiérarchique du monde vivant: les espèces regroupent les organismes qui se ressemblent le plus et qui sont interféconds. L'interfécondité est presque stricte chez les animaux. L'hybridation interspécifique est plus fréquente chez les végétaux. Progressivement, on définit des groupes de ressemblance, formant les genres, puis les familles, etc. En plus, Linné a proposé une nomenclature commode dite binominale « genre-espèces » en latin pour désigner les spécimens, que nous avons déjà utilisée dans nos exemples (*Ursus maritimus, Elona quimperiana, Osmoderma eremita*...). Cette nomenclature a été universellement adoptée. Ce fut un grand progrès pour structurer et partager la connaissance sur les êtres vivants, permettant de rendre le travail collectif plus efficace.

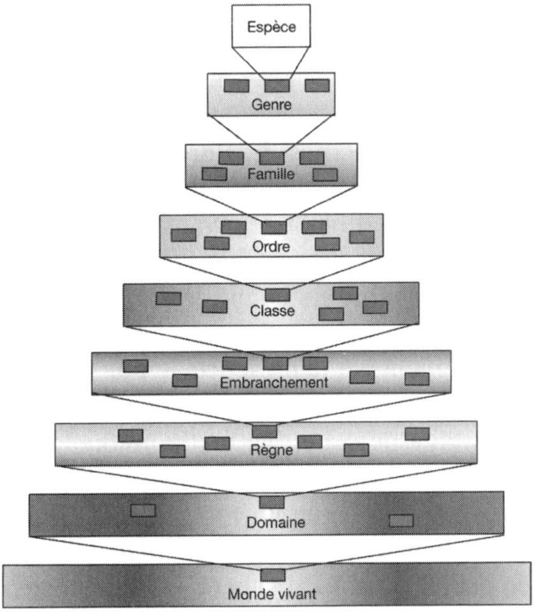


Les entités taxonomiques, tels les genres, les familles, etc., peuvent être vues comme des réunions d'espèces, au sens ensembliste. Les représentants de ces unités partagent des parties communes de leur

→

génome, mais de moins en moins quand on s'éloigne de l'espèce. Cette classification peut être mise en correspondance avec l'histoire de la vie sur la planète.
Note : certains systématiciens préfèrent le terme taxinomie à taxonomie. Ici, nous avons choisi le second, dont l'emploi nous est apparu le plus commun et a des correspondants, quasiment homographes, dans plusieurs langues et pas seulement en anglais.
L'illustration est tirée de l'article de Wikipédia sur la taxonomie.

la communauté scientifique est très impliquée dans cette quête de connaissances. Cependant, les ordres de grandeur sont tels qu'on est loin, en nombre relatif, d'être au niveau de ce qu'on sait du monde vivant métropolitain connu à presque 100 % pour les métazoaires mais beaucoup moins pour les protozoaires et plus généralement pour les unicellulaires.

Une autre classification de plus en plus utilisée est fondée sur la phylogénie à partir de la comparaison de génomes entiers ou de morceaux de génomes. Les groupes identifiés sont des « clades », les clades de plus bas niveau sont des espèces dans la classification générale du monde vivant. Cependant, des clades plus fins peuvent être identifiés. C'est le cas dans une expérience présentée dans le chapitre suivant, la « *Long Term Evolution Experiment* » où ces clades sont des groupes de la bactérie *E. coli* qui se distinguent par la présence de mutation apparaissant spontanément au cours de cette expérience. Cette classification est complémentaire de celle dite taxonomique présentée dans l'encadré précédent, mais ne lui est pas superposable, elle lui est seulement ajustable. La taxonomie « classique », fondée historiquement sur les travaux de Linné, utilise des critères morphologiques aisément observables. On peut aussi définir des clades en utilisant ce type de critère, voire uniquement eux. Il n'en demeure pas moins que la cladistique reste en grande partie méconnue par une majorité de naturalistes et par beaucoup d'écologues. On le comprend bien car cette approche classique est souvent suffisante, par exemple pour identifier et nommer des spécimens

**Classification phylogénétique et cladistique**

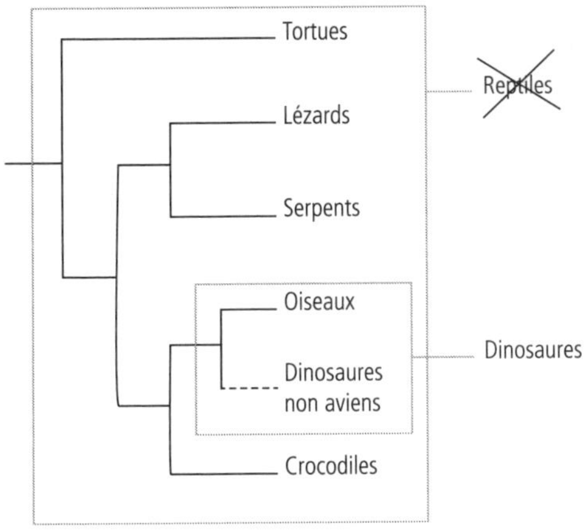


L'approche évolutive fondée sur la comparaison de parties de génomes ou de génomes entiers a conforté une classification dite par clades. Un clade regroupe les êtres vivants ayant une plus grande similarité entre eux qu'avec tous les autres. Cette similarité est interprétée comme traduisant une histoire commune, l'existence d'un groupe ancêtre commun. Pour obtenir une telle classification, on utilise principalement des outils statistiques fondés sur la mesure de « distances » entre génomes et plus généralement entre caractères de diverses natures. Les parties des arbres phylogénétiques représentent des groupes homogènes relativement à ces distances. Les représentations sous forme arborescente ont conduit à quelques surprises, par exemple l'identification du groupe des archées monocellulaires sans noyau (figure 4.3) ou, ci-contre, une arborescence montrant que la classification identifiant le groupe des reptiles, sans les oiseaux mais avec les crocodiles, ne tient pas.

particuliers observés dans la nature. Les études de la biodiversité s'appuient largement sur ce type d'approche. Cependant, de plus en plus de systématiciens adoptent la taxonomie évolutive. C'est par exemple le cas de Guillaume Lecointre et d'Hervé Le Guyader [55], qui en entraînent beaucoup d'autres.

## Comment, où et quand compter ?

La question est délicate. Il faut préciser d'abord à quel moment ou du moins dans quel intervalle de temps le comptage et plus généralement la mesure sont réalisés. En effet, le changement est la règle dans le monde vivant : apparitions, disparitions, transformations. Ne sont observés et comptabilisés que les groupes se maintenant semblables suffisamment longtemps. Enfin, comme pour toute mesure, il faut associer une précision.

Le changement étant la règle, on peut alors s'interroger sur des estimations extemporanées, nécessaires quand même si elles sont successives, permettant des suivis dans le temps et d'accéder ainsi à la dynamique de la biodiversité[39]. Dans le même ordre d'idées, l'échelle spatiale et la localisation sont essentielles à préciser pour aboutir à une approche spatio-temporelle, la mieux adaptée à la gestion des populations non contrôlées ou non domestiquées, les plus diversifiées, qu'on convient de qualifier de sauvages.

Il n'est pas question de faire une présentation détaillée des différentes approches et méthodes, des plus robustes s'appuyant sur des statistiques rigoureuses aux plus délicates, confiées à des experts où la subjectivité joue beaucoup et dont le périmètre d'expertise n'est pas toujours clair. On se contentera donc des grands traits.

Tout d'abord, la mesure concerne-t-elle la simple présence ou absence dans un espace donné ou l'abondance, c'est-à-dire l'estimation de la taille des populations pour chaque espèce ? Dans ce deuxième cas, on comprend immédiatement que l'échantillonnage est plus lourd et plus coûteux. Pour évaluer la dynamique, ces échantillonnages doivent être réitérés épisodiquement et géoréférencés, c'est-à-dire repérés géographiquement, si l'on intègre les aspects spatiaux. En pratique, l'échantillonnage est souvent relié à l'espace concerné. Par exemple, l'ouvrage de Gourlé-Fleury *et al.* (2004 [56]) décrit le dispositif expérimental de Paracou : 6,25 hectares en forêt non perturbée, en Guyane où les arbres sont repérés individuellement, localisés et suivis régulièrement.

En revanche, pour l'Amazonie dans son ensemble, on agrège des données issues des localisations accessibles, de données aériennes et spatiales. C'est le cas aussi pour les estimations à l'échelle planétaire. À ce sujet, il est intéressant de constater que la dernière évaluation est presque 8 fois plus élevée que la précédente et s'établit à quelque 3 000 milliards d'individus [57].

Lorsque de telles estimations sont obtenues, on peut tester leur cohérence. Par exemple, à l'échelle globale, on peut évaluer la superficie occupée par les forêts à 4 milliards d'hectares. L'estimation du nombre moyen d'arbres par hectare donne alors 3 000/4 = 750. On sait par ailleurs que le nombre moyen d'arbres de diamètre supérieur à 10 cm dans les forêts les plus denses, par exemple de type amazonien, est de 600, ou de 2 000 pour un diamètre supérieur à 2 cm. Le nombre moyen par hectare obtenu à partir de l'estimation globale, bien qu'un peu grand pour la première catégorie et un peu petit pour la seconde, est d'un ordre de grandeur cohérent avec ces estimations. C'est la cohérence d'échelle qu'il est utile de vérifier systématiquement[40].

Ce que nous venons d'exposer concerne des végétaux de grande taille ; ils sont immobiles et aisément observables. Pour les animaux, une difficulté supplémentaire s'ajoute car ils se déplacent et, de plus, ils peuvent avoir des comportements d'évitement. Par ailleurs, pour les milieux difficilement observables, comme les mers et les océans la troisième dimension (la profondeur) augmente encore cette difficulté, non pas pour les méthodes, mais pour leurs applications [58]. Par exemple, les échantillonnages systématiques sont difficiles à envisager, et même dans ce cas, en milieu opaque, nous ne sommes pas à l'abri de surprises. Ainsi le calmar était-il réputé rare au voisinage des îles Kerguelen, car peu observé dans les échantillons prélevés par les bateaux océanographiques, jusqu'à ce que le contenu stomacal des manchots se nourrissant dans ces espaces marins révèle que ce céphalopode constitue une part importante de leur régime alimentaire. En fait, on a pu montrer que les calmars ont un comportement d'évitement des objets physiques utilisés par les océanographes et les pêcheurs, alors que, de son côté, le manchot compense le comportement de la proie par son habileté à la chasser. Si bien qu'on peut à présent considérer qu'on a là une ressource halieutique abondante, insoupçonnée jusqu'à un passé récent dans la zone maritime subantarctique. Nous pouvons remercier les manchots et les scientifiques qui les étudient. C'est le cas, par exemple de Yvon Le Maho (CNRS et Académie des sciences), qui, de plus, utilise des animaux marins pour mesurer des paramètres physico-chimiques des océans.

Au total, nous voyons déjà que le simple comptage n'est pas facile et doit, de plus en plus, faire appel à des technologies et des méthodologies sophistiquées. Beaucoup reste encore à faire, notamment pour organiser des échantillonnages pertinents, puis pour analyser et interpréter les données recueillies.

## L'incontournable biométrie

Les données biologiques et écologiques se caractérisent par leur variabilité, c'est même une règle générale. Or, le développement des sciences physiques n'a pas vraiment habitué les chercheurs et les ingénieurs à ce type de situation. En effet, dans ces domaines, les mesures faites sont en gros reproductibles à peu de chose près. Elles sont aussi prévisibles avec une bonne précision grâce à des formules mathématiques. On sait également évaluer un domaine d'incertitude, par ce qu'on appelle le « calcul d'erreur ». Néanmoins et dans quelques cas, les issues sont très variables d'une expérience à l'autre, même si elles résultent d'une simple mécanique, comme celle de certains jeux de hasard. Pour analyser ces résultats, les premiers éléments de calcul des probabilités et de statistique sont alors inventés, car la modélisation de ces mécaniques a longtemps résisté à notre savoir-faire, et aussi parce que les solutions apportées paraissaient suffisantes. De leur côté, les sciences de la vie et les sciences sociales ne peuvent pas avoir recours à une mathématisation aussi précise que les sciences physiques et, comme pour les jeux de hasard, on fait appel et on développe les deux disciplines pour répondre à leurs besoins (ces points sont explicités dans le dernier chapitre).

C'est ainsi que la biométrie a été inventée à la fin du XIXe siècle et se développe singulièrement depuis, bien que son nom soit galvaudé de temps en temps. Dès le début, cette discipline s'appuie sur la statistique et le calcul des probabilités ; elle contribue aussi fortement à leurs développements. Elle ne s'y limite pas et constitue le berceau principal de la modélisation des systèmes vivants et de la bio-informatique. Enfin, elle est très présente comme support de réflexions théoriques. Par exemple, sir Ronald Fisher, un des grands biométriciens, a été aussi un célèbre évolutionniste. Les progrès sont fulgurants et les versions finalisées des sciences de la vie, par exemple l'agronomie et la médecine, en profitent largement. C'est vrai aussi pour l'écologie.

Cependant, les méthodes robustes de cette discipline, celles existantes et celles qu'elle est à même de développer, ne peuvent pas toujours être mises en œuvre. Il n'en demeure pas moins que le regard des biométriciens est toujours utile, par exemple, pour l'évaluation d'autres approches. Ainsi, l'Union internationale pour la conservation de la nature (UICN) tente d'avoir une démarche rigoureuse, non biométrique, exprimée dans les manuels pour leurs agents, dont on a extrait le passage suivant :

> Les évaluateurs doivent décider d'adopter soit le principe de précaution, soit le principe de la preuve face au risque (limite de risque acceptable). Le principe de précaution conduit à classer un taxon dans les catégories *Menacé* à moins d'être certain que le taxon en question n'est pas menacé, tandis que le principe de la preuve n'amène à classer un taxon dans une catégorie *Menacé* que s'il y a suffisamment de preuves pour justifier ce choix [59].

Ce type d'approche conduit à des décisions arbitraires, où la subjectivité joue beaucoup. Une telle méthode peut être utilisée si elle est bien calibrée par ailleurs. Ce n'est pas toujours le cas.

Pour l'écologie, la biométrie est utile au-delà de l'évaluation d'un état existant, par exemple de la biodiversité (présence, absence, abondance, richesse, répartition spatiale, analyse de chroniques, etc.). En effet, grâce aux modèles de la dynamique des populations, elle est à même de détecter les populations en croissance, en décroissance, ou à l'état stationnaire. Par exemple, en utilisant des modèles basés sur les processus de ramification, on peut proposer des classements en « menacé, en danger ou en expansion », et concevoir des politiques de gestion de ces populations[41]. Mais, là encore, la rigueur se paie en difficultés de mise en œuvre pratique. Et dans les meilleurs des cas, le modèle a ses limites. Par exemple, la prévision est bornée dans le temps, on ne peut que détecter une tendance à un moment donné, mais c'est toujours mieux que de naviguer à l'estime et cela permet, grâce à un suivi régulier, d'éviter des problèmes tels que celui du cormoran, considéré maintenant quasiment comme nuisible.

Donc, la biométrie et ses extensions, modélisation et bio-informatique, sont à même de fournir des outils précieux de mesure et d'analyse[42]. L'amélioration des techniques d'acquisition des données va de pair. Ces dernières années, des progrès importants ont été réalisés, comme le séquençage de ce qu'on appelle le métagénome[43], ou l'utilisation de moyens d'observation comme les couvertures aériennes avec des avions ou des drones ou, à plus grande échelle, grâce aux moyens spatiaux, ou encore la reconnaissance automatique des formes pour la détermination morphologique des espèces. De son côté, la biodiversité du passé peut être estimée à partir des collections de fossiles. Des bases de données existent, comme celle développée par Jack Sepkoski et son équipe [60]. Les grandes extinctions, déjà identifiées sur le terrain par les géologues, sont plus précisément analysées en explorant cette base de données. Plus généralement, on a pu reconstituer et modéliser la dynamique de la biodiversité à l'échelle géologique (*cf.* par exemple la figure 3.4). Michael Benton montre ainsi qu'à l'échelle géologique, depuis le Cambrien et malgré les grandes extinctions, la croissance moyenne de la biodiversité est exponentielle [61]. On peut trouver d'autres références dans un livre édité en 2010 [62]. Pour des périodes plus récentes, d'autres traces sont aussi utilisables comme les pollens, les graines ou, comme on vient de le noter, les fragments d'ADN stockés dans les sols.

À ce stade, on pourrait penser que l'essentiel est fait ou sur la voie de l'être. Que nenni ! Des problèmes subsistent, que le non-spécialiste ne voit pas, comme celui de la synonymie. En effet, dans de nombreux cas, une même espèce est désignée avec des noms différents (Arnould [63], Costello *et al.* [64]), il en résulte des effets pervers : surévaluation de la biodiversité, autant de noms autant d'espèces, ou son érosion lorsqu'on décide de regrouper plusieurs espèces en une seule, les autres noms disparaissant des catalogues. Les incertitudes et imprécisions sont nombreuses. Il est étonnant par exemple de constater que le nombre d'espèces recensées dans les collections des muséums n'est connu qu'à 10 % près, comme l'ont estimé Lewinsohn et Prado [65].

Enfin, sur ces bases méthodologiques solides se développent ce qu'on appelle des « méta-analyses » consistant à synthétiser et à analyser des données d'origines diverses. Nous en verrons quelques exemples.

## Les concepts d'habitat et de niche écologique sont-ils utiles pour évaluer la biodiversité ?

Habitat et niche écologique sont deux notions citées communément non seulement dans la littérature spécialisée, mais aussi dans les journaux grand public. Elles semblent utiles quand on veut parler de biodiversité et même pour l'évaluer. Comme nous nous y référons dans la suite, il est souhaitable de préciser ce que nous entendons par là. En discuter est aussi une illustration des difficultés qu'on a pour comprendre les concepts de l'écologie, et pourtant il s'agit là des plus communs.

Tout d'abord, rappelons que l'un des papes de l'écologie, Eugene Odum, a proposé de distinguer simplement ces deux notions : « *The ecological niche of an organism depends not only on where it lives but also on what it does. By analogy, it may be said that the habitat is the organism's "address", and the niche is its "profession", biologically speaking*[44]. »

On peut en retenir qu'un habitat est localisé soit géographiquement, soit en termes d'appartenance à un écosystème. La notion de niche est plus générale et traduit les conditions de vie et les interactions avec le milieu où que ce soit. Odum précise bien qu'il s'agit d'organismes, entités biologiquement fonctionnelles. Par la suite, la notion de niche a été étendue à tous les organismes d'une espèce et de là, par extension, à l'espèce tout entière. On néglige ainsi la variabilité entre les organismes : une espèce est alors caractérisée par un organisme moyen. Ces glissements sémantiques très courants ne sont pas sans risques, comme on l'a déjà vu, et comme on le verra encore. Cependant, il faut faire avec.

### *Les habitats*

Beaucoup de personnes ont entendu parler de la notion d'habitat, ne serait-ce qu'à propos de controverses, par exemple sur les espèces protégées, comme le Pique-prune. En effet, la destruction d'un habitat potentiel, pouvant tuer au moins un individu de cette espèce protégée, est pénalement condamnable, car des réglementations et des lois ont été édictées à ce sujet. On peut citer, par exemple, les interprétations dans le droit français à la suite de la publication de la directive habitat de l'Union européenne[45].

En pratique, cette notion a été formalisée à partir de constatations faites « sur le terrain » par des spécialistes, mais aussi par chacun d'entre nous, à savoir qu'on peut observer certaines espèces dans certains milieux et pas dans d'autres. Par exemple, les espèces de cervidés, dans les régions tempérées, se trouvent principalement dans les forêts. Elles sont dites sylvestres ; c'est le cas du chevreuil et du cerf. Donc, la forêt est « là où habite le chevreuil », et par extension on dit que la forêt est son habitat. Cette forêt est aussi l'habitat du cerf. En revanche, le renne, lui aussi un cervidé, habite dans les zones arctiques de toundra. Pour compliquer un peu les choses, les êtres vivants en général peuvent s'adapter à diverses conditions de milieu. Ainsi, le caribou, sa variété nord-américaine, peut être aussi observé dans les forêts canadiennes et de l'Alaska. Autre exemple, depuis les années 1970, le chevreuil sort des zones forestières et on le rencontre de plus en plus souvent dans des espaces agricoles et plus généralement dans les zones non boisées, il arrive même qu'un individu se perde en zone urbaine. De plus, les chevreuils ne sont pas les seuls à vivre en forêt, les cerfs aussi, bien sûr, ou encore une myriade de petits mammifères, de batraciens, de reptiles, de végétaux, et en premier des arbres !

Déjà, on voit que définir un habitat risque de ne pas être facile et lui associer une mesure est encore plus compliqué. Une chose est néanmoins sûre : il est peu probable de rencontrer des individus d'une espèce dans un milieu qui lui est fortement hostile, si ce n'est temporairement.

Essayons de formaliser la notion : un habitat est caractérisé par des propriétés géophysiques et bioécologiques. Ces conditions sont favorables à certaines espèces, c'est-à-dire que des populations de ces espèces peuvent vivre, se maintenir, voire se développer dans ces milieux. Inversement, elles peuvent être défavorables à d'autres espèces. L'ensemble des populations occupant un habitat constitue une communauté écologique. Un habitat particulier couvre un espace physique plus ou moins grand, plus ou moins homogène, qui peut être mesuré, par exemple en termes de superficie ou de volume. L'espace, en soi, constitue une ressource partagée entre les communautés qui l'occupent. Il est limitant et non renouvelable mais parfois extensible, par exemple, en ajoutant une dimension comme une hauteur, à l'image des « murs végétaux ». En fait la notion d'habitat est multifactorielle et la définition d'un habitat précis est le plus souvent faite *a posteriori* par l'identification des êtres vivants qui l'occupent et la mise en correspondance avec les propriétés du milieu.

Cette notion est complexe, difficile à appréhender au-delà du mot, mais intuitivement compréhensible.

La modification d'un habitat est souvent suivie par la modification des communautés d'êtres vivants présentes dans l'espace correspondant : les plus favorisées s'installent et se développent, les moins favorisées déclinent et disparaissent localement. La biodiversité locale en est d'autant modifiée. Sa complète destruction élimine les communautés et donc rend nulle cette biodiversité. En pratique, sauf stérilisation complète et total isolement, il reste une biodiversité résiduelle susceptible de se développer à nouveau au gré de ces restes et d'arrivées d'autres êtres vivants. C'est ainsi que des champs de bataille reverdissent.

La fragmentation des habitats peut avoir des effets contrastés. En effet, il s'agit de ruptures géographiques, brisant la continuité des espaces où sont localisés ces habitats. Si les fragments ne sont pas trop petits, de façon que l'espace ne soit pas limitant pour les populations concernées, les effets sont réduits. Une idée répandue est alors de maintenir la continuité entre habitats ou même parfois de la créer, par exemple en aménageant des couloirs écologiques pour préserver la biodiversité de l'ensemble. Est-ce toujours favorable ? Comme toujours la réponse est circonstanciée. On peut, par exemple, faire et étayer deux critiques : d'une part, les couloirs écologiques facilitent l'homogénéisation et alors une possible perte de biodiversité ; d'autre part, les ruptures géographiques sont plutôt favorables à l'apparition de nouvelles espèces par les processus évolutifs et donc à l'augmentation potentielle de la biodiversité locale.

En tout état de cause, l'estimation de la diminution du nombre d'espèces, liée à une atteinte aux habitats, a fait l'objet d'une controverse intéressante à propos de l'utilisation de ce qu'on appelle la « loi aire-espèces » que nous allons exposer un peu plus loin.

### *Les niches écologiques*

La notion de niche écologique est distincte, mais apparentée. Dans sa version contemporaine, elle est attachée à une espèce particulière et inclut le rôle que cette espèce joue dans l'écosystème, par exemple de proie ou de prédateur. La niche se définit en fait comme un ensemble de paramètres physico-chimiques et bioécologiques dont les domaines de valeur sont optimaux pour la physiologie et l'écologie des organismes de cette espèce. Il faut prendre le mot « valeur » non pas dans un sens numérique précis, mais plus généralement de caractéristiques de l'environnement rapportées aux besoins d'une espèce particulière, qui se trouvent réunies dans des habitats donnés. Pratiquement, on pourrait dire qu'une niche est définie par l'ensemble des propriétés des habitats qu'elle recouvre, indépendamment d'un lieu donné.

Formellement, si l'on accepte le principe d'exclusion compétitive, deux espèces ayant la même niche ne peuvent pas coexister dans un même endroit. En fait, on s'aperçoit que la « compétition pure » est rarement observée dans la nature, comme elle l'a été en laboratoire. Les expériences de Georgyi Frantsevitch Gause ont été à la base de l'énoncé de ce principe [68]. Ces expériences utilisaient des paramécies de deux espèces différentes cultivées en milieu liquide avec des bactéries comme source commune de nourriture. Progressivement, les individus d'une des espèces disparaissent, on dit alors qu'il y a exclusion compétitive. En pratique, dans la « nature », on observe souvent une coexistence : ce qui est constaté dans des cas simples ne l'est pas forcément dans une nature beaucoup plus complexe. Ce problème est évoqué plus loin dans ce livre (chapitre 6, notamment à propos de la tragédie des communs).

La notion de niche est très utile lorsque l'on veut créer des habitats spécifiques, par exemple planter et gérer une forêt pouvant abriter des cervidés. Elle est utile aussi pour la dramaturgie : Bambi est un cervidé, un animal forestier, on peut l'en faire sortir brièvement, mais l'action doit se dérouler majoritairement en forêt au risque de n'être pas crédible, et pire d'être ridicule. Enfin, si tous les habitats d'une espèce sont détruits, il n'existe plus de niche réelle pour les individus de cette espèce, qui disparaissent ou qui s'adaptent. S'ils disparaissent tous, alors l'espèce est éteinte. S'ils s'adaptent, au moins en partie, alors les contours de la niche sont modifiés et l'espèce subsiste à moins que l'adaptation soit suffisamment drastique pour qu'on puisse dire qu'une nouvelle espèce est apparue.

Nous utilisons aussi la notion de niche dans un modèle présenté plus loin de variations de la biodiversité à l'échelle géologique. Cette utilisation quantitative permet de mieux interpréter les données paléontologiques disponibles, mais cette approche demeure très spéculative.

Au-delà de ces digressions, on aura compris que l'estimation de la biodiversité, même en nombre d'espèces présentes dans un espace donné, est très difficile, le plus souvent très imprécise et les concepts associés comme ceux de niche ou d'habitat sont très utiles, mais très délicats à manipuler.

## Des cas concrets

On peut trouver beaucoup de données relatives à la biodiversité dans des territoires à diverses échelles : de la parcelle au territoire national, puis à des régions biogéographiques, jusqu'à la biosphère dans son ensemble. On a seulement retenu quelques cas.

### *La biodiversité en France*

Les informations résumées ici sont tirées de l'Inventaire national du patrimoine naturel, abrité par le MNHN [69].

La biodiversité métropolitaine, incluant les zones littorales, recouvrant 4 zones bioclimatiques (atlantique, méditerranéenne, continentale et alpine), est l'une des plus importantes de l'espace géographique européen. Pour les plantes dites supérieures, on compte plus de 6000 espèces, dont 4900 « natives ». Pour les animaux, on retiendra que les invertébrés représentent environ 35200 espèces et pour les vertébrés de l'ordre de 1000 espèces, dont environ 400 en milieu marin. Tous milieux confondus, 5 % ont été introduites par les humains et la plus grande partie résulte de migrations intervenues après le maximum de la dernière ère glaciaire (il y a 20000 ans) : il n'y a pas de biodiversité qui soit permanente.

Plus de 98 % de la faune vertébrée et 96 % des plantes vasculaires spécifiques à la France (dont le maintien des populations est sous responsabilité française) sont concentrées dans les territoires d'outre-mer, représentant 22 % de son espace national (hors zones maritimes).

En complément et à titre d'illustration, on retiendra qu'il y a plus d'espèces d'arbres différentes sur un hectare de forêt de la Guyane (de l'ordre de 200), l'« Amazonie française », que d'espèces autochtones sur le territoire métropolitain (137 pour 55 millions d'hectares, dont 16 millions couverts de forêts, sachant qu'on trouve des arbres ailleurs, parfois en plein champ). Cela étant, contrairement à ce qu'on peut parfois lire ou entendre, la destruction d'un hectare de cette forêt équatoriale ne se traduit pas par la disparition des espèces représentées localement par quelques individus, car elles le sont en grand nombre ailleurs. Ce type de raccourci de langage participe à brouiller les discours sur la biodiversité, d'autant plus qu'il est fréquent.

Localement les données sont plus nombreuses et certains groupes, comme les oiseaux, sont mieux connus que d'autres car des associations, comme la LPO, sont très actives.

Un observatoire national de la biodiversité est géré par le ministère chargé de l'environnement et des instances régionales ont été corrélativement mises en place. Ce type de dispositif peut conduire à l'acquisition régulière de données permettant d'accéder à la dynamique de la biodiversité.

### *La biodiversité dans les grands écosystèmes*

Prenons l'exemple de l'Amazonie, l'un des plus grands écosystèmes continentaux de la planète. Son histoire a été reconstituée. La figure 3.1 en donne un aperçu.

L'installation de cet écosystème a commencé au début de l'Éocène (vers – 55 millions d'années), sa biodiversité a été maximale à la fin de cette période (vers – 37 millions d'années). Pendant celle-ci, la température moyenne sur le globe était de

10 à 12 °C supérieure à celle de notre époque [70] [71]. Les pôles avaient peu ou pas de glaces.

Les estimations actuelles les plus convaincantes concernant la forêt amazonienne sont les suivantes : (1) une superficie totale d'environ 6 millions de km², (2) un nombre d'arbres de l'ordre de 390 milliards, (3) un nombre d'espèces d'arbres estimé à 16 000, dont 227 sont dominantes (selon Hans ter Steege *et al.*, 2013) [72]. Dans un article antérieur, Hubbell *et al.*, parmi les meilleurs spécialistes de la question, faisaient une estimation d'environ 12 500 espèces [73]. On notera qu'il y a des signataires communs à ces deux publications, ce qui révèle la rigueur scientifique des auteurs. En effet, ils n'ont pas hésité à acquérir de nouvelles données avec un échantillonnage plus complet et plus serré, et alors à réévaluer leurs résultats.

Cet écosystème est habité par les humains depuis 12 000 ans environ, l'archéologie y est présente et originale [74]. Il a été de nombreuses fois perturbé, localement mais aussi plus largement, et à chaque fois la forêt et sa biodiversité se sont reconstituées, mais évidemment avec des différences. Elle est beaucoup plus résiliente que ce qui est parfois annoncé, même pendant la dernière période glaciaire [75].

### *La biodiversité de la biosphère*

L'estimation du nombre total d'espèces sur la planète, tous groupes confondus, multicellulaires et unicellulaires, a donné lieu à bien des spéculations. On a parlé de plusieurs dizaines de millions. Cependant, depuis quelques années, les valeurs proposées sont plus modestes. Ainsi Lewinsohn et Prado proposent un ordre de grandeur de 14 millions (± 4 millions) [65]. De leur côté, Costello *et al* avancent 5 millions (± 3 millions) [64]. Bien que ces travaux s'appuient sur des méthodologies solides, les résultats divergent quelque peu. La première est essentiellement biométrique, la seconde va plus loin, notamment par l'analyse des très nombreuses synonymies. Cette deuxième étude montre aussi que la population mondiale des taxonomistes est en

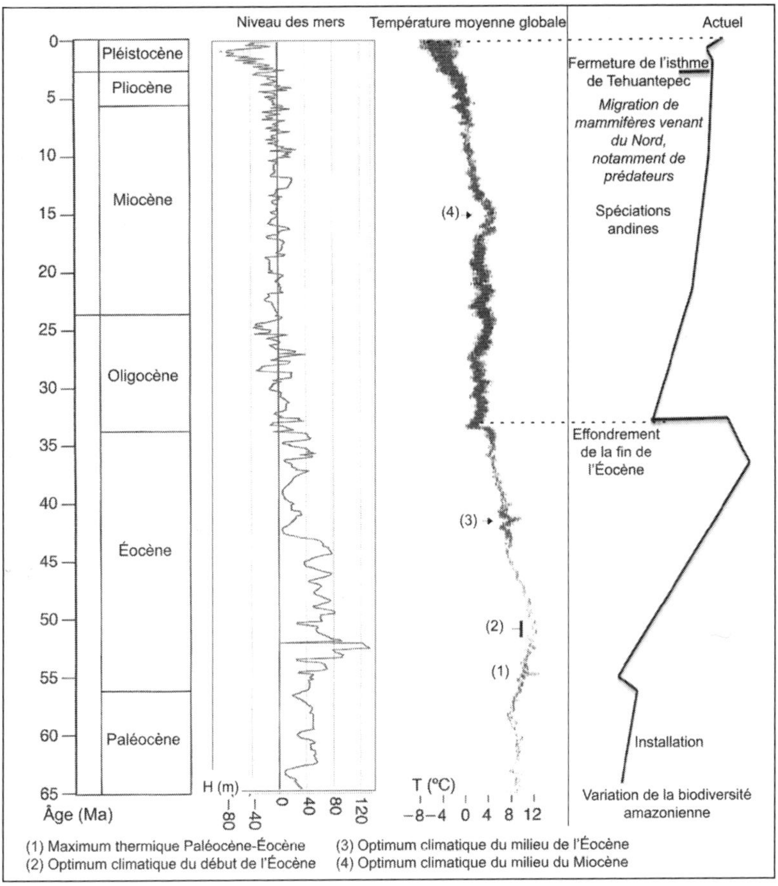


Figure 3.1. Variations de la biodiversité du système amazonien et événements corrélatifs, notamment géologiques : dérive des continents et fermeture de l'isthme de Panama, il y a 3 millions d'années, ayant permis la migration des grands prédateurs du nord vers le sud expliquant la baisse de diversité au voisinage de la transition Pléistocène-Pliocène. Rappelons que les plantes dominantes d'Amazonie, notamment les arbres, sont des angiospermes dont les premiers individus sont apparus, selon une toute dernière évaluation, il y a 240 millions d'années.

---

croissance régulière, à l'exception de celle des pays occidentaux. Comme le signalent ces auteurs ce n'est donc pas une « sous-espèce » humaine en voie de disparition. Enfin, la dernière évaluation est compatible avec celle avancée par Paul Arnould (*op. cit.* [63]).

Les valeurs qui viennent d'être citées ont été établies par des spécialistes parmi les meilleurs, avec des méthodologies solides. On comprendra encore une fois que la tâche est difficile, même en ne s'en tenant qu'à la comptabilité des espèces, et seulement celles qui sont le plus aisément observables. C'est ce qui explique qu'on peut être étonné par certaines annonces chiffrées, qui parfois ne sont pas en concordance avec ce qui a été sérieusement établi. Loin de toute polémique, il s'agit de remettre de temps en temps « les pendules à l'heure », en soulignant que la prudence doit toujours être de mise.

*La biodiversité à l'échelle géologique*

L'histoire de la vie sur la Terre et donc de l'évolution de la biodiversité a fait l'objet d'une attention grandissante depuis un peu plus de deux siècles. La découverte de fossiles, puis leur datation ont montré que cette histoire est très ancienne. Le transformisme de Lamarck, puis la théorie de l'évolution ont fourni un cadre théorique solide : les êtres vivants n'ont pas été créés un beau matin, mais sont le fruit d'une histoire ancienne. S'il est quelque chose d'excitant sur le plan scientifique, c'est bien la reconstitution de cette histoire. L'exposer, bien au-delà de la triste et désolante aventure des dinosaures, a quelque chose de fascinant. Elle pourrait faire l'objet d'une sorte de conte à raconter aux jeunes et moins jeunes, mais ce conte ne serait pas que le fruit de notre imagination, il s'appuierait sur des données scientifiques de plus en plus solides. Il m'est arrivé de dire à des collègues, notamment des collèges et des lycées, qu'il est bon de faire une science sérieuse, utile, mais qu'il ne faut pas oublier le rêve que permet ce plongeon dans le passé : faire rêver nos élèves, nos enfants et montrer que ce rêve est construit sur une démarche scientifique solide. Gageons qu'avec toute la littérature sur le sujet, certains pourront écrire cette histoire sous une forme attrayante et la raconter avec talent. On ne trouve donc ici que les grands traits, l'esquisse sur laquelle le tableau pourra être peint. Après la présentation quantitative et globale de ce chapitre, dans le suivant nous entrerons un peu plus dans les détails.

Concernant les origines, ce qui se passe peu après la formation de la planète, le livre de Muriel Gargaud *et al.* est une excellente référence [76]. Les traces avérées de la vie remontent à 3,8-3,7 milliards d'années, mais comme de grands bouleversements ont perturbé la Terre « un peu » avant, on peut penser que la vie a dû apparaître il y a 4 milliards d'années, estimation compatible avec des résultats récents. La figure 3.2 résume les grandes tendances à l'échelle de l'histoire de la planète. Dans cette partie, nous entrerons davantage dans la mécanique scientifique en montrant comment la modélisation nous permet d'en dire un peu plus, même devant l'angoisse collective de perdre cette richesse qu'est la biodiversité. Nous allons aussi examiner en quoi le passé éclaire le présent, mais attention de ne pas vouloir trop en dire !

À partir de l'article déjà cité de M. J. Benton (1995 [61]), qui demeure une référence principale, on peut déjà retracer ce qui s'est passé au cours des derniers 600 millions d'années (figure 3.3), avec l'émergence des métazoaires et la diversification qui s'est ensuivie, diversification ponctuée par des « accidents », des suites de diminutions et d'augmentations de notre fameuse biodiversité, mais au total, on observe une extraordinaire croissance du nombre de formes vivantes, et cela malgré ces quelques « accidents », ces fameuses grandes extinctions régulièrement contrebalancées par des « explosions » de la biodiversité. Soulignons que le pas de temps est d'un million d'années et que tous les phénomènes se produisant à l'intérieur de cet intervalle ne se voient pas. On peut déjà dire que se référer à ces données pour en tirer des conclusions hâtives sur ce qu'on observe aujourd'hui est pour le moins osé. Au graphe global de la figure 3.3, on peut associer l'émergence de grands groupes et la disparition de certains, comme les dinosaures mais aussi les moins médiatiques Trilobites à la fin du Permien.

Pratiquement, les données de Jack Sepkoski nous permettent de voir plus de détails en se limitant notamment aux fossiles

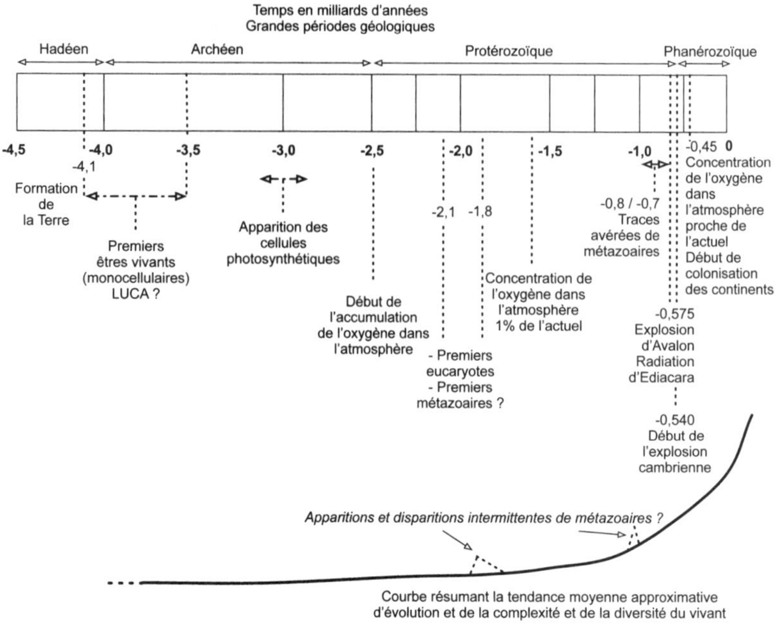


Figure 3.2. Reconstitution des principales étapes du développement de la vie sur la planète. L'échelle de temps est le milliard d'années. Les derniers 600 millions d'années ont été cruciaux avec une extraordinaire diversification des formes vivantes. LUCA, *Last Universal Common Ancestor*, est un hypothétique premier organisme déduit des analyses génomiques, grâce à une sorte de rétrocalcul, un des exploits de la bio-informatique et de la biométrie. Depuis 2007 où la première version de ce schéma a été réalisée, l'âge des plus anciennes traces de vie n'a cessé de croître. La dernière évaluation proposée, au moment où ce livre a été terminé, donne entre 3,77 et 4,28 milliards d'années [77]. On pense maintenant que la vie est probablement apparue encore plus tôt, vers 4,4 milliards d'années, soit « seulement » 100 millions d'années après la formation de la planète.

d'origine marine. La figure 3.4 les résume bien. Comme l'avait déjà noté Benton, on confirme que la dynamique moyenne et globale est de tendance exponentielle. Cependant, une modélisation plus fine a été faite en utilisant un modèle logistique par morceaux (Pavé *et al.* [78]) permettant de mieux rendre compte de la succession d'extinctions et d'explosions. Bien sûr, cette expression est quelque peu ésotérique pour les non-spécialistes. Néanmoins, pour ceux qui souhaitent en savoir plus, quelques

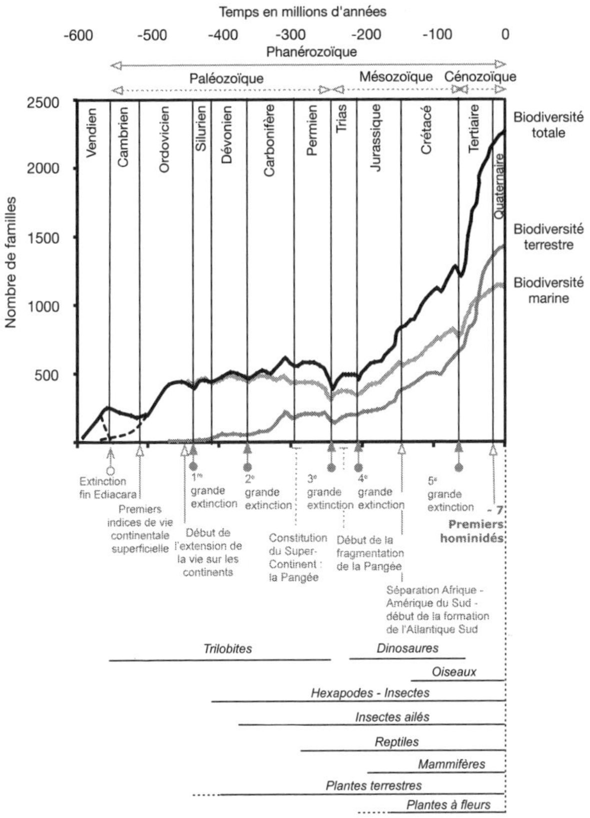


Figure 3.3. Les grands traits du développement de la biodiversité depuis le Vendien et quelques événements associés. Cette biodiversité est mesurée en nombre de familles. Selon les groupes, le nombre moyen d'espèces par famille est plus ou moins grand, il est donc difficile de traduire brutalement en nombre d'espèces, sinon de verser dans le biais que nous critiquons par ailleurs, celui des évaluations fantaisistes. Les repères temporels sont approximatifs, par exemple les plantes à fleurs semblent remonter à 240 Ma et possiblement avant.

aspects mathématiques sont exposés dans la section suivante. Pour les autres, on peut leur suggérer de faire confiance et de s'en tenir à la prose de l'exposé. Soulignons, par exemple, que l'utilisation de ce modèle n'est pas que descriptive, elle peut être aussi justifiée sur des bases mécanistes en supposant que le nombre de taxons, en l'occurrence ici des familles auxquelles on peut rattacher ces fossiles, dépend du nombre de niches écologiques que les taxons peuvent occuper. Quand des familles disparaissent, elles libèrent des niches qui peuvent alors être occupées par des organismes appartenant à de nouvelles espèces, genres et familles. On comprend alors qu'après les grandes extinctions des sortes d'explosions de biodiversité soient décelables[46]. Le mécanisme de disparition peut être formalisé dans le modèle. On traduit ainsi une atteinte directe, ou indirecte, à la suite de la destruction d'habitats et, de proche en proche, de la niche écologique d'une famille donnée. Le modèle établi sur ces bases inclut des variables dites d'états (ici le nombre de familles et le nombre de niches) et de paramètres, résumant par exemple les taux de croissance ou de décroissance de la biodiversité. Ces paramètres peuvent être estimés grâce aux données disponibles. Dans la foulée on peut aussi évaluer la précision de ces estimations (c'est un peu une manie de biométricien !). C'est ce que nous avons fait. Mais là, nous nous dispensons de donner des précisions techniques qui sortent largement de cet exposé. On pourra se référer à des ouvrages spécialisés [80]. Précisons également que nous n'entrons pas dans les détails des causes des extinctions, bien exposées et popularisées par ailleurs.

Ainsi a-t-on pu noter que les taux de croissance calculés grâce au modèle sont proches les uns des autres, sauf pour la période Jurassique-Crétacé où ce taux est significativement plus faible. L'étude des variations autour du modèle dans cet intervalle conduit à supposer qu'il y eut possiblement des successions de mini-extinctions, suivies par des mini-explosions de biodiversité. Dans le même ordre d'idées, Rhode et Muller, sur la base d'une analyse des composantes oscillatoires de la dynamique résiduelle de la biodiversité, ont détecté deux signaux périodiques de 64 Ma et de 140 Ma [85] mais les interprétations restent encore à faire. De son côté Rampino, sur la base des fréquences d'impacts météoritiques et de données cosmologiques, propose une autre pseudo-période de 26 millions d'années [82] [83], dans un article où il critique la théorie géologique de Charles Lyell qui ne prend

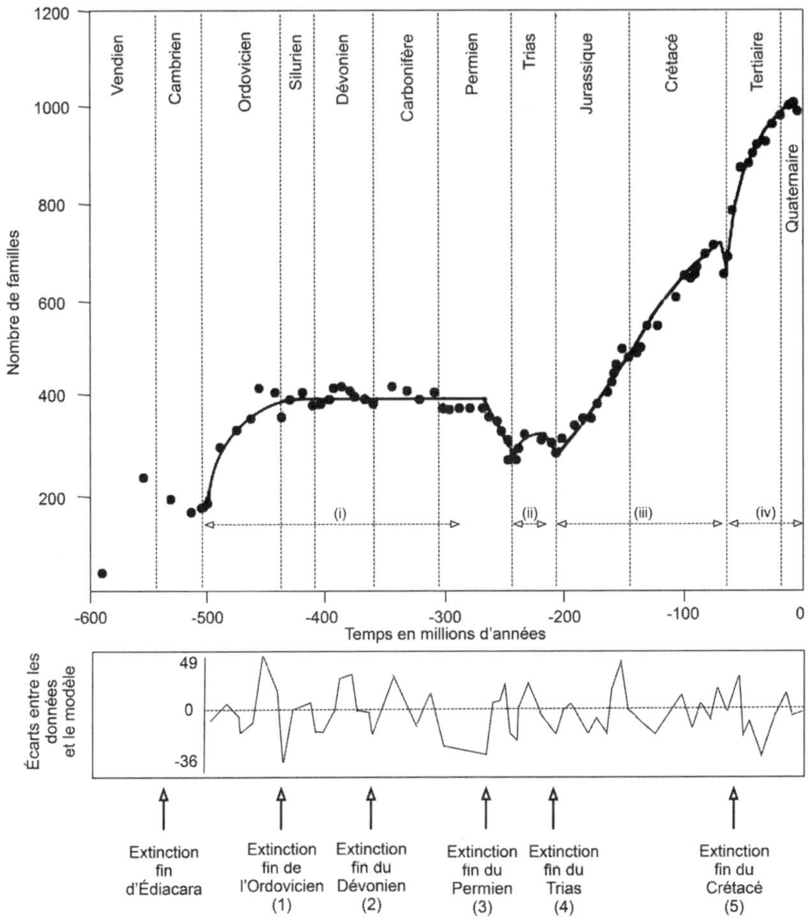


Figure 3.4. Évolution de la biodiversité à l'échelle géologique et modélisation de cette dynamique. Les données sont relatives à la biodiversité marine, dont les traces fossilifères sont mieux conservées que celles de la biodiversité terrestre. Elles sont issues de la base de données de Sepkoski; dans la version initiale elles étaient accompagnées de leurs « intervalles de confiance », non reportés ici pour plus de clarté. La courbe en gris montre la croissance exponentielle moyenne de celle-ci (proposée par Benton, 1995 [61]), la courbe noire représente un modèle logistique moyen que nous avons proposé (Pavé *et al.*, 2002 [78]), prolongement d'une modélisation de Courtillot et Gaudemer (1996 [79]). De plus, nous avons justifié l'emploi du modèle logistique, sur des bases mécanistes, pour représenter l'ensemble de la dynamique (*cf.* section suivante). Enfin, les oscillations sont compatibles avec une hypothèse de phénomènes catastrophistes d'origine cosmique [82].

pas en compte les perturbations d'origines externes à notre planète. Lyell discute également du rôle prépondérant donné à la sélection naturelle dans la théorie de l'évolution aux dépens des variations [87].

En tout état de cause, l'étude des écarts par rapport à la courbe moyenne permet donc d'identifier des signaux plus rapides, avec des successions de croissance et de décroissance[47]. Certaines ont été mises en relation avec des événements connus, par exemple la crise de l'Ordovicien, d'autres non. C'est le cas pendant cette période du Jurassique-Crétacé. Il est très vraisemblable qu'avec une échelle de temps plus fine on observerait des oscillations encore plus rapides. Cette remarque permet de souligner une difficulté méthodologique liée à la vitesse des changements. Ils sont réputés lents car leur évaluation est faite à partir de courbes moyennes ou de linéarisations locales sur un ensemble de points très distants correspondant à un échantillonnage avec une faible résolution temporelle. Avec une échelle de temps plus resserrée, des variations plus rapides seraient vraisemblablement mises en évidence. La figure 3.5 illustre cette difficulté.

En résumé, l'histoire « moderne » qu'on a pu reconstituer à partir des archives naturelles, à savoir des fossiles et des études géologiques plus générales, démarre il y a environ 600 millions d'années avec la radiation d'Ediacara, du nom des collines éponymes situées au nord d'Adélaïde en Australie. Les organismes correspondants ont disparu, il y a 545 millions d'années. Ce serait alors la première grande extinction. Cependant, des fossiles interprétés comme ceux de métazoaires très anciens ont été trouvés au Gabon ; ils ont été datés à 2,1 milliards d'années [85]. Ce sont des eucaryotes et ils semblent peu diversifiés, contrairement à ce qui a été observé pour Ediacara. Sous réserve d'inventaire, ces organismes auraient disparu[48]. À la période où les Trilobites se sont éteints, à savoir au Permien, leur diversité s'était considérablement réduite par rapport à celle d'époques antérieures, comme au Cambrien (Webster, 2007 [86]). La disparition des Trilobites aurait pu être causée par la perte de leur capacité à se diversifier. Cette perte pourrait être la conséquence de la

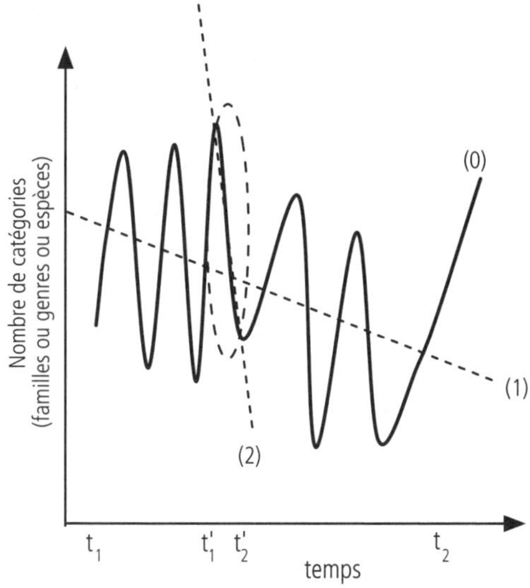


Figure 3.5. Illustration de la difficulté méthodologique liée à l'échantillonnage temporel. Supposons que les variations de la biodiversité suivent la courbe (0). Si l'on estime la vitesse d'érosion sur l'intervalle [$t_1$, $t_2$] ou sur [$t'_1$, $t'_2$] avec les tendances linéaires moyennes (1) et (2), on aura des estimations très différentes. Comparer ces estimations sur des échelles de temps aussi dissemblables n'a aucun sens. C'est le biais auquel on s'expose en comparant les données actuelles avec les données géologiques, en plus d'autres erreurs examinées ici. Bien entendu, ce qui est vrai pour l'estimation de l'érosion l'est pour la vitesse de spéciation. En fait, des composantes des variations à plus hautes fréquences sont indétectables au pas de temps de 1 million d'années. De toute façon, même sur de « bonnes données », l'estimation des vitesses, par exemple à partir des effectifs, reste très délicate pour des raisons numériques.

diminution de leurs processus de production de hasard engendrant les variations nécessaires à cette diversification et au bout du compte à leur évolution : le moteur évolutif aurait été en panne. Ce fut peut-être aussi le cas pour ces premiers métazoaires et pour les organismes de la radiation d'Ediacara. Il est possible qu'au cours des âges des métazoaires soient apparus sporadiquement mais, faute d'efficacité des processus de diversification, qu'ils n'aient pas pu se maintenir face aux aléas environnementaux « normaux ». C'est une explication complémentaire aux scénarios catastrophes, comme la chute de météorites ou les grandes éruptions volcaniques.

Il faut retenir que l'échelle de temps accessible et la nature des données paléontologiques limitent les interprétations et les comparaisons [87]. C'est une illustration de la « malédiction » de la biodiversité : données à la fois très nombreuses mais incomplètes, hétérogènes, complexes, peu précises, difficiles à acquérir. Cependant, l'expérience nous a quand même montré qu'on peut en tirer des résultats précieux. Inversement, il faut se garder de vouloir en dire plus qu'il n'est raisonnable de le faire, par exemple en comparant des estimations de vitesses de diminution ou d'augmentation de la biodiversité actuelle avec celles du passé.

Mais là n'est peut-être pas l'essentiel. L'étude plus précise de l'évolution des êtres vivants, que nous évoquons dans le chapitre suivant, nous apporte une connaissance beaucoup plus profonde qu'un simple bilan comptable d'un nombre d'espèces, ou d'autres catégories taxonomiques, et de son évolution tendancielle, au demeurant toujours difficile à établir.

### *Un peu de mathématiques, ça ne peut pas faire de mal*

Dans leur article de 1996 déjà cité [79], Vincent Courtillot et Yves Gaudemer ont utilisé le modèle logistique pour représenter les données sur les 500 derniers millions d'années (début de l'Ordovicien). Ils se sont focalisés sur les phases de croissance, sachant que les phases de décroissance sont largement étudiées par ailleurs. Le modèle a été écrit sous la forme :

$$\frac{dN}{dt} = \alpha N\,(K\text{-}N)$$

où $N$ représente le nombre de familles, $K$ représente l'asymptote, c'est-à-dire le nombre de familles après un temps assez long (formellement infini), a est un taux de croissance, en l'occurrence de diversification puisque c'est la biodiversité qui est mesurée. Si $N_0 < K$[49], ce qui est le cas ici, on observe la célèbre courbe sigmoïde, où $K$ représente le nombre maximum de familles. Ensuite, ces auteurs ont ajusté le modèle pour différentes périodes (*cf.* figure 3.4 : (i) du début de l'Ordovicien au début du Permien, (ii) la phase croissante du Trias, (iii) le Jurassique-Crétacé et (iv) le Tertiaire-Quaternaire). On peut également représenter les premières données, correspondant à la période d'Ediacara, avec ce modèle.

Dans un article ultérieur (Pavé *et al.*, 2002 [78]), nous avons adopté le même point de vue en proposant plusieurs interprétations du modèle logistique dans ce contexte. Ainsi, la paramétrisation, dite « $r$, $K$ » classiquement adoptée en écologie peut être utilisée :

$$\frac{dN}{dt} = rN\ (1-\frac{N}{K})$$

Le paramètre $r$ représente le taux intrinsèque d'accroissement de la biodiversité[50], le paramètre $K$ les potentialités du milieu en termes de niches écologiques.

Il apparaît que la valeur du paramètre $r$ peut être considérée comme identique pour les périodes (i), (ii) et (iv), mais qu'elle est significativement plus petite pour la période (iii). Le paramètre $K$, représentant le plateau, est significativement plus élevé pour les périodes (iii) et (iv) que pour les précédentes. Durant la troisième période, le plateau n'est pas atteint, la crise Crétacé-Tertiaire (K-T) interrompant le processus. Mais ce dernier reprend rapidement pendant la période Tertiaire-Quaternaire avec la même valeur de $r$ que pour les périodes (i) et (ii).

Une autre formulation du modèle sous forme de système différentiel permet de faire entrer explicitement le nombre de niches écologiques comme variable d'état. Posons $X$ le nombre de niches libres et toujours $N$ le nombre de familles au temps $t$, en supposant que $X$ est mesuré en « équivalent familles », c'est-à-dire en nombre de familles qui pourraient occuper ces niches, on peut écrire :

$$\frac{dN}{dt} = abNX \qquad \qquad \text{ou en posant } \alpha = ab : \begin{cases} \dfrac{dN}{dt} = \alpha NX \\ \dfrac{dX}{dt} = -\alpha NX \end{cases}$$
$$\frac{dX}{dt} = -abNX$$

Pendant un « petit intervalle de temps », une quantité relative $b$ de nouvelles familles apparaissent et occupent une quantité équivalente de niches écologiques ($0 \leq b \leq 1$). Mais, pourrait-on se dire, en quoi ce système différentiel est-il une expression particulière du modèle logistique ? On peut le montrer facilement en remarquant que :

$$\frac{dN}{dt} = \frac{dX}{dt} \quad \text{on a (l'intégrale première) : } N = N_0 + X_0 - X$$

et $\dfrac{dN}{dt} = \alpha N\,(K - N)$ avec $K = N_0 + X_0$

On reconnaît la première expression de ce modèle écrite ci-dessus. L'intérêt de l'écriture en termes de système différentiel est de formaliser la relation entre nombre de niches et nombre de familles et de faire apparaître un bilan. De cette façon, les modèles classiques de la dynamique des populations et de l'écologie ont été réécrits, permettant de mieux interpréter ces modèles et surtout d'établir des bilans de biomasse [88]. Ces bilans ne sont pas explicites dans l'expression classique de ces modèles. Et là on note, au passage, une faiblesse persistante de l'écologie, même dans son expression théorique.

Le modèle peut être amélioré en introduisant des disparitions spontanées de familles, liées par exemple à une perturbation environnementale majeure, libérant des niches, ou en faisant apparaître de nouvelles qui peuvent alors être colonisées, mais point ici n'est besoin de continuer. Petit à petit on peut compliquer, tout en contrôlant cette complication, et engendrer des familles de modèles, mais on doit alors faire appel à des mathématiques moins élémentaires que celles dont nous avons eu besoin ici. Avant d'aller plus avant dans la dynamique de la biodiversité et les mécanismes évolutifs, nous allons examiner quelques autres aspects quantitatifs d'évaluation de la biodiversité.

## De nouveaux moyens d'évaluation : exemple du métagénome

Ces nouveaux moyens ont déjà été évoqués. Parmi eux, le séquençage haut débit de l'ADN, les progrès de la bio-informatique et des méthodes biométriques ouvrent de grandes perspectives pour l'évaluation de la biodiversité au niveau local et aussi de reconstitution historique.

| Sites | Nombre d'échantillons de sol | Nombre de parcelles | Plateforme de séquençage | Nombre de séquences analysées | Nombre de familles identifiées |
|---|---|---|---|---|---|
| **Boréal** (Fjord Varanger, Norvège) | 72 | 8 | Roche 454 FLX<br>Ilumina GA IIx | 176283 | 33 |
| **Tempéré** (Alpes, France) | 6 | 1 | Ilumina GA IIx | 396054 | 5 |
| **Tropical** (Station des Nouragues, Guyane française) | 49 | 1 | | 1636455 | 34 |

Tableau 1 : exemple de résultats obtenus par l'analyse du métagénome dans trois sites géographiques

Rappelons que le métagénome est constitué par des morceaux d'ADN, molécules assez stables, provenant de divers organismes et stockés dans le milieu, notamment dans les sols. C'est ainsi qu'on a obtenu les résultats consignés dans le tableau 1 obtenus sur des sols de trois origines, ces résultats sont très prometteurs [89] [90].

L'utilisation des méthodes de séquençage permet d'établir une véritable collection de séquences permettant l'identification de l'espèce à laquelle appartient un organisme prélevé dans l'environnement. BOL, *Barcoding of Life*, est un projet en cours de développement ayant un tel objectif.

## Un peu plus de mathématiques, ça peut être utile

Quand il s'agit d'évaluer la dynamique, par exemple les changements dans les relevés de présence-absence ou d'abondance au cours du temps, on établit des chroniques, traduisant l'évolution temporelle des nombres ou des effectifs. La variabilité observée a deux origines, celle due à l'échantillonnage, relative à l'incomplétude des observations, et l'autre aux processus écologiques et biologiques en cause, engendrant une variabilité endogène. Elle constitue un grand facteur d'incertitude, notamment pour les prévisions. Cette variabilité est amplifiée si l'on essaye d'estimer des vitesses, si bien qu'on peut être dubitatif quand de telles estimations sont fournies, comme celles des vitesses d'érosion à partir de données paléontologiques déjà évoquées. En effet et encore une fois, on sait depuis longtemps que ce type d'estimation est très imprécis, même sur des données beaucoup moins variables que celles sur la biodiversité.

Cela étant, la modélisation est très utile pour analyser des données et pour avancer quelques hypothèses sur des bases théoriques. Cependant, il faut être très prudent pour une utilisation prédictive, notamment pour la prévision précise des états futurs de la biodiversité à long terme. Nous sommes dans une situation encore plus défavorable que celle des météorologues où le « mur de prévision » est de l'ordre de trois semaines, limite due à la nature chaotique des processus en cause. Pour la biodiversité, on peut néanmoins tenter d'estimer l'horizon de prévisions selon le niveau de détail et la nature de l'écosystème en cause tout en sachant que, comme pour le passage du météorologique au climatique, une prévision « en moyenne » reste possible (*cf.* la partie consacrée aux « roulettes biologiques » dans le dernier chapitre).

Par ailleurs, dans des écosystèmes très fortement contrôlés, les « jardins à la française », comme ceux du château de Villandry, la biodiversité dépend essentiellement du bon vouloir du jardinier, elle est donc très prédictible et nous n'avons pas besoin de modèle pour cela. Dès que l'on s'écarte de ce type de système, comme le jardin de l'École normale supérieure « lettres » de Lyon, déjà cité, où la gestion est très « douce », l'expérience nous montre que la dynamique de la biodiversité est en grande partie imprévisible. Rappelons que 250 végétaux ont été plantés ou semés au départ, dix ans après, on compte plus de 600 espèces avec des vivaces, des arbres et des arbustes. Ces espèces supplémentaires ont été introduites par le vent, les oiseaux et aussi, involontairement, par l'homme. Et tout cela à l'échelle de 2,5 ha. Un modèle qui aurait fait une telle prévision n'aurait pas été crédible !

Il faut évidemment explorer les ressources de la modélisation. En se référant à l'exemple météorologie/climat, on sait que l'horizon de prévisibilité météorologique est très limité mais doit être précis, celui du climat plus lointain et plutôt en moyenne. On peut se donner comme ambition d'évaluer ce qui est prévisible pour la biodiversité et à quel horizon.

Il n'en demeure pas moins qu'on peut déjà tirer des enseignements.

### *Des enseignements pour l'aménagement des territoires*

Dans sa version première, la notion d'aménagement du territoire (ou des territoires) intègre très peu les dimensions environnementales telles que nous les concevons aujourd'hui[51]. Il s'agit d'abord de répartir de façon harmonieuse l'activité humaine sur le territoire national et bien sûr entre les humains peuplant ce territoire. D'abord conçu pour le territoire métropolitain dans son ensemble, le concept a été repris au niveau régional, puis local. Progressivement, les dimensions environnementales ont été introduites, puis plus récemment celles concernant la biodiversité. Certains exemples que nous avons cités sont d'ailleurs relatifs à des questions d'aménagement.

Pratiquement, la dimension « biodiversité » est à présent intégrée. La loi en fait une obligation. La question de son évaluation sur un espace donné devient évidemment centrale, ainsi que celle de son devenir. La difficulté de cet exercice dépend de la nature du territoire : terrestre ou aquatique, stationnaire ou en mouvement, et de son étendue. Le devenir va dépendre de la pression anthropique, d'une bonne prévisibilité pour les écosystèmes très contrôlés, sous forte pression, beaucoup moins dès que l'on s'en écarte.

Ce qu'il est possible de faire, par exemple en termes de développement forestier ou de fragmentation avec des couloirs écologiques, doit tenir compte à la fois des objectifs et des techniques d'aménagement, ensuite des dynamiques bioécologiques spontanées où l'aléatoire joue un rôle important, dont on peut d'ailleurs s'inspirer pour des aménagements durables en termes de biodiversité, et enfin des changements des conditions bioclimatiques.

La modélisation peut jouer un rôle important pour faire ces prévisions, mais, encore une fois, avec beaucoup de précautions, notamment dans l'expression des résultats, sachant que toute prévision à long terme, dans tous les cas supérieurs à quelques décennies, reste très hasardeuse. Et cela, d'autant plus qu'on se trouve dans des échelles de temps où l'apparition de nouvelles espèces est possible, car on ne sait en prévoir ni la nature ni le lieu d'émergence. Bien entendu, nous entendons par là des espèces n'existant pas par ailleurs. Pour celles apparaissant dans un territoire donné et résultant de migrations, les échelles de temps sont beaucoup plus courtes.

En conclusion, on peut proposer d'adopter une gestion adaptative de la biodiversité en fonction de ce qui est observé. De plus, une telle gestion permet de changer d'objectifs. Ainsi, des administrateurs pas très bien inspirés de l'École normale supérieure de Lyon pourraient, par exemple, décider de transformer le jardin de l'école en pelouse rase ; une tondeuse automatique remplacerait alors le subtil jardinier et deviendrait l'outil de base de la gestion ! Fort heureusement, ils sont plus éclairés que ces décideurs hypothétiques.

### *À propos de la loi aire-espèces et de son utilisation*

Sur des bases plutôt empiriques, Olof Arrhenius en 1921 [92], puis Henry Gleason en 1922 [93] ont proposé une loi reliant le nombre d'espèces représentées dans un espace géographique avec l'aire de cet espace. Elle est bien adaptée à l'estimation de ce nombre à partir d'échantillons prélevés sur des parcelles de superficie bien plus petite que celle de l'espace en question. La référence à cette loi est importante dans l'évaluation d'impacts, après un aménagement, c'est-à-dire une modification et un changement d'usage d'un espace géographique, conduisant, dans les cas les plus extrêmes, à une destruction partielle ou totale d'un écosystème.

Que dit-elle cette loi ? En fait, quelque chose de très banal, à savoir que lorsque l'on compte des espèces dans un écosystème, plus la surface échantillonnée est grande, plus le nombre d'espèces identifiées va augmenter. Au début, l'augmentation va être importante, mais elle va diminuer progressivement avec celle de la taille de l'échantillon, c'est-à-dire de la superficie explorée. En effet, on va de plus en plus retrouver des individus d'espèces déjà identifiées. En extrapolant la courbe empirique du nombre d'espèces observées en fonction de la superficie de l'espace exploré à celle de l'écosystème, on obtiendra une estimation du nombre total d'espèces sans qu'il soit nécessaire de recenser tout l'écosystème. Gleason en est venu à proposer l'expression mathématique suivante :

$$y = b + a \ln x \qquad (1)$$

où $y$ représente le nombre d'espèces et $x$ l'aire de la zone échantillonnée.

On remarque que cette expression est solution de l'équation différentielle :

$$dy = a \frac{dx}{x} \qquad (2)$$

qui traduit bien ce qui est intuitif : l'accroissement du nombre d'espèces recensées $dy$ diminue quand $x$, la superficie de l'aire explorée, augmente. Le problème est que si, dans [1], on prend $x = 0$ on devrait avoir $y = 0$, ce qui n'est pas le cas puisque cette fonction n'est pas définie pour $x = 0$. Pour assurer cette cohérence numérique et logique, on peut alors proposer que la croissance de $y$ soit inversement proportionnelle à une puissance de $x$ différente de 1. Les courbes expérimentales ont une allure concave, ce qui est assuré, pour la courbe « théorique », si cette puissance est supérieure à 0 et inférieure à 1. On en vient alors à proposer une équation simple :

$$dy = a \frac{dx}{x^{\beta}} \text{ avec } 0 < \beta < 1 \qquad (3)$$

alors :

$$y = b + \frac{a}{1-\beta} x^{1-\beta} \qquad (4)$$

pour $x = 0$ on a $y = 0$, c'est-à-dire que $b = 0$, en posant $z = 1 - \beta$ et

$$c = \frac{a}{1-\beta}, \text{ il vient :}$$

$$y = cx^{z}, \text{ avec } c > 0 \text{ et } 0 < z < 1 \qquad (5)$$

Cette relation aire-espèces (SAR : *Species-Area Relationship*) a été utilisée avec succès par MacArthur et Wilson [94] pour décrire la biodiversité insulaire. Usuellement, la confrontation avec des données de terrain donne des estimations de $z$ inférieures à 0,5.

Répétons l'interprétation de cette formule : elle exprime la relation entre la biodiversité, mesurée en nombre d'espèces $y$, et l'aire $x$ d'une île donnée. Pour les écosystèmes continentaux, elle donne également de bons résultats. On peut utiliser l'expression logarithmique pour estimer $c$ et $z$, mais il est mieux, si possible, d'utiliser des méthodes d'estimation non linéaires sur l'expression initiale. On peut noter que l'aire, par exemple celle d'une île, est pratiquement limitée, par exemple égale à $S$, ainsi que le nombre d'espèces $N$ présentes sur celle-ci. Ce modèle n'en tient pas compte explicitement, contrairement à d'autres modèles, par exemple un modèle de type « monomoléculaire[52] », mais les résultats sont proches. On peut naturellement introduire une autre condition « aux limites » en plus de $y(0) = 0$, à savoir $y(S) = N$. Cependant $N$ est inconnu au départ, c'est ce que nous souhaitons estimer.

Pour la suite, il est utile de savoir comment, pratiquement, se fait l'estimation. On explore des zones de surface croissante et l'on ajoute une unité à chaque fois qu'on détecte un individu d'une espèce qui n'a pas été précédemment observée. C'est donc à la première occurrence qu'elle est recensée ; les individus suivants de la même espèce ne sont pas comptabilisés dans ce type d'évaluation dite en présence-absence. À la fin d'un recensement, on obtient un tableau et un graphe du nombre d'espèces en fonction de l'aire échantillonnée. Il est alors possible d'estimer les paramètres $c$ et $z$ du modèle classique, utilisé habituellement, ou ceux d'autres modèles, et alors de pouvoir évaluer le nombre d'espèces présentes sur une superficie plus grande du même écosystème. Les modèles sont d'autant plus fiables que la répartition des individus appartenant aux diverses espèces est aléatoire et distribuée uniformément dans l'espace considéré.

S'il s'agit maintenant de décider de la disparition d'une espèce d'un écosystème, ce n'est que lorsque le dernier individu a disparu que l'espèce peut être déclarée éteinte dans l'écosystème considéré. La logique est donc différente : dans un cas c'est le premier rencontré qui indique la présence de l'espèce, dans l'autre c'est le dernier disparu qui prouve l'extinction de l'espèce. Bien qu'il y eût des antécédents, il a fallu attendre l'article de Fangliang He et Stephen Hubbell, en 2011 [95], pour que ce problème soit correctement posé et que soit alors montrée la mauvaise utilisation du modèle aire-espèces pour estimer les extinctions. La surestimation qui en résulte est très importante. Les auteurs s'étonnent d'ailleurs que cette erreur se soit propagée en dépit des observations qui ne laissaient pas présager les désastres annoncés, sans pour autant minimiser l'urgence. Ainsi et comme ils le signalent, dans les années 1970-1980 il était prévu que 50 % des espèces de la biosphère auraient disparu en l'an 2000 [96], ce qui à l'évidence n'a pas été le cas. Curieusement, le célèbre rapport « Millenium Ecosystem Assessment » [97] reste sur des bases analogues : toujours un désastre annoncé, mais plus tard. Précisons que le modèle alternatif proposé par He et Hubbell donne de bons résultats en comparant à des données observées sur le terrain. Ce n'est pas l'objet ici d'entrer dans des détails trop techniques, les lecteurs intéressés pourront se référer aux articles et aux suppléments qui vont avec.

Essayons d'expliciter les raisons du biais dû à l'utilisation du modèle aire-espèces pour estimer les disparitions. Tout d'abord, la figure 3.6 illustre le principe géométrique de la loi aire-espèces.

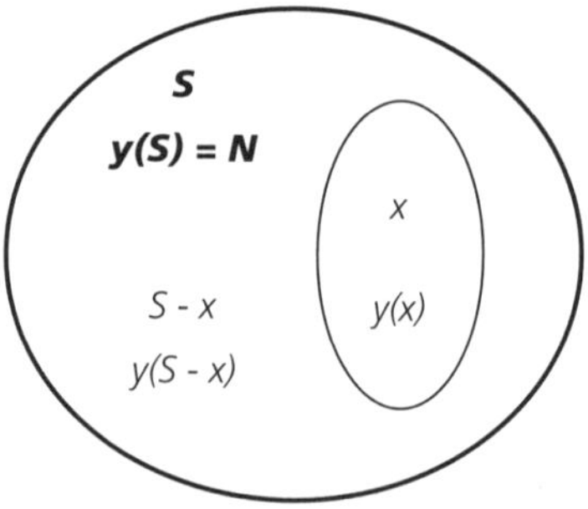


Figure 3.6. Schéma permettant de discuter de la loi « aire-espèces » et de son utilisation pour estimer la biodiversité $y(S)$ dans un espace $S$, à partir d'un sous-espace $x$, ou la perte de biodiversité dans le cas de destruction de ce sous-espace ($x$ n'a pas besoin d'être connexe et compact).

Rappelons qu'on se fonde sur un schéma classique d'estimation de la biodiversité dit en « présence-absence ». Comme nous l'avons déjà signalé, pour des évaluations un peu plus complètes, dites en abondance, les nombres d'individus des différentes espèces sont comptabilisés.

Reprenons les « conditions aux limites » : $y(0) = 0$ et $y(S) = N$, ou encore : $y(S) = cS^z = N$

Considérons le complémentaire de $x$ par rapport à $S$, noté $S - x$, et $y(S - x)$ le nombre espèces présentes dans ce complémentaire. En appliquant la loi aire-espèces, on a :

$$y(S-x) = c(S-x)^z \tag{6}$$

Le nombre d'espèces ne se trouvant que dans $x$ et absente dans $S - x$ est la différence entre $y(S)$ et $y(S - x)$.

Si $x$ est détruit, le nombre d'espèces perdues est alors :

$$y_p = y(S) - y(S-x) = cS^z - c(S-x)^z \tag{7}$$

La proportion d'espèces perdues est alors :

$$\lambda = \frac{y_p}{N} = \frac{y_p}{y(S)} = \frac{cS^z - c(S-x)^z}{cS^z} = 1 - (1-u)^z \quad \text{où } u = \frac{x}{S} \tag{8}$$

$u$ représente la proportion de superficie détruite.

Les graphes des relations aire-espèces pour l'estimation des espèces présentes (en proportion du nombre d'espèces totales) et pour l'estimation des espèces perdues (en nombre relatif) après destruction d'une fraction d'un écosystème sont résumés dans la figure 3.7.

Si l'on estime les pertes à partir du modèle d'évaluation de la biodiversité présente (courbes supérieures), on s'aperçoit que l'estimation de la diminution de la biodiversité est largement surévaluée (en fait complètement fausse). Il convient donc d'utiliser la fonction correspondant aux courbes inférieures.

Signalons que Xubin Pan présente une étude géométrique élégante de ces courbes, mettant en exergue les symétries [98].

Dans l'article de He et Hubbell on trouve un autre modèle mathématique des extinctions (EAR : *Extinction Area Relationship*), et la comparaison avec le modèle traditionnel SAR (*Species Area Relationship*), exposé ci-dessus. La principale hypothèse est la répartition aléatoire des individus des différentes espèces représentées dans l'espace impacté. Les critiques portent sur les écarts par rapport à cette hypothèse, par exemple si les individus d'une ou de plusieurs espèces sont très localisés (fort endémisme) alors le taux d'extinction est plus élevé que celui prévu par le modèle de répartition aléatoire, mais ce taux reste toujours très inférieur à celui prévu par l'application directe de la relation aire-espèces.

Nous allons illustrer les résultats avec un schéma simple, une expérience fictive, déjà utilisé dans de précédentes publications pour illustrer le rôle du hasard dans la résilience d'écosystèmes naturels, facilitant notamment le maintien spontané de leur biodiversité (Pavé, 2007 [99], 2010 [100]). On remarque que la prise en compte des structures spatiales est utile, sinon nécessaire, pour mieux comprendre la dynamique de la biodiversité. Or, pour une part importante, les travaux correspondants ont ignoré ces structures ou les schématisent trop dans des statistiques globales.

Considérons la figure 3.8. Si le principe d'exclusion compétitive, très largement admis, mais critiquable en tant que loi générale, devait expliquer la structure à long terme, on devrait aboutir à une structure plutôt proche de (1-0). De plus, pour les arbres, s'il y avait une répartition aléatoire passive de type « diffusion » on pourrait s'attendre à des répartitions locales, centrées sur les semenciers (ceux qui produisent des graines en grande quantité) et une distribution statistique du type « gaussien ». Ce n'est généralement pas le cas. Il y a en fait des processus de brassage qui conduisent à des schémas plus proches de (2-0), plutôt aléatoires. Cette répartition est le fait de « turbulences », notamment atmosphériques, du relief accidenté du sol et surtout des animaux qui transportent activement ou passivement les graines. Le système est alors beaucoup plus résilient et maintient spontanément une

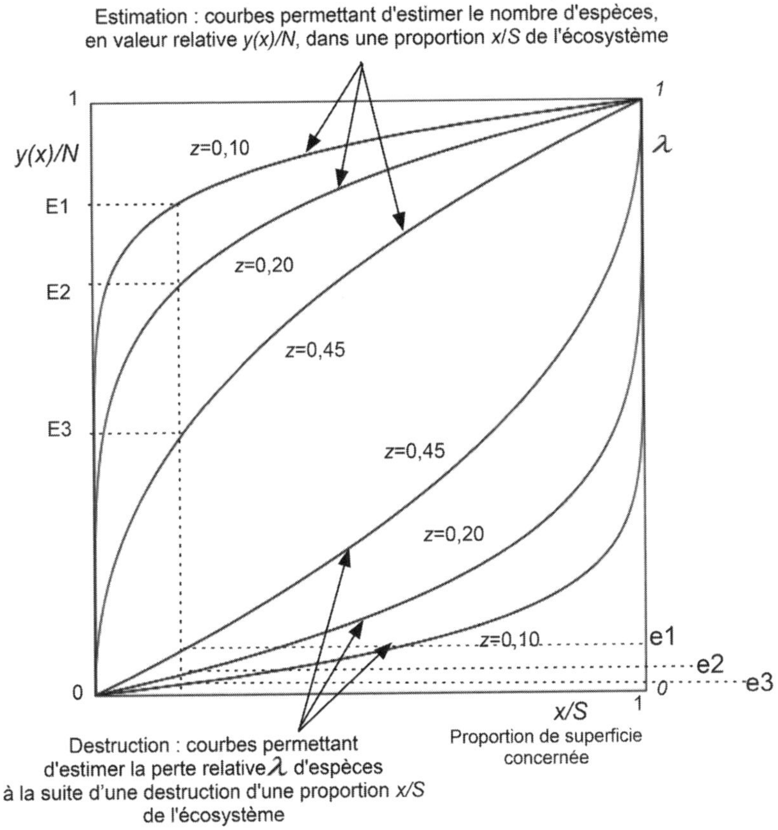


Figure 3.7. Relation aire-espèces: utilisation pour l'estimation du nombre relatif d'espèces à partir d'un échantillon *x*, ou pour celle de la perte d'espèces à la suite de la destruction de l'aire *x*, ou de la proportion $u = x/S$. Les paramètres *z* et *c* doivent être évalués à partir de données expérimentales. À titre d'exemple, on a tracé les courbes pour plusieurs valeurs de *z*.
$u = x/S$ représente la surface relative concernée.
Pour l'estimation du nombre relatif d'espèces présentes, selon la valeur de *z*, on obtient $E_1$ ou $E_2$ ou $E_3$.
Pour l'estimation du nombre relatif d'espèces disparues, selon la valeur de *z*, on obtient $e_1$ ou $e_2$ ou $e_3$.
L'erreur classique est de confondre $E_1$ et $e_1$ (ou $E_2$ et $e_2$, ou $E_3$ et $e_3$), d'où une surestimation importante des disparitions.

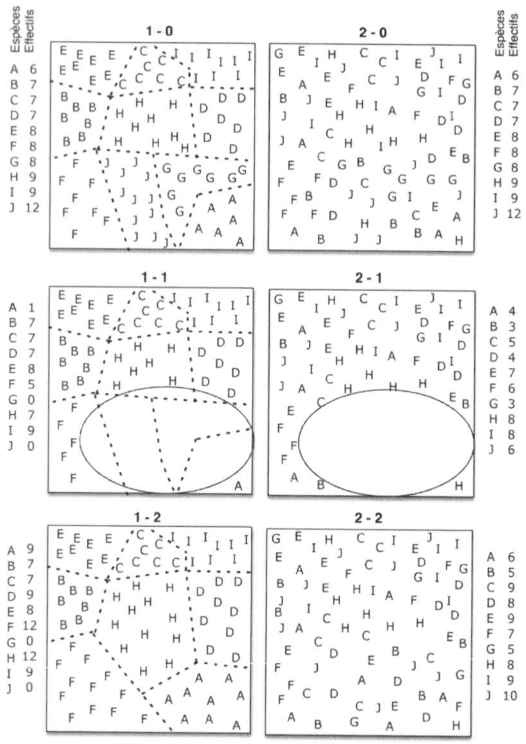


Figure 3.8. Exemple simplifié de répartitions spatiales d'arbres dans une forêt naturelle diversifiée. Les lettres correspondent à des individus et désignent leurs espèces. Les parcelles 1 et 2 à l'état initial 1-0 et 2-0 ont la même diversité et abondance : même nombre d'espèces et mêmes distributions statistiques de celles-ci. En 1-0, la répartition est en patchs homogènes. En 2-0, la répartition est aléatoire (comme le plus souvent en forêt tropicale spontanée). On suppose qu'une perturbation majeure touche une partie de ces parcelles et supprime les individus dans la zone impactée (1-1 et 2-1). La répartition initiale de type 1 peut conduire à la disparition locale d'espèces contrairement à la répartition 2. On suppose que la régénération se fait uniquement à partir des individus qui ont résisté à la perturbation (pas d'immigration). On obtient alors les situations 1-2 et 2-2. Dans le cas 1-2, la biodiversité a diminué alors que 2-2 a la même biodiversité que 2-0 en espèces présentes. Ainsi peut-on penser que la répartition aléatoire des individus joue le rôle d'une assurance pour le maintien des espèces (résilience). Cette répartition résulte principalement des processus de dissémination des graines et de la « réussite » de la germination. Parmi les perturbations majeures, l'infestation par des parasites et des prédateurs est l'une des causes de la mise en danger d'un écosystème. Ces pestes sont souvent inféodées à une espèce particulière (ou groupe d'espèces), la biodiversité et le mélange aléatoire limitent leurs nuisances et augmentent alors la résilience de l'écosystème.

biodiversité plus grande ou du moins diminue le risque de perte. Attention, ce schéma constitue une « expérience virtuelle », il n'est pas issu d'une réalité de terrain particulière, il a été imaginé pour servir de guide au raisonnement. Pour des raisons didactiques, il traduit, en l'idéalisant, ce que j'ai observé en Amazonie aussi bien sur le terrain qu'en examinant des données, à part la distribution des effectifs par espèce beaucoup plus déséquilibrée dans la réalité (voir plus loin le cas des espèces rares).

Reprenons les deux systèmes, dans leurs états initiaux : 1-0 et 2-0. D'un côté une structure en parcelles homogènes (colonne 1) et de l'autre une répartition aléatoire (colonne 2). Les arbres sont représentés par une lettre caractérisant leur espèce. On peut simuler à la main d'une part le processus d'évaluation du nombre d'espèces et d'autre part le processus d'extinction. La figure 3.9 illustre ces processus.

Imaginons qu'on parcoure les microécosystèmes de la figure 3.9 en partant de la case en bas à droite, puis que l'on aille vers la gauche, puis au bout de la ligne que l'on passe à la ligne supérieure, que l'on aille ensuite de gauche à droite, et ainsi jusqu'à la dernière case en haut à gauche, la 25$^{e}$ case. L'unité de superficie est celle des carrés de la grille.

1. On dénombre les espèces en incrémentant de 1 la variable nombre d'espèces à la première rencontre d'un individu d'une espèce non observée auparavant. Au bout du compte on obtient les graphes « expérimentaux » SAR(1) et SAR(2).
2. Suivant le même parcours, on incrémente la variable extinction de 1 lorsqu'on rencontre le dernier individu d'une espèce. De la même façon, on obtient les graphes EAR(1) et EAR(2) des extinctions.

Tout cela est résumé dans la figure 3.10. Ce graphe parle de lui-même : si l'on utilise le modèle SAR(1), les espèces présentes seraient considérées comme éteintes à partir de la destruction de 7 unités de superficie, alors que le modèle EAR(1) montre, ce qui est quand même intuitif, que cela n'arrive que lorsque la totalité de l'écosystème est détruite.

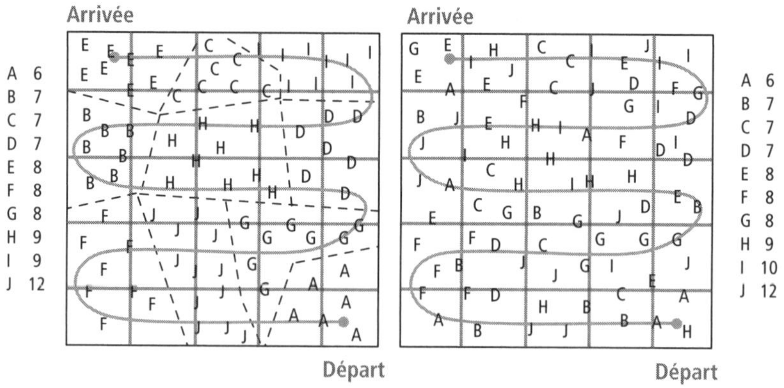


Figure 3.9. Exemple d'exploration ou d'exploitation d'écosystèmes de structures différentes : (1) à gauche, répartition en « patchs » des individus ; (2) à droite, répartition aléatoire. Que ce soit pour l'exploration ou pour l'exploitation, on suppose que le chemin est le même.

---

Cet exemple, « papier-crayon », pourrait servir de base à des exercices plus sophistiqués, d'une part de simulation numérique, et, d'autre part, expérimentaux, pouvant être mis en œuvre dès le lycée ou même le collège. Par exemple, pour la partie expérimentale, semer des parcelles avec des plantes herbacées de façon aléatoire (situation 2), en patchs de géométries différentes (1) ou en patchs de même superficie. Le reste de l'expérience est facile à mettre en œuvre si les élèves ont appris à identifier les espèces en cause. Enfin, les modèles mathématiques peuvent être présentés. Un autre intérêt serait de montrer que la réalité ne se plie pas exactement au modèle théorique et, à partir de là, de réfléchir à la modélisation et au rapport entre modèle et réalité…

Le risque est que ce type d'expérience mène à douter de l'ensemble des discours sur la biodiversité. Inversement, elle montre l'efficacité de la démarche scientifique et conduit à réfléchir sérieusement.

De toute façon, la biodiversité en place est difficile à estimer et les disparitions encore plus pour des raisons logiques et pratiques du même ordre que celles rencontrées ici. On se heurte à la proposition suivante, déjà évoquée : « l'absence de preuve n'est pas la preuve de l'absence», une espèce dont aucun spécimen n'a été vu pendant longtemps a-t-elle réellement disparu ? Il faut aussi tenir compte de l'échelle, car une disparition locale n'est pas une extinction globale, sauf dans le cas d'un endémisme extrême.

Cela étant, en combinant des données on peut se faire une idée, notamment de l'érosion de la biodiversité. C'est, par exemple, ce qui a été fait par une équipe (MNHN/CNRS/Université de Hawaï) sur un taxon particulier, celui des mollusques terrestres, en récupérant des données issues de collections [101]. L'idée à la base de l'article est très originale et excellente. Il est néanmoins dommage que les auteurs et les éditeurs, via les lecteurs référents, aient voulu trop en dire ou laisser dire. Sans entrer dans les détails, ils critiquent, d'une part, les estimations de taux de disparition basés sur la liste de l'UICN (0,04 % des espèces identifiées, d'autres citent 1,3 % en élargissant l'échantillonnage), incluant essentiellement des vertébrés et, d'autre part, présentent le leur, plus catastrophiste, établi à partir de leurs résultats (7 % des espèces identifiées). C'est un excellent exemple de biais statistique d'une estimation à partir d'un échantillon particulier : évaluer un taux d'extinction global à partir de celui d'un groupe spécifique est du même genre qu'évaluer le revenu moyen des Français à partir de celui des habitants de la ville de Neuilly-sur-Seine. Il est intéressant de noter l'emballement médiatique à la suite de celui des services de communication du CNRS et du MNHN à ce propos, largement repris par la grande presse [102].

Enfin, si l'on regarde l'histoire de la vie sur la Terre, celle que l'on peut reconstituer avec les archives paléontologiques (*cf. supra*, figures 3.2, 3.3 et 3.4), tout n'est que mouvement : extinctions, explosions, variations de la biodiversité. L'épisode actuel n'est qu'un de plus, et si grande extinction il y a, elle aura été précédée par six autres (majeures, car il y en a eu entre-temps d'autres moins importantes). Ce serait donc la septième et il y a gros à parier qu'elle sera suivie par une explosion, comme les précédentes, avec l'homme ou sans l'homme. Néanmoins, il y a lieu de s'en préoccuper, dans notre intérêt collectif, pendant un

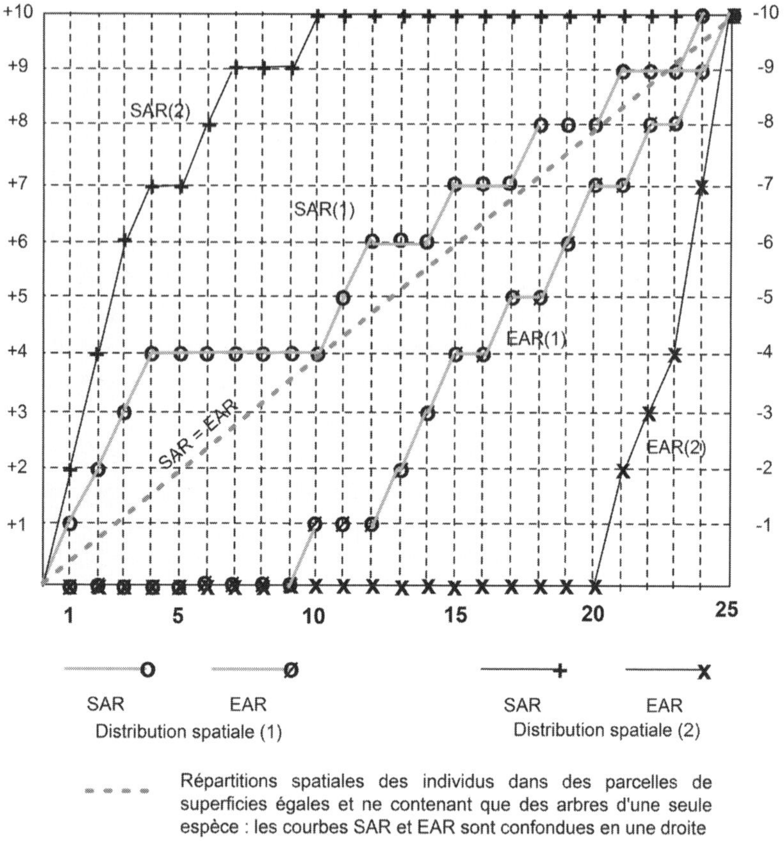


Figure 3.10. Résultats de l'expérience fictive permettant de présenter et de critiquer l'utilisation du modèle « aire-espèces ». Ce graphe suggère que les courbes sont beaucoup plus « raides » que celles prévues par le modèle classique. En plus de la discussion de ce modèle « classique », un autre est proposé par He et Hubbell rendant mieux compte de ce phénomène [95].

certain temps [103] et peut-être aussi de modérer la communication scientifique pour éviter que la réitération de l'argument « sixième extinction » ne tienne lieu de preuve.

### *Le cas des espèces rares*

En décrivant des écosystèmes naturels couvrant un espace donné, on observe la présence d'individus d'espèces différentes en nombre variable ; certaines d'entre elles sont représentées par beaucoup d'individus, d'autres, par très peu. Ces dernières sont réputées rares, car les populations correspondantes sont de faibles effectifs. En pratique, on ne rencontre qu'exceptionnellement des individus de ces espèces. On peut penser que de telles populations peuvent être menacées de disparition, et par extension l'espèce elle-même. Or l'un des mystères auxquels les écologues sont confrontés est la persistance de certaines de ces espèces sur le long terme. Cela signifie que les populations auxquelles appartiennent des individus observés et identifiés continuent d'exister, même avec de très faibles effectifs.

Prenons un exemple tiré des études faites à la station des Nouragues du CNRS, en Guyane : sur un hectare de forêt on a dénombré 539 arbres (de diamètre supérieur à 10 cm mesuré à 1,30 m de hauteur, mesure courante chez les forestiers), appartenant à 188 espèces différentes. La distribution observée est représentée par la figure 3.11 [104]. La forme en L est classiquement observée dans ce type de forêt naturelle, beaucoup d'espèces sont représentées par peu d'individus, peu par un grand nombre (ici, 109 espèces par un seul arbre et une par 29).

Bien que ne comportant pas d'espèces rares au sens que nous venons de donner, le cas d'école présenté figure 3.8 nous donne des indications sur des conditions favorables au maintien de la biodiversité, à savoir un mélange dû à une répartition aléatoire et à une dispersion corrélative des individus. D'autres explications peuvent être avancées, comme une large capacité de s'étendre dans l'espace : ce qui est rare localement l'est moins à plus grande échelle. Inversement, un fort endémisme conduit à une richesse locale et à une rareté globale. L'une des questions qui se pose est celle de la persistance de populations de faible effectif. Il semble qu'une dynamique chaotique puisse jouer un rôle favorable (Allen *et al.*, 1993 [105]). En fait, plusieurs mécanismes peuvent être avancés, ce qui fait que la rareté est assez fréquente. C'est peut-être aussi la diversité des mécanismes qui autorise ces raretés. Nous avons trouvé un travail synthétique à ce sujet dans une littérature souvent peu citée, celle des rapports de DEA, ou maintenant de mastères. Ces rapports sont utiles pour les enseignants-chercheurs qui proposent les sujets et qui les encadrent, et bien sûr pour les étudiants qui font ainsi leurs premières armes dans la recherche scientifique. En l'occurrence, il s'agit du rapport bibliographique de DEA d'Aurélie Garnier (2003), accessible sur Internet [106].

On comprend que du point de vue des comptables de la biodiversité, les espèces rares soient importantes : une espèce avec des populations de faible effectif compte autant qu'une autre à fort effectif. De plus, comme elles sont rares, elles sont le plus

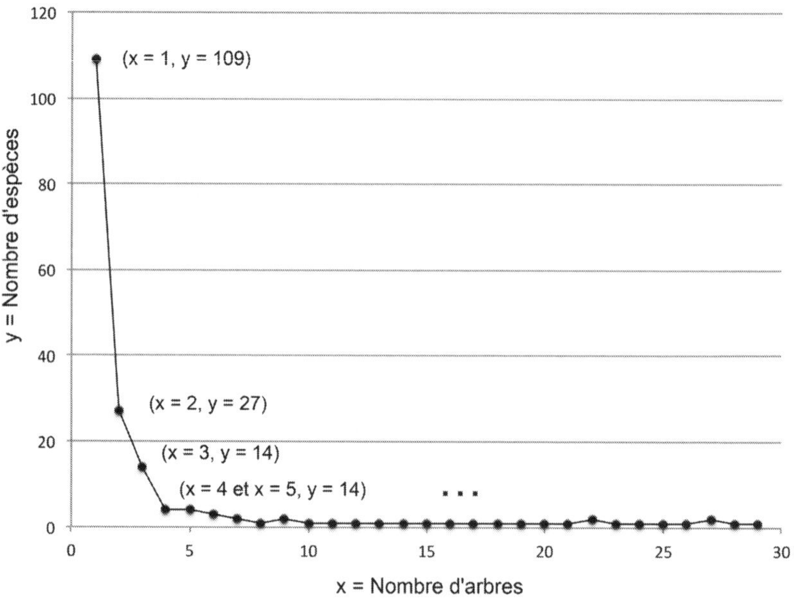


Figure 3.11. Distribution typique du nombre d'espèces en fonction du nombre d'individus appartenant à ces espèces dans une forêt naturelle tropicale humide.

souvent cataloguées dans la catégorie « espèces en danger ». Enfin, comme chaque population, dans une aire donnée, occupe peu de place, moins que des populations plus nombreuses, sur la même superficie, ces petites occupations conduisent à la présence de plus de populations différentes et alors à une plus grande diversité spécifique.

En résumé, des individus bien disséminés sur un large espace et mélangés à d'autres sont moins sensibles à des perturbations locales que des individus nombreux et regroupés, une illustration « naturelle » de l'adage : « Pour bien vivre, vivons cachés (parmi les autres) ».

## Les estimations de la biodiversité sont souvent acrobatiques, parfois fantaisistes

Pour évaluer la biodiversité actuelle et la façon dont elle change à notre époque, on note sur des exemples simples que les estimations varient d'abord pour des raisons méthodologiques, tant au niveau global que local. Il n'empêche que la perception largement partagée est celle d'une « érosion ». Les arguments sont d'ordre divers. L'un des principaux est la destruction des habitats à la suite de modifications de l'utilisation des espaces écologiques. Un examen attentif de cet argument en montre les faiblesses, à cause notamment d'une mauvaise interprétation de la loi aire-espèces.

Par ailleurs, les modèles de l'écologie n'intègrent pas suffisamment les bilans de matière, de ressources ou de toutes variables de milieux de ce type, biologiques ou physico-chimiques, représentant notamment des composantes qui se recyclent spontanément ou dont on peut forcer le recyclage, l'augmentation ou la diminution. On peut alors faire apparaître faussement des épuisements de ressources. Dire, par exemple, qu'il faut 13 000 litres d'eau pour faire un kilogramme de viande est une information approximative et incomplète. En effet, cette eau est recyclée, mais au niveau global. Cependant, elle peut manquer localement si les apports sont insuffisants et les prélèvements trop grands.

Ce type de bilan, pour la biodiversité, n'est pas direct. Nous l'avons néanmoins tenté en faisant apparaître une variable « nombre de niches écologiques » dans la dynamique globale de la biodiversité à l'échelle géologique et ainsi conforté le choix du modèle logistique par morceaux pour décrire cette dynamique à cette échelle. Cela étant, depuis 500 millions d'années, on observe une croissance en moyenne exponentielle, ponctuée par des accidents, notamment ce qu'on appelle des grandes extinctions, suivies par des phases de croissance accélérées. Cette comptabilité ne nous livre que des tendances globales, mais ne nous renseigne pas sur la biodiversité elle-même, c'est-à-dire la diversité des entités biologiques, notamment des organismes, et leurs parentés. Il faut pour cela établir une phylogenèse, objet de la théorie de l'évolution.

Dans les études sur la biodiversité et plus généralement sur les phénomènes biologiques et écologiques, on est souvent confronté à l'importance de leur composante aléatoire. C'est le cas aussi bien pour les dynamiques évolutives que pour les changements actuels. Il est donc important d'essayer de comprendre ce qu'est le hasard biologique, dont on sait maintenant qu'il conditionne grandement l'évolution des êtres vivants. Il peut brouiller nos tentatives de prévision des états futurs de la biodiversité et plus généralement de sa dynamique, ce qui nous mène à évaluer ce qu'il est raisonnablement possible de faire. De toute façon, on ne peut plus éviter d'examiner de près le concept de hasard comme nous essayons de le faire pour celui de biodiversité, d'autant plus qu'on peut relier les deux : le dernier chapitre est consacré à l'exposé de cette relation.

Enfin, comme nous l'avons déjà signalé, les questions méthodologiques sont cruciales. L'utilisation de méthodes non adaptées peut évidemment conduire à des résultats faux.

4

# Et si l'on parlait un peu d'évolution

Dans le chapitre précédent, la biodiversité a été présentée comme le fruit d'une longue histoire, avec ses variations quantitatives dans le temps, à l'échelle géologique. En revanche, rien n'est dit sur la diversité elle-même, celle des formes vivantes et leur parenté, comme si on parlait de votre famille en donnant le nombre des individus qu'elle comporte sans préciser qui ils sont, femmes, hommes, frères, sœurs, cousins, parents, grands-parents…, ce qu'ils font : métiers, activités diverses, etc. Cette description généalogique, documentée, vous en dit bien plus que de simples effectifs. Pour la biodiversité, avec toutes les réserves d'usage, c'est la même chose. En effet, ces formes ne sont pas apparues simultanément, toutes ensemble, à un moment donné de l'histoire. Elles résultent de processus qui ont façonné le vivant sur une très longue durée mais, nous allons le voir, aussi sur des intervalles de temps qui peuvent être beaucoup moins grands que ceux de l'échelle géologique.

La théorie de l'évolution rend compte de cette histoire et identifie deux grands types de processus : d'une part ceux qui engendrent de la variabilité, une diversité d'êtres vivants lors de leur reproduction et, d'autre part, ceux qui conduisent à la sélection des « plus aptes[53] » à vivre et à se développer dans des conditions environnementales données, conditions elles aussi variables dans l'espace et dans le temps. Derrière chacun de ces mots se cachent un monde, une complexité qu'il ne faut pas ignorer, même si on ne la détaille pas. Par exemple, la « dérive génétique » implique seulement de petites variations successives, permettant dans certains cas d'économiser la phase « sélection ». De toute façon, les rôles respectifs des variations et de la sélection naturelle – ou des sélections naturelles – ont été et sont encore l'objet de débats, d'autant plus que, dans la pratique, les choses sont intriquées[54], même dans des conditions de laboratoire bien contrôlées, c'est ce que nous montre la *Long Term Evolution Experiment* (LTEE) que nous présentons dans ce chapitre.

En prenant en compte ces processus, on peut se demander si des prévisions sont possibles, en termes quantitatifs globaux et surtout de futures formes. Il n'y a pas de réponse bien établie, mais ces questions sont ouvertement posées, et nous pouvons au moins voir dans quelle mesure de telles prévisions et prédictions sont possibles ou non. Nous en discutons également dans le chapitre suivant.

Cela étant, l'immensité du sujet nous mène à faire feu de tout bois et à avoir recours à un arsenal observationnel, expérimental, méthodologique et théorique lourd, et aussi à respecter un langage strict. De multiples disciplines sont mobilisées, jusqu'à des mathématiques sophistiquées. Nous en disons quelques mots, notamment sur ce qui nous semble le plus original dans les contributions récentes à propos de la question des variations.

Enfin, nous évoquerons quelques conséquences scientifiques et philosophiques de cette théorie, par exemple le fait d'éradiquer définitivement le finalisme et le fixisme, mais aussi certains aspects opérationnels, avec des développements récents, comme la médecine évolutive ou darwinienne, allant plus loin dans le concret de la mise en œuvre de l'affirmation de Theodosius Dobzhansky, qu'on peut citer à nouveau, cette fois-ci en français : « Rien ne prend sens en biologie, si ce n'est à la lumière de l'évolution[55]. » Pour l'étude de la biodiversité, on ne sait pas bien comment s'en passer puisqu'elle est directement la conséquence de l'évolution biologique.

## Découverte des mécanismes fondamentaux de l'évolution

Classiquement, une grande attention est prêtée à la sélection naturelle, vue comme le processus fondamental de l'évolution. Cependant, Charles Darwin insiste également sur les variations engendrant la diversité des êtres vivants. En fait, sans variation il n'y a pas de diversité, pas de sélection possible et donc pas d'évolution. Pourquoi cette focalisation sur la deuxième étape du processus et non pas sur la première, la plus importante ?

En fait, Darwin et ses contemporains disposent d'une référence, celle de la sélection artificielle empirique pour l'amélioration des variétés animales et végétales ; il est alors possible, par extension, de supposer qu'une sélection naturelle, non contrôlée par les humains, imposée par l'environnement, opère de façon analogue à cette sélection variétale. En revanche, les mécanismes engendrant des variations n'étaient pas bien identifiables, à l'exception de ceux liés à l'hérédité, dont parle d'ailleurs Darwin, mais dont il ne peut dire plus puisque les travaux de Gregor Mendel, qu'on peut considérer comme fondateurs de la génétique, publiés en 1866 [36], seront ignorés pendant près de quarante ans. Quoi qu'il en soit, Darwin ne pouvait pas en avoir connaissance au moment où il rédigeait son ouvrage, en 1859. Au début du XXe siècle, la redécouverte des travaux de Mendel va apporter les premiers éléments expliquant les variations au cours de la reproduction. Dans la première moitié du XXe siècle, le schéma va se préciser en intégrant un autre mécanisme plus progressif appelé la dérive génétique. En effet, en environnement constant, celui du laboratoire, on observe quand même des modifications génétiques des populations expérimentales, où les variations endogènes semblent les seules à pouvoir s'exprimer. À ce niveau, n'allons pas plus loin dans le détail des mécanismes, il faut d'abord fonder la théorie de l'évolution sur des faits tangibles.

Nous avons déjà signalé que Darwin n'a pas utilisé de formulations mathématiques dans son ouvrage. En revanche, dans cet ouvrage, un schéma mis en encart peut être considéré comme un modèle graphique. C'est le cas aussi d'un précédent, retrouvé dans ses carnets de notes. Ils montrent comment l'auteur s'est représenté un processus de diversification biologique à partir d'une origine unique. Cette arborescence a été confirmée par l'analyse des données biologiques, taxonomiques, paléontologiques et, plus récemment, la phylogénie moléculaire a brillamment confirmé ce modèle.

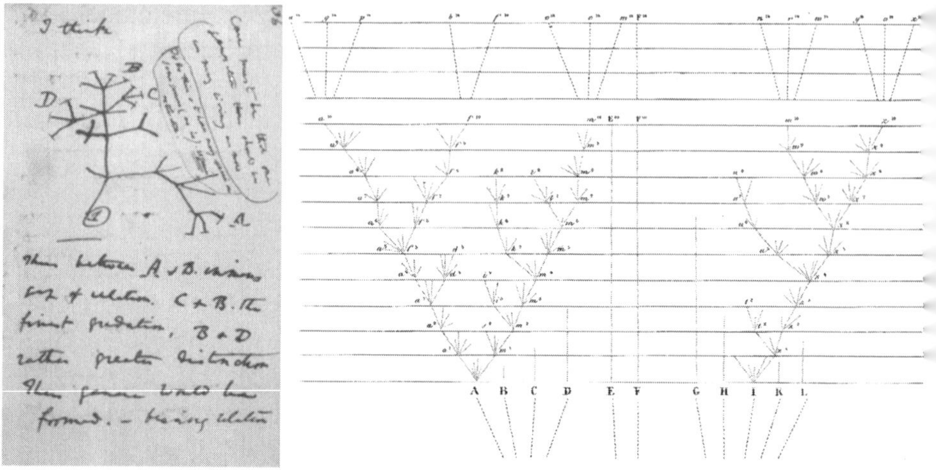


Figure 4.1. Modèles darwiniens de la diversification biologique.
À gauche : illustration tirée d'un carnet de notes de Charles Darwin établissant des relations phylogénétiques possibles entre espèces.
À droite : le seul schéma de l'ouvrage de Charles Darwin, encart non numéroté ni paginé dans le chapitre IV de son ouvrage (copie de l'édition Jean de Bonnot, 1982). Ces illustrations sont devenues célèbres et représentent un schéma explicatif de la filiation entre espèces ayant une origine commune. À l'époque, on pensait que les morphologies, par exemple d'animaux, dépendaient d'abord de l'environnement dans lesquels ils vivaient. Or Darwin observait des formes voisines dans des conditions environnementales très différentes. Il a alors supposé que des liens d'une autre nature pouvaient expliquer les différences et les ressemblances. Ces relations peuvent être représentées par un graphe arborescent, ce qu'on appelle aujourd'hui un arbre phylogénétique. Darwin utilisait donc bien des modèles, mais des modèles graphiques[56].

*Les faits évolutifs*

En résumant, on peut dire que la théorie de l'évolution repose sur un faisceau de faits provenant d'abord de l'observation, ensuite de l'expérimentation. Ces faits relèvent de la paléontologie, en reconstituant l'histoire de la vie sur la planète, de l'anatomie comparée, que nous ne détaillerons pas, et de la phylogénie retraçant les parentés entre les organismes sur des bases morphologiques et récemment en comparant des séquences de génomes ou de parties de génomes.

Les résultats à l'échelle géologique sont résumés dans les figures 4.2 et 4.3. Pour l'expérimentation en laboratoire, les mécanismes génétiques ont été bien explorés. Les dispositifs des « cages à populations », inventés par Georges Tessier et Philippe L'Héritier pour la génétique des populations, ont permis de faire des études de microévolution. Dans des conditions contrôlées, on y observe les variations dans les compositions génétiques des populations de drosophiles, stars de la génétique.

Ces deux chercheurs travaillaient à l'époque en coopération avec des scientifiques américains, notamment Theodosius Dobzhansky et Francisco Ayala[57]. Ce dispositif est toujours utilisé, au moins à des fins pédagogiques[58]. Il peut servir à illustrer la dérive génétique. Plus récemment, une expérience spectaculaire a été menée par des collègues de l'université du Michigan. Nous la présentons un peu plus loin.

Procédons dans l'ordre. Tout d'abord, précisons que l'histoire de la vie sur la planète a été reconstituée par les paléontologues, histoire dont quelques grandes étapes sont très sommairement résumées dans la figure 4.2. Elle conforte les variations quantitatives présentées dans le chapitre précédent.

Longtemps la vie a persisté et s'est développée sous une forme monocellulaire, puis la radiation d'Ediacara a conduit à des organismes multicellulaires diversifiés, notamment dans leurs formes. Après la disparition des organismes d'Ediacara, la radiation du Cambrien, dont le site de Burgess, à l'ouest du

**Adaptation, évolution,**

Le mot adaptation est largement utilisé dans le langage scientifique, mais aussi dans le vocabulaire courant, avec des sens différents, ce qui peut parfois prêter à confusion. Ayant plusieurs fois constaté des malentendus à ce sujet, il m'apparaît utile de donner quelques précisions.
Dans les sciences de l'évolution, on parle d'adaptation pour désigner le mécanisme, combinant variations et sélection naturelle, permettant à des lignées d'êtres vivants de subsister et de se développer dans un environnement donné. Ce terme a un sens au niveau des populations, c'est-à-dire d'ensembles d'organismes d'une même espèce.
Le mot est largement utilisé par ailleurs. Ainsi, pour un organisme, les régulations métaboliques, comme celles assurant aux homéothermes une constance de leur température interne, permettent de s'adapter à des conditions thermiques variables, d'y vivre et de proliférer. C'est une des raisons expliquant la large répartition des homéothermes dans des espaces à conditions bioclimatiques très différentes. À cette adaptation métabolique peut s'ajouter une adaptation comportementale, par exemple pour trouver des abris afin de résister aux conditions extrêmes, voire de fabriquer ces abris. On peut alors parler d'adaptabilité pour désigner ces possibilités d'adaptation individuelle. Cela résulte d'un processus évolutif dotant les organismes d'une propriété précieuse, celle de résister et de s'adapter à des variations de leur environnement. On remarque que les choses s'emboîtent, adaptation évolutive conduisant à l'adaptation des organismes. Prenons un autre cas, celui d'un système technologique : l'un des apports de ce qu'on appelle la cybernétique a été de s'inspirer des régulations métaboliques pour qu'un tel système puisse s'autoréguler et alors s'adapter à des conditions environnementales variables. Dans le domaine social, on peut aussi parler d'adaptabilité pour décrire la capacité de certains individus à vivre et à progresser dans des conditions sociales diverses, selon leur volonté. Un autre usage du mot nous éloigne du biologique et du technolo-

Canada, est un des principaux témoins, va conduire à une grande diversité d'êtres vivants multicellulaires dont la biodiversité actuelle résulte en grande partie (l'autre partie, monocellulaire, persistante, est majoritairement plus ancienne).

Osons une analogie : la diversité des objets vivants construits à partir d'éléments simples, des cellules, peut être comparée à celle permise par les pièces élémentaires du Lego. Les pièces

**complexité, simplexité**

gique, c'est celui de l'adaptation d'une œuvre littéraire pour le cinéma (les exemples sont légion). Sur la base de telles constatations, l'anthropologue Alain Testart parlait d'un concept universel. Il se posait alors la question de sa pertinence pour mieux désigner et comprendre des réalités aussi diverses.
En effet, la polysémie de certains mots peut conduire à des analogies rapides et à des transferts de concept risqués sur le plan scientifique. Dans les discours on passe trop facilement de la métaphore à l'analogie puis au concept, voire au statut de fait scientifique. C'est ainsi que cet auteur critique l'utilisation des modèles biologiques pour penser l'évolution des sociétés humaines [107]. On peut s'inspirer mais pas transposer de façon simpliste. Un biais classique dans ces transpositions est de confondre des processus spontanés, indépendants d'une volonté, d'un but, d'un objectif, avec ceux qui en dépendent. Par exemple, dans un contexte social, l'adaptation à une situation donnée peut être réfléchie, calculée. Elle ne l'est pas si elle est strictement physiologique, souvent réflexe et inconsciente. Ainsi, dans un ouvrage précédent, nous parlions de la « course de la gazelle » fuyant le prédateur souhaitant la croquer. Cette fuite est caractérisée par un comportement erratique, chaotique. La rapidité des changements d'attitude ne peut s'expliquer que par l'activation de circuits neuronaux courts, irréfléchis, se dégageant de la complexité de la masse neuronale. C'est en ce sens que le neurobiologiste Alain Berthoz parle de simplexité [108] : une simplicité émergeant du complexe. Il a montré que ce concept pouvait être utilisé pour décrire de nombreuses situations naturelles ou artificielles. On peut même créer de la simplexité ! L'évolution, d'une certaine façon, joue sur les deux plans : la complexité augmentant l'univers des possibles, des possibilités d'adaptation, la simplexité permettant et optimisant l'usage de cette complexité.

vivantes s'assemblent spontanément, contrairement aux pièces du Lego, mais sans plan préalable. Cependant, il faut immensément plus de temps pour obtenir des montages vivants cohérents sans plan *a priori* !

Ces grandes lignes ne sont plus guère contestées : les dernières découvertes attestent une apparition de la vie antérieure à 3,7 milliards d'années [109]. Les débats les plus excitants

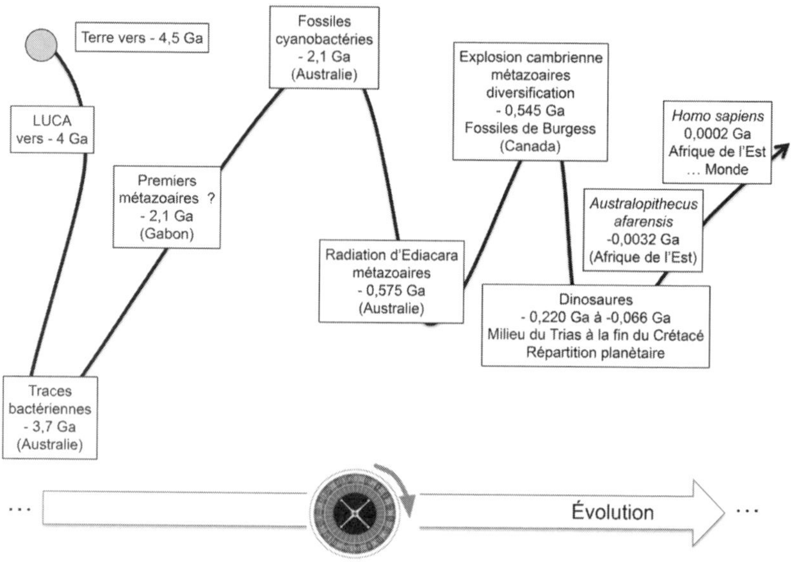


Figure 4.2. Présentation sommaire de l'évolution des êtres vivants sur la planète[59]. LUCA (*Last Universal Common Ancestor*) n'a pas été identifié comme fossile, il reste hypothétique. Cependant, l'existence passée d'un tel organisme ou d'une famille d'organismes voisins est très vraisemblable (*cf.* figure 4.3). Noter que la présentation faisant apparaître des « vagues » correspond à un souci esthétique. On peut néanmoins définir une « flèche » de l'évolution, celle-ci étant intermédiaire entre une ligne droite (du bas) et une ligne plus ou moins ondulée. La roulette rappelle que les processus engendrant du « hasard » interviennent de façon déterminante dans cette progression vers une plus grande diversité et complexité. Note : Ga = Giga années (milliard d'années), le temps est repéré par rapport au présent. Les images sont en libre accès sur le Web ou tirées d'archives personnelles.

aujourd'hui concernent la phase prébiotique : comment la vie a-t-elle émergé de la soupe originelle ? Les travaux à ce sujet devraient permettre de mieux cerner les conditions d'apparition d'être vivants sur des exoplanètes, conditions qui font l'objet d'une jeune discipline : l'exobiologie. C'est un excellent exemple de dynamique scientifique : les hypothèses de cette discipline s'appuient sur ce que nous savons sur l'exemple unique que nous avons pour le moment, celui de la vie sur la Terre. La réflexion ne s'arrête pas là. En effet, les chercheurs essayent d'extrapoler en

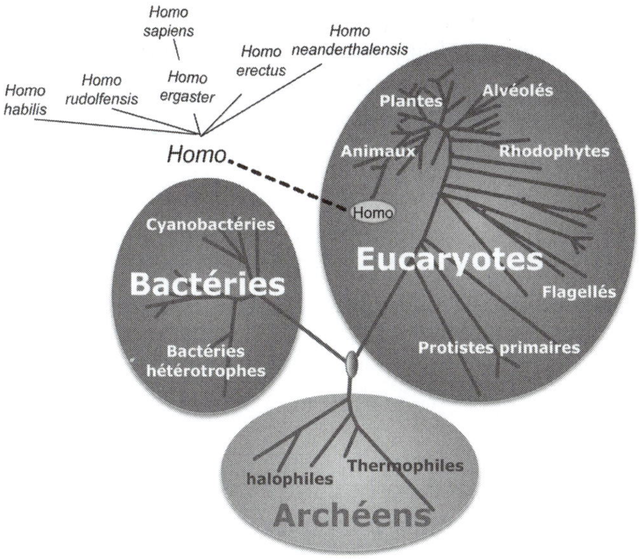


Figure 4.3. Résumé de la classification phylogénétique du vivant établie à partir des comparaisons entre génomes et fragments de génomes. Ce type de comparaison permet d'établir les proximités évolutives et de proche en proche de construire cette classification. En pratique, plus on est précis, plus on obtient une représentation buissonnante difficile à lire globalement (inspiré d'un schéma trouvé sur le site dédié à l'évolution de l'université de Berkeley[60]).

envisageant des scénarios alternatifs qui leur semblent plausibles. En retour, ils reviennent sur l'émergence de la vie sur la Terre et sur son évolution, et alors ils peuvent faire des hypothèses sur leur spécificité, ou non.

Une autre façon de présenter l'évolution est de construire une classification phylogénétique fondée sur la comparaison de gènes et, de plus en plus, de génomes entiers. Selon les ressemblances et, réciproquement, les différences, on peut construire une structure arborescente, ou plutôt buissonnante comme celle présentée sur la figure 4.3. Trois grands groupes sont mis en évidence : les bactéries, les eucaryotes et les archéens. C'est en pratiquant une sorte de rétrocalcul qu'on observe une convergence et qu'on trouve une séquence ancestrale pouvant correspondre à un organisme originel qu'on a dénommé LUCA. Quant à l'homme moderne, *Homo sapiens*, sa position apparaît anecdotique, mais à une rotation près on pourrait le placer artificiellement au sommet de cette classification, comme on le faisait précédemment sur ce qu'on appelait l'arbre de la vie.

Cette représentation suggère que la diversité du vivant ne peut qu'augmenter. Déjà les schémas de Darwin pouvaient conduire à ce type de conclusion. Mais à l'époque, une telle affirmation aurait été très osée ! Quoiqu'elle le demeure encore quelque peu aujourd'hui…

### *Le hasard et le vivant*

Quand on analyse de près cette évolution et quelle que soit la façon dont on en rend compte en incluant celle, globale, de la biodiversité à l'échelle géologique, il apparaît que le hasard joue un rôle important, sinon prépondérant.

Qu'on s'entende bien : pour expliquer un certain nombre de phénomènes, dans un cadre théorique donné, par exemple celui de l'évolution biologique, on a besoin de construire une entité appelée hasard, une espèce de petit démon qui produit des événements, spontanément ou non, totalement ou en partie imprédictibles.

Tout d'abord, qu'en pensaient les « grands ancêtres », par exemple Charles Darwin et Gregor Mendel ?

Charles Darwin en parle au début du chapitre V[61], intitulé « Des lois de la variation », en résumé :

> J'ai, jusqu'à présent, parlé des variations – comme si elles étaient dues au hasard – expression qui sert à démontrer notre ignorance absolue sur les causes de chaque variation particulière. Une des fonctions du système reproducteur consiste autant à produire des différences individuelles qu'à rendre les descendants semblables à leurs parents.

De son côté, Gregor Mendel, pour expliquer la répartition des caractères dans les lignées de petits pois, écrit (p. 29) [36]:

«*Es bleibt ganz dem Zufalle überlassen, welche von den beiden Pollenarten sich mit jeder einzelnen Keimzelle verbindet*», qu'on peut approximativement traduire en termes actuels : «Les deux sortes de pollen sont reliées au hasard avec chaque cellule de l'œuf». C'est ce qu'on a traduit *a posteriori* par l'expression : recombinaison aléatoire des caractères[62]. Avant cette recombinaison, il y a ce qu'on appelle la disjonction de ces caractères, elle aussi aléatoire.

En parcourant la littérature, on s'aperçoit que ce hasard est invoqué dans de nombreuses situations biologiques et écologiques, concernant le fonctionnement et l'évolution de ce qu'on peut appeler des «systèmes vivants», si bien que le dire et en rester là est d'une immense banalité. En réalité, le hasard, souvent évoqué, reste évanescent, peu analysé, peu disséqué. D'où vient-il ? Son origine est-elle unique ou non ? Y a-t-il des processus qui l'engendrent ? Sur quoi joue-t-il ? Peut-on contrôler son expression ou les conséquences de cette expression ?

Avant d'aller plus loin, il est utile de définir ce que l'on désigne par système vivant, à savoir une entité qui peut se reproduire presque à l'identique (apparition) et mourir (disparition), dont les limites sont bien définies, ou encore «naturellement», par exemple un organisme mono- ou multicellulaire, dont la limite est identifiable par une simple observation : la paroi d'une cellule ou la couche cellulaire superficielle d'un métazoaire. Un ensemble d'être vivants, de même espèce, dont les individus sont interféconds, peut aussi se reproduire presque à l'identique par extension des propriétés de chacun de ses membres et disparaître quand tous sont morts. On convient de dénommer cet ensemble une population. Par extension, pour «systèmes vivants» on retiendra : une communauté d'êtres vivants d'espèces différentes, un mélange de populations réunies dans un écosystème, et de proche en proche la biosphère dans son ensemble. Quel que soit le système considéré, organisme individuel, population, communauté, on peut définir un intérieur et un extérieur, ainsi qu'une interface entre ces milieux par où passent les échanges (paroi cellulaire, peau, écotone, etc.). Dès lors, pour notre hasard, on peut se poser la question de son origine externe au système considéré, c'est-à-dire provenant de son environnement, proche ou lointain ; ou au contraire interne, hasard engendré par des processus biologiques ou écologiques, voire physiques, se déroulant à l'intérieur de ce système.

Pour l'origine externe, on parle de hasard exogène (engendré par des processus externes, proches ou lointains). Par exemple, un rayon cosmique résultant de la désintégration d'un atome, au fin fond de l'univers produisant une mutation ponctuelle dans un génome, ou une météorite dont la trajectoire, chaotique, rencontre celle de la Terre, et dont la responsabilité est soupçonnée dans certaines extinctions massives. L'origine peut aussi être plus proche, comme des mutagènes chimiques, naturels ou artificiels.

Moins connues sont les sources internes, à savoir des processus biophysiques, véritables « roulettes biologiques » endogènes. Bien que leurs effets soient visibles, leur identification n'a commencé que récemment.

Par exemple, au milieu des années 1970, Miroslav Radman a observé que certaines bactéries plongées dans des milieux hostiles inhibent leurs gènes SOS, ceux qui codent pour des enzymes réparant l'ADN endommagé, notamment à la suite des erreurs de duplication qui se produisent lors des divisions cellulaires[63]. Il en résulte une grande diversité de descendants dont certains peuvent être adaptés au milieu en question et se reproduire ensuite allègrement. D'une façon un peu provocante, cet auteur annonçait que les êtres vivants, par le biais du contrôle des processus de variation, maîtrisent leur propre évolution. Comme ces processus sont aussi issus de l'évolution, on peut dire qu'ils en sont à la fois des produits et des moteurs. Une des conséquences est l'accélération de cette évolution selon les circonstances, qui fait que des lignées d'organismes peuvent, par exemple, devenir rapidement résistantes à des antibiotiques et plus généralement à des pesticides. D'une certaine façon, c'est une forme d'adaptation, montrant la plasticité des êtres et des systèmes vivants : de l'adaptation physiologique ou comportementale « immédiate » au niveau de l'individu à l'adaptation collective, transgénérationnelle et évolutive, au niveau des populations. Dans ce deuxième cas, beaucoup d'individus, non adaptés, vont rester sur le bord du chemin : la chance des uns est la malchance des autres. L'histoire de la vie sur la Terre est émaillée de ces succès et de ces échecs.

L'identification d'une évolution rapide a d'abord été faite chez les bactéries avec la résistance aux antibiotiques. Il en a été de même chez les moustiques, sur lesquels les pesticides n'avaient plus d'effets. Ces petits organismes ont aussi des durées de génération courtes et les perturbations subies sont drastiques. La pression de sélection est énorme et on a pensé que c'était à cause de cela qu'on pouvait observer une évolution rapide. Or, comme le signale Ole Seehausen [111], professeur d'écologie aquatique à l'université de Berne, de telles spéciations ont été mises en évidence pour des organismes plus massifs, en l'occurrence des vertébrés, notamment des poissons et en l'absence de pressions aussi énormes. Il fait une remarque sur les raisons scientifiques qui font que ces recherches ont mis du temps à émerger : d'un côté les écologues travaillent sur des temps courts, alors que les spécialistes des sciences de l'évolution, sur des temps longs. L'émergence de la biologie évolutive puis de l'écologie évolutive comble ce fossé et il faut s'attendre à la multiplication de ce type de résultats qui bat en brèche une idée répandue, celle de la lenteur des processus évolutifs.

Le hasard joue d'autres rôles chez les systèmes vivants, de l'activation d'un comportement erratique d'une proie fuyant un prédateur à la répartition aléatoire des arbres dans les forêts naturelles, en passant par l'inactivation aléatoire d'un des deux chromosomes X chez les femmes et plus généralement par des phénomènes épigénétiques[64], en soulignant également le caractère aléatoire de l'établissement des connexions synaptiques au cours du développement du cerveau. Ces aléas ont une conséquence commune, celle de donner des chances de survie, de rendre plus résilient et performant, très généralement de trouver une « bonne solution, assurant la survie en univers inconnu ». C'est le cas pour la vie dans son ensemble : sans hasard, sans diversité, sans capacité évolutive, la vie aurait disparu de la planète dès le début et nous ne serions pas là pour en parler.

Le hasard est nécessaire à cette biodiversité dont on parle, pour le meilleur et pour le pire, la biodiversité qui nous sert et nous enchante, mais, hélas aussi, celle qui nous tue.

Dans le même ordre d'idées, la prise en considération de la dimension évolutive dans le secteur médical va sans doute faire « évoluer » significativement ce secteur, et peut-être même engendrer une révolution. Par exemple, replacer les humains dans leur cadre évolutif permet de mieux comprendre les sensibilités ou les résistances aux pathologies. Les pathologies elles-mêmes peuvent être réinterprétées. C'est le cas des cancers contre lesquels les humains n'ont pas été « sélectionnés » : ils mouraient avant, victimes d'autres maladies ou d'autres causes. Par ailleurs, le rôle de l'aléatoire dans l'émergence de cette pathologie et dans sa compréhension mérite attention : apparition « au hasard » de cellules cancéreuses, qui se multiplient en se différenciant activement à la suite d'erreurs de duplication et plus généralement après les dommages causés à l'ADN et non réparés [112]. Certaines lignées peuvent dérouter le système immunitaire et devenir envahissantes. De plus, la résistance aux anticancéreux procède du même mécanisme que celle aux antibiotiques chez les bactéries. Encore un phénomène microévolutif couplant diversification et sélection. Plus généralement, il s'avère que les leçons de la paléontologie peuvent être utiles en oncologie[65].

Au total, que le lecteur me pardonne d'insister : il apparaît de plus en plus clair que les variations dues à une diversité de « mutations » sont les moteurs principaux de l'évolution, comme le propose Masatochi Nei [114]. Ces mutations sont la conséquence de processus aléatoires, la plupart endogènes comme les erreurs de duplication, et de la correction ou non de ces erreurs. Notons que d'autres processus, rangés sous le vocable générique de mutation, sont déjà identifiés et nous sommes loin très probablement de les connaître tous. L'évolution procède aussi d'autres mécanismes : dérive génétique, mutations neutres (ou muettes), où seules interviennent les variations, comme les processus épigénétiques où cependant le hasard joue encore un rôle essentiel[66]. L'évolution est plurifactorielle, cependant les processus darwiniens de base ont une valeur de généralité et s'expriment partout dans le monde vivant à des vitesses variables. L'évolution n'est pas toujours un processus lent : elle peut être bien plus rapide que les évaluations, en milliers ou centaines de milliers d'années, souvent affichées. Par exemple, nous allons raconter comment une nouvelle espèce de moustiques est apparue rapidement dans le métro de Londres, ou, comme on va le voir, une nouvelle espèce de bactéries a été créée avec un code génétique transformé. On trouve de plus en plus d'exemples sur la rapidité et la capacité évolutive des êtres et systèmes vivants.

Avant de passer aux exemples, notons que nous venons de mettre en exergue le rôle d'un hasard, le hasard mécanique, dont on peut soupçonner qu'il résulte de dynamiques chaotiques[67]. Cependant tout ne peut résulter que du chaos. Pour qu'un organisme puisse fonctionner, il faut des régulations pour limiter l'expression de ce chaos. Une part importante de la physiologie est consacrée à l'étude de ces régulations, dont on s'est d'ailleurs inspiré pour concevoir des systèmes techniques.

Au cours de l'évolution, on peut supposer que se produise un subtil partage entre chaos (hasard) et contrôle de son expression. Ce partage peut varier au cours du temps et donc faire fluctuer les vitesses d'évolution. Ainsi, dans le cas des gènes SOS, leur expression peut être limitée, conduisant alors à la diversification des bactéries. Dans les forêts tropicales dites zoochores, c'est-à-dire celles où la dissémination des graines est l'œuvre d'animaux, le comportement erratique de ces animaux mène à une structure aléatoire, favorisant la résilience de ces forêts et le maintien, voire l'accroissement, de leur biodiversité, comme nous l'avons montré précédemment (figure 3.8). En ce sens on pourrait parler d'écosystème « autodésorganisé » : les phénomènes évolutifs ont favorisé l'apparition, l'extension et le maintien des processus de brassage, par exemple par les animaux. Les limitations sont dues aux conditions locales favorables ou non pour telle ou telle espèce, à la taille des populations animales elles-mêmes autorégulées et plus ou moins stationnaires.

Ainsi, une régulation peut soit concerner la limitation de l'expression du chaos, soit la favoriser. Elle peut être soit active, comme en physiologie, passant par des médiations neuronales ou biochimiques, soit passive, correspondant à des propriétés physico-chimiques, comme dans le cas des interactions enzyme-substrat qui limitent la vitesse des réactions biochimiques.

Bien que soulignée par Darwin, l'importance des variations aléatoires a été longtemps placée au second plan par rapport à la sélection naturelle. C'était déjà une des critiques du géologue Charles Lyell, un adepte de Darwin, à partir de ses observations de fossiles humains[68].

## Quelques exemples contemporains

L'évolution se passe sous nos yeux, il n'y a aucune raison qu'elle s'arrête tant qu'un être vivant est sur cette planète. Cependant, comment la détecter dans la multitude qui nous entoure ? Ainsi, comme il est difficile de l'observer « en direct », elle a été réputée très lente. Or les processus évolutifs sont détectables à notre échelle de temps si on les recherche. Déjà, les expériences en laboratoire, sur ce qui a été appelé la microévolution, nous ont fourni quelques indications. On peut en citer d'autres.

### *Les moustiques du métro de Londres, une spéciation rapide*

L'histoire commence en 1863 lorsque la première ligne de métro londonienne est mise en service, ou peu de temps auparavant quand les tunnels ont été creusés. Quelques moustiques de l'espèce bien connue *Culex pipiens* se faufilent dans ces tunnels. En surface, ils se nourrissent de sang d'oiseaux, sans pour autant négliger les humains. En revanche, dans les tunnels du métro, les oiseaux sont plutôt rares, contrairement aux mammifères, dont l'homme, qui sont très présents et leur servent de source de nourriture alternative. Petite population au départ, isolement géographique, changement de cible alimentaire, on observe, en un temps évalué au plus à quelques dizaines d'années, l'émergence d'une nouvelle variété qui, aujourd'hui, ne peut plus se croiser avec l'espèce d'origine. De plus, les traits de vie ont changé, par exemple, ils ne présentent plus de diapause hivernale, ce qui a contribué à une accélération de leur évolution puisque le nombre de générations par an s'est accru. On s'accorde à dire qu'il s'agit bien d'une nouvelle espèce, maintenant dénommée *Culex molestus*. La vitesse d'apparition de cette nouvelle espèce est sans commune mesure avec ce qu'on pensait et ce que beaucoup pensent encore. Cependant, le record est battu par les lézards *Podarcis sicula* des îles de l'Adriatique, qui ont changé de régime alimentaire en devenant herbivores en 30 générations, avec apparition d'une valvule spirale dans l'intestin, raccourcissement des pattes et rehaussement de la tête[69].

Depuis, les moustiques sous-urbains sont sortis du métro, ils ont employé les moyens de transport utilisés par les humains, notamment pendant la Deuxième Guerre mondiale. On les retrouve à New York et en Australie, où l'on commence à s'inquiéter du risque qu'ils deviennent des vecteurs de pathologies virales.

Cela étant, les moustiques du métro parisien n'ont pas fait l'objet de la même attention.

Plus généralement, les capacités d'adaptation évolutive rapide des moustiques posent des problèmes à conséquences sanitaires. Les moyens de lutte doivent aussi s'adapter continûment. C'est un exemple de plus en faveur d'une gestion adaptative des populations, évoquée plusieurs fois dans ce livre.

On pourra se reporter aux références [116], [117], [118].

### *Des bactéries dont le code génétique est changé*

On sait depuis longtemps que les bactéries ont une capacité à évoluer rapidement. On l'a observé à propos de l'apparition de résistances croissantes de pathogènes aux antibiotiques. Nous avons cité certains mécanismes mis en jeu comme la répression des gènes SOS ou la transmission horizontale de gènes de résistance. Mais nous restons dans un schéma classique, le code génétique n'est pas modifié. Or une expérience récente montre que ce code, quasiment universel, peut lui-même être touché. Nous savions cependant que dans certains cas il peut y avoir une répartition non uniforme des « codons synonymes » avec un enrichissement en CG dans certaines parties du génome [119].

Une expérience récente d'évolution expérimentale, menée au Genopole d'Évry, va beaucoup plus loin et montre que le « dogme » de l'universalité du code peut être bousculé [120]. Décrivons sommairement cette expérience et ses résultats. Une souche de *E. coli* K12 ne synthétise pas la thymine, notée T (l'une des bases constitutives du code génétique avec A, l'adénine, C, la cytosine et G, la guanine). Pour la faire vivre et croître, le milieu de culture doit contenir cette base. Un remarquable dispositif automatique a été conçu pour assurer une culture en milieu liquide pendant de très nombreuses générations (plus de 1 000). Dans ce milieu, des quantités croissantes d'un xénobiotique (une molécule organique non synthétisée par des êtres vivants), analogue structural de la thymine, ont été progressivement introduites, au début à de faibles doses car il est toxique, puis à des doses croissantes. Au bout d'un millier de générations, cette molécule, le 5-fluoro-uracile (5FU), a remplacé la thymine dans l'ADN et la souche est devenue dépendante de celle-ci. Ce résultat a des incidences importantes au niveau théorique, et montre que des solutions alternatives au code génétique « traditionnel » peuvent être trouvées ou apparaître spontanément. Les recherches sur l'origine de la vie et la xénobiologie, la biologie qui s'intéresse à la vie hypothétique hors de la Terre, vont être touchées par ce résultat.

Notons enfin que cette molécule est utilisée en thérapeutique, comme cytotoxique antimitotique pour le traitement de certains cancers. Mais attention, espérons que ces cellules ne s'adaptent pas à cette molécule qui passerait à notre grand désagrément du statut de cytotoxique à celui de facteur de croissance.

## *LTEE : Long Term Evolution Experiment*

On a longtemps pensé que les recherches sur l'évolution biologique étaient hors de portée de l'expérimentation, principalement à cause des échelles de temps en cause. Cependant, comme nous l'avons déjà signalé, dès les années 1930, des biologistes ont tenté d'étudier certains processus évolutifs, avec succès. Ce que nous venons d'évoquer peut aussi entrer dans cette catégorie : le cas du moustique du métro de Londres est une expérience involontaire, celui de la substitution de la thymine par le 5FU est une véritable approche de laboratoire révélant des aspects évolutifs.

Celle que nous allons décrire ici est une des plus audacieuses et jolies expériences tant dans sa conception, sa réalisation et ses résultats. Mais avant de la présenter, il est bon de faire le point.

Tout d'abord, précisons que les observations qui ont conduit à conforter la théorie de l'évolution constituent des pièces de ce gigantesque puzzle qui traverse le temps et l'espace. Tout cela est une reconstitution historique suffisamment consistante pour convaincre de la cohérence de cette théorie, dont beaucoup pensent maintenant qu'elle a acquis le statut de fait, presque de vérité. Cependant, les scientifiques n'aiment pas bien cette notion « définitive », non pas parce que la vérité atteinte il n'y a plus de raisons de la rechercher, mais parce que même si les grandes lignes du tableau sont connues, les détails méritent attention. Et puis, l'histoire de l'humanité nous montre que beaucoup de ce qu'on croyait une vérité n'était qu'une étape dans l'acquisition de connaissances plus précises et que certaines de ces étapes pouvaient être des impasses. Par exemple, le phlogistique postulait l'existence d'un « élément flamme » dans les combustibles jusqu'à ce que Lavoisier démontre le rôle de l'oxygène. Dans une situation aussi complexe que l'évolution biologique, il y a lieu d'être sinon prudent, du moins précautionneux. Ainsi, si le global ne donne plus vraiment occasion de débats, les processus qui y participent, les étapes qu'on peut reconstituer ou simplement observer peuvent donner lieu à des interprétations différentes et sont donc l'objet de controverses, parfois passionnées. Et pourtant, ce sont les « détails » qui nous renseignent et leur ensemble qui fait sens.

Nous sommes devant un processus éminemment historique. L'analogie avec l'histoire des sociétés humaines peut être une source d'inspiration. Dans cette histoire, on observe des continuités, les choses changent progressivement. Parfois, il y a des réorientations rapides, avec de brusques ruptures, comme celle marquée par la Révolution française. Ces ruptures et même certains changements ne sont pas prévisibles, sinon il y a fort à parier que Louis XVI aurait pris les devants… En revanche, *a posteriori*, on peut analyser les suites d'événements qui ont conduit à ces ruptures, à ces bifurcations et ainsi tenter d'élaborer des interprétations, de suggérer des explications. Les historiens parlent de contingence pour ces suites d'événements imprévisibles. Un modèle simplificateur, comme tout modèle, a été proposé par Antoine-Augustin Cournot sous la forme de rencontres de chaînes causales indépendantes que nous présentons plus loin. Dans les sciences de l'évolution on peut se poser la question de l'importance et même simplement de l'existence de telles ruptures : une évolution progressive ou douce, dont la dérive génétique est un exemple. Elle est marquée par des microévénements ayant peu d'effets, on dit aussi qu'ils sont « neutres ». Motoo Kimura, puis Tomoko Ohta ont formalisé cette constatation sous l'intitulé de « théorie neutraliste de l'évolution ». Il n'en demeure pas moins qu'on observe aussi des ruptures dans les phylogénies. C'est en ce sens que Stephen Jay Gould parlait d'équilibres ponctués. En pratique, il n'y avait pas d'équilibre au sens thermodynamique, mais des variations lentes avec de temps en temps des accélérations, des ruptures avec apparition de formes et de solutions nouvelles permettant de vivre au moins aussi bien qu'avec les précédentes ; ces dernières pouvant ou non subsister. La diversité serait ainsi constituée.

À l'opposé, Simon Conway Morris a postulé que les motifs ne faisaient que se répéter, et que des solutions voisines pouvaient émerger dans des branches évolutives distantes et se retrouver dans des taxons très différents. On parle alors de convergence, mais sans similitude phylogénétique aussi marquée. C'est le cas par exemple des feuilles de végétaux, dont les formes sont beaucoup moins nombreuses que les taxons ; elles n'ont qu'un nombre limité de « solutions » pour capter la lumière, transmettre les produits de la photosynthèse au reste de l'organisme : avoir une grande surface de captation, n'être pas trop lourdes, mais résistantes, être connectées avec le reste de l'organisme, etc. Chacun de nous a le loisir de compléter le tableau car les « solutions » sont faciles à observer. Cela étant, il existe quand même une certaine diversité, si l'on regarde de près, au point que des clés de détermination d'arbres de forêts tropicales ont pu être établies à partir de la forme de leurs feuilles. C'est ce qu'a fait mon collègue et ami Jean-Pierre Pascal pour les arbres des forêts d'Inde du Sud [121].

Conway *versus* Gould, Cambridge contre Harvard : l'une des conséquences est que si Conway a raison, partant de conditions initiales voisines, on devrait observer des évolutions parallèles, car le « hasard » intervient peu. L'évolution devrait pouvoir être rejouée presque à l'identique. Sinon, selon Gould, certaines lignées peuvent s'écarter significativement les unes des autres sous l'effet du hasard, dont le rôle devient déterminant. L'évolution serait « contingente » au sens des historiens, alors, si elle était répétée, elle conduirait à des résultats différents, toutes choses égales par ailleurs.

La difficulté, c'est que nous ne pouvons pas répéter l'expérience : quatre milliards d'années et une planète, ce n'est pas facile à élaborer et même à trouver… En revanche, des petits bouts peuvent donner lieu à des approches expérimentales. Elles ont été et sont toujours très nombreuses. L'une des plus probantes, à mon avis, est donc la *Long Term Evolution Experiment*, de Richard Lenski et de ses collaborateurs (de l'université d'État du Michigan). Elle est très bien décrite dans un article de Wikipédia[70] et dans un autre d'un des collaborateurs de Lenski, Zachary P. Blount, paru dans *American Scientist* [122]. On trouve également une synthèse publiée dans *Nature* (Good *et al.*, 2017 [123], et Plotkin, 2017 [124]).

En bref, l'expérience est menée depuis 1987. Elle consiste à comparer les changements qui peuvent se produire au cours de nombreuses générations d'êtres vivants, identiques (ou très peu variables) au départ, « évoluant » en parallèle, de façon indépendante. Le protocole est simple : 12 cultures de la célèbre bactérie *Escherichia coli* (souche initiale REL 206, dérivée de *E. coli* Bc251, poussant sur un milieu standard glucosé, DM25 enrichi en citrate) sont menées en parallèle pendant un grand nombre de générations (66 000 en 2016). La sélection, naturelle ou artificielle, est peu ou pas présente, mais elle peut émerger à l'occasion de l'apparition de populations mutantes.

Les résultats sont d'un très grand intérêt puisqu'on retrouve les mécanismes supposés d'évolution, sans sélection « brutale », notamment la dérive génétique. Cette dernière a pu être suivie précisément pour deux raisons : d'abord, grâce aux extraordinaires progrès du séquençage du génome ; ensuite, grâce à l'ingéniosité des auteurs qui ont créé des « fossiles » en congelant périodiquement des petites fractions des cultures, analysables par la suite. Le résultat le plus spectaculaire a été l'apparition d'une souche utilisant non plus le glucose de la culture comme source d'énergie, mais le citrate présent dans le milieu. En effet, les milieux de culture contiennent un composé dit limitant, car son absence ne permet pas aux bactéries de se développer, et, en plus, des composés secondaires facilitant leur croissance (le métabolisme bactérien peut compenser en partie leur absence). C'est le cas du citrate. Or, vers la 33 000e génération, il est apparu un variant utilisant le citrate comme source d'énergie. L'analyse *a posteriori* de l'événement a montré que le développement de ce variant est dû à une mutation d'un gène, mais n'a été rendu possible que parce que d'autres petites mutations s'étaient accumulées auparavant, rendant le « contexte » favorable au passage du glucose au citrate. C'est précisément pourquoi on peut parler de contingence : une accumulation de petites mutations, non visibles, sur laquelle une autre, indépendante, vient se brancher et produit alors un changement majeur dans la population. Ce changement n'aurait pas pu survenir avec cette seule mutation.

Outre l'aspect évolutionniste, au sens biologique, les discussions qui ont suivi ont permis de mieux préciser des concepts et de mieux comprendre certains faits, dont le principal, l'apparition de la vie sur la Terre. Il faut raisonner en termes de processus, vus comme la succession d'événements plus ou moins aléatoires, et non pas en termes d'événements « indépendants et extemporanés ». Certains événements peuvent être déterminants, comme la mutation Cit +, mais à condition que le contexte soit favorable, ou rendu ainsi favorable, préparé par une suite d'événements qui n'ont eu aucun effet détectable. Ceux-ci peuvent être qualifiés de « neutres », car ils ne modifient pas les propriétés visibles de la population (par exemple ses capacités reproductives ; à savoir, le taux de croissance pour une population bactérienne utilisant le citrate).

Une telle expérience donne lieu à débats, et c'est normal car cela participe au fonctionnement intime de la science. L'article de Wikipédia consacré à cette expérience en fait état. Dans cet article et ceux, déjà cités, consacrés à ce travail, les auteurs soulignent les difficultés liées à l'interprétation des phénomènes évolutifs observés « dans la nature ». Parfois aussi le vocabulaire utilisé est flou. C'est ce qu'ils ont exposé dans leurs publications.

Cette expérience et ses résultats sont suffisamment exceptionnels pour que leurs auteurs puissent recevoir le prix Nobel. Ce serait une grande première pour les sciences de l'évolution.

En poussant un peu plus loin l'analyse, notamment grâce au séquençage des populations « fossiles », on observe l'apparition de mutants successifs et surtout de relations écologiques. Cette analyse est clairement présentée dans l'article de Joshua Plotkin [124], et résumée dans la figure 4.4, tirée de cet article et adaptée.

Tout en recommandant aux lecteurs de se référer aux textes cités, on peut tout d'abord rappeler que l'évolution, à petite et à grande échelle, est un processus éminemment historique. Il faut la voir et l'analyser ainsi, même l'évolution « prébiotique ». Cela suggère que les mutations sont le moteur principal de l'évolution et que la sélection naturelle n'arrive qu'ensuite.

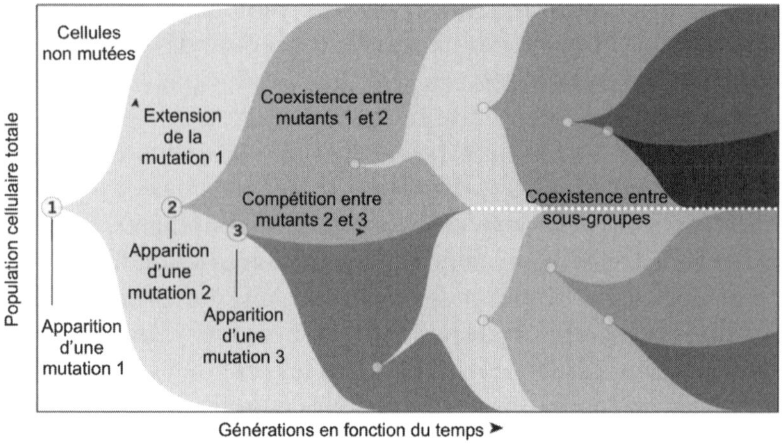


Figure 4.4. Illustration de l'évolution génétique et écologique : au début, une mutation « favorable » conduit à la prédominance des individus portant cette mutation (compétition). De la même façon pour les mutations 2 et 3 suivies par l'émergence de sous-populations qui peuvent coexister. On voit se constituer les relations écologiques de compétition et de coexistence. Les auteurs utilisent des méthodes phylogénétiques, ce sont des clades qui sont identifiés : le clade originel des cellules non mutées, le clade 1 des cellules portant la mutation 1, etc. (traduit et adapté de l'article de Plotkin, 2017 [124]).

C'est notamment ce que propose Masatoshi Nei. De plus, les mutations sont largement aléatoires, mais avec un taux qui peut varier au cours du temps.

### *Le cancer : un coup de malchance ?*

Dans l'édition datée du dimanche 18 janvier 2015 du célèbre journal *The Guardian*, on trouve un article intitulé : « Are scientists wrong to talk about "luck"[71] ? », signé par Alice Roberts, professeure à l'université de Birmingham et spécialiste des sciences de l'évolution.

Dans cet article, Alice Roberts discute des vifs débats qui font suite à un article publié dans *Science* présentant des résultats statistiques originaux compatibles avec une hypothèse des auteurs, à savoir que la plupart des cancers sont plus des « coups de malchance » [125] que dus à des facteurs environnementaux ou génétiques. À cette fin, ils ont récolté des résultats sur le nombre de divisions des cellules-souches de divers organes. Précisons que ces cellules sont constamment présentes et se divisent continûment pour maintenir cette présence. Elles peuvent au besoin se différencier pour reconstituer tout ou partie de l'organe endommagé. Les auteurs trouvent une corrélation significative entre le nombre de divisions de ces cellules-souches durant la vie du tissu de l'organe concerné et le risque de cancer mesuré par le nombre de ses occurrences dans une population humaine. Corrélation n'est pas démonstration, mais une indication. Ils approfondissent la question, ce qui leur permet de penser que leur hypothèse n'est pas ridicule. Mais au fait, pourquoi ? Tout simplement parce qu'à chaque division cellulaire se produisent des erreurs de copie, des mutations, dont on sait, ou du moins on peut le supposer fermement, qu'elles sont aléatoires, dans leur nature mais aussi dans leurs fréquences. L'accumulation de ces mutations peut conduire à des variants cellulaires cancéreux et donc à l'émergence de cancers. Toutes choses égales par ailleurs, plus il y aura de divisions plus il y aura de mutations, et plus le risque de cancérisation sera grand. L'hypothèse des auteurs est donc parfaitement rationnelle et leurs résultats confortent cette hypothèse. Les lecteurs intéressés pourront au besoin se référer à l'article en question et à deux autres plus récents. Le premier répond aux critiques majeures, notamment en élargissant l'échantillonnage [126]. Le second, signé par deux biomathématiciens bien connus, va dans le sens des auteurs, mais signale cependant que l'analyse statistique ne suffit pas pour asseoir une démonstration et qu'il serait bon d'avoir une approche théorique complémentaire, modélisée, testable, notamment par l'expérience [127]. Cette critique vaut d'ailleurs pour la plupart des approches épidémiologiques dont les médias font leurs choux gras.

Outre l'intérêt du résultat lui-même, la vivacité, voire la violence, des attaques est révélatrice des difficultés pour faire passer des idées non conformes à celles qui sont dominantes.

C'est ce que note Alice Roberts : le hasard pose toujours des difficultés conceptuelles, même s'il est souvent convoqué dans la littérature, mais au sens « laplacien », comme résultant du manque de connaissance et non pas de processus, notamment endogènes. Comme le signalent déjà Tomasetti et ses coauteurs, il est significatif de constater que quand le hasard est invoqué dans ce contexte d'études épidémiologiques sur le cancer, il est rangé comme « facteur environnemental ». On remarquera aussi que nous pouvons avoir une interprétation « darwinienne » de la question du cancer qui renforce l'intérêt dans l'émergence d'une médecine évolutive.

Le lecteur aura compris que je suis très sensible à ce débat, d'ailleurs Alice Roberts l'avait pressenti en citant l'une de mes publications sur le sujet. On notera enfin que *Le Monde*, que l'on compare parfois au *Guardia*n, a publié un article d'Hervé Morin très « scientifiquement conventionnel » à propos des dernières publications (édition datée du 24 mars 2017) et présentant largement les critiques. Concernant celles-ci, on note qu'elles ne se placent pas dans un contexte évolutionniste. C'est d'ailleurs encore le cas et beaucoup plus largement dans les sciences de la vie. Les biologistes ne voient pas encore, dans leur immense majorité, l'intérêt de la question. Il est étonnant de lire dans l'article d'Hervé Morin cette remarque d'Edouard Hanezzo considérant que l'hypothèse de Tomasetti, Li et Vogelstein sur l'accumulation de mutations aléatoires serait « dangereuse », un peu comme cela était le cas pour l'article de He et Hubbell à propos de la loi aire-espèces. En quoi d'ailleurs serait-ce dangereux ? Ne serait-ce pas le contraire qui le serait ? On voit ressortir les accusations de propos hérétiques dont la science pourrait se passer.

En tout cas, je répondrais à Alice Roberts : *Yes, scientists are wrong when they talk about luck and… chance, but we have to fight against, again and again*[72] *!*

### *Approche évolutionniste du cancer ou comment éviter cette mauvaise biodiversité*

Bien que le nombre d'équipes engagées dans une approche évolutionniste du cancer et plus largement de la médecine soit encore très limité, on peut en espérer beaucoup. Signalons néanmoins des équipes très dynamiques à Montpellier, qui couplent d'ailleurs approche évolutionniste et écologique du cancer et d'autres maladies[73]. Dans le cas du cancer on peut faire les remarques suivantes :

1. Le risque augmente avec l'âge. Nous avons déjà signalé que ce fait est explicable parce que les humains n'ont pas été sélectionnés contre cette pathologie ; ils mourraient avant son apparition, notamment d'autres maladies. De plus, le taux de cellules mutées s'accroît avec l'âge et donc, parmi elles, la probabilité d'avoir des cancéreuses augmente corrélativement.
2. Lors de traitements par des chimiothérapies, des variants résistants peuvent apparaître, être sélectionnés et alors se multiplier. Ce schéma est le même que celui d'apparition de résistances chez les bactéries.
3. La prise en considération plus classique des « facteurs génétiques » relève du même type de raisonnement. On peut espérer avec le temps que les porteurs de gènes favorisant la cancérisation disparaissent par sélection naturelle, mais il n'est guère satisfaisant de « laisser faire la nature ».

On pourrait accumuler les arguments et généraliser à d'autres pathologies, comme nous l'avons indiqué. Une des conséquences déjà évoquée serait d'explorer de plus près les processus de variation, les mutations qu'ils engendrent, la mauvaise biodiversité qui en résulte et d'examiner les possibilités de contrôle de ces processus et de leurs effets.

*Rapport d'étape*

Si l'on croise ces résultats avec d'autres, on retient que la diversification est très active et que le maintien de la biodiversité, voire son accroissement, suit des voies multiples. On note encore une fois que toute biodiversité n'est pas bonne, même celle qui vient de nous-mêmes. Cela étant, une part importante de cette diversification viendrait de processus biologiques endogènes, ces « produits et moteurs de l'évolution » engendrant des variants « au hasard », comme quelques-uns d'entre nous l'avons suggéré depuis quelque temps. Pour les ours polaires et subpolaires, il s'agit en partie de modifications comportementales permettant des croisements producteurs d'hybrides fertiles, mais aussi et surtout de l'abaissement d'une barrière écologique menant les ours blancs à habiter dans les zones non enneigées et alors à rencontrer l'ours brun, pour le grand bonheur des deux. Pour le mouflon, on serait en présence d'un brassage génétique reconstituant presque la variabilité des populations originelles, couplé à une sélection naturelle avantageant les hétérozygotes. Pour le moustique, il y a à l'évidence couplage entre processus endogènes engendrant des variants, accélération de l'évolution par l'augmentation du nombre de générations par an et sélection des individus adaptés au nouvel environnement, mais pas uniquement, car ces « nouveaux moustiques » sont de bons voyageurs et s'adaptent bien à d'autres milieux. Ne serait-ce pas cette capacité d'adaptation et d'évolution qui serait apparue spontanément et aurait été sélectionnée ?

L'étude de problèmes non réductibles à des causalités simples mène à des débats passionnés et parfois confus. C'est le cas pour l'explication de l'évolution biologique. Est-elle réductible à la sélection naturelle ? Les variations jouent-elles un rôle déterminant ? Comment intervient l'épigénétique ? Quel est le rôle joué par le milieu physique, son hétérogénéité *versus* son homogénéité ? Etc.

Une première constatation déjà faite : la sélection naturelle ne peut pas jouer toute seule, elle ne peut s'opérer que s'il existe des individus différents issus de « variations » dans le processus de reproduction et dans l'expression du génome. Les variations sont-elles suffisantes, comme le pensait Charles Lyell ? Oui dans certains cas, comme celui observé dans la LTEE et plus généralement dans la dérive génétique. On ne peut cependant pas nier que la sélection naturelle joue un rôle important, les exemples sont nombreux.

La complication est le naturel de la nature. De temps en temps les variations suffisent, de temps en temps la sélection naturelle arbitre, souvent drastiquement, mais en pratique à tout moment c'est un peu de l'un et de l'autre. De plus, l'un agit sur l'autre : un facteur sélectif peut déclencher des « variations des variations ». Tout est intriqué, c'est pour cette raison qu'on a du mal à démêler l'écheveau. Gould a sans doute plus raison que Conway, Darwin un peu plus que Lyell, encore que Darwin a beaucoup parlé des variations. Il faut s'y résigner, la nature a horreur du vide, elle n'aime pas non plus la simplicité ou plutôt le simplisme. Et c'est sans doute pour cela que ça marche. Il nous faut inventer la science qui nous permet d'en discuter, et au scientifique de faire le « choix de la complexité » comme le propose Edgar Morin. Nous y reviendrons, notamment en reprenant le dernier paragraphe de l'ouvrage de Charles Darwin et en montrant qu'à lui seul il contient ces interrogations, notamment la constatation de la complexité de cette situation.

La vie suit des chemins que nous ignorons encore pour beaucoup d'entre eux. De nouveaux émergent aussi. S'il faut être préoccupé par la biodiversité, il faut aussi construire un discours raisonnable. Par exemple, parler de patrimoine est hors contexte. La notion de patrimoine vise à maintenir presque à l'identique. Or, les systèmes vivants changent spontanément, ils s'adaptent et évoluent continûment. Ils peuvent aussi migrer. Le vivant est inventif et nous offre beaucoup d'opportunités, il faut y être attentif pour nous en inspirer et non pas vouloir conserver à tout prix. Les « effets de bord » conduisent aussi à la multiplication des détails et des particularités, ravissant les naturalistes qui s'en délectent, et, renversement de logique, les mènent à penser que ça ne marche que grâce à ces détails, alors qu'ils ne sont que la conséquence des processus évolutifs, arrivés « par hasard ». Il n'y a ni intention, ni finalité, ni force vitale, ni immobilisme (fixisme), le simple jeu du hasard est suffisant pour expliquer ces évolutions, avec un zest de complexité.

*Sérendipité anthropique et sérendipité naturelle*

Les scientifiques se sont approprié le terme sérendipité puis les épistémologues l'ont adopté pour désigner une découverte inattendue lors d'une recherche scientifique n'ayant pas pour objectif premier cette invention potentielle. En résumant, certains parlent de découverte par « hasard ». L'un des exemples les plus populaires est celui de la pénicilline. L'objet de la recherche de Fleming n'était pas de trouver un antibiotique et c'est en observant l'inhibition locale d'une culture de staphylocoques par un champignon contaminant qu'il s'est posé la question de ce qui pouvait expliquer cette inhibition. Ce type de phénomène avait été observé mais, considérées comme des manipulations manquées, les cultures avaient été tout bonnement jetées. À l'opposé, Fleming a cherché la cause, et il a découvert la pénicilline. En fait, la sérendipité est la rencontre d'un événement hasardeux non recherché et de la curiosité du chercheur. Ce sujet a été largement discuté, notamment dans la littérature anglo-saxonne (*cf.* l'article Wikipédia qui lui est consacré). Le rôle des humains dans ce processus est essentiel, c'est pourquoi on peut parler de sérendipité anthropique.

Alors pourquoi « sérendipité naturelle » ? En fait nous avons vu que ce qu'on peut désigner comme innovation spontanée d'origine évolutive doit beaucoup au hasard. Des chercheurs ou des ingénieurs qui s'inspirent des produits tout aussi hasardeux de cette évolution pour trouver des solutions à des problèmes concrets, non identifiés a priori, relèvent de la « sérendipité anthropique » dont nous venons de parler. En revanche, la sélection « naturelle » d'un caractère avantageux, tout aussi hasardeuse, relève d'une sérendipité naturelle. La sélection y joue le rôle du chercheur improbable, une sorte de petit démon de Laplace triant une innovation favorable pour les êtres vivants qui la portent. En ce sens on peut parler de sérendipité naturelle. La bio-inspiration revient à profiter de la sérendipité naturelle. Mais dans certains cas, un chercheur observant la nature pour trouver une solution à un problème donné et découvrant autre chose, la solution à un autre problème, relève de la sérendipité anthropique.

## Mutations, sexes, biodiversité et évolution

Le mot « mutation » désigne un changement de structure, plutôt radical. Il est d'usage bien plus général que l'emploi qu'on en fait en biologie et plus précisément en génétique. Cependant, et même dans ce contexte, un peu comme le mot « hasard », il désigne une grande diversité de situations qui, le plus souvent, ne sont pas précisées. Ainsi ce mot désigne-t-il une modification de la séquence génétique d'une cellule, d'un individu, d'une lignée… d'une espèce. Une mutation peut simplement concerner un nucléotide, un codon, un morceau de gène, un gène, une partie du génome. Elle peut se produire n'importe quand, mais tout particulièrement lors de la copie du génome pendant la division cellulaire. Toutes les cellules filles hériteront alors de ce changement. Par exemple, une cellule somatique[74] qui devient cancéreuse et qui perd la capacité de mourir (apoptose) se divise indéfiniment. Pour avoir raison de la maladie, il faut la tuer ainsi que toutes ses descendantes formant une tumeur. Si en plus ces cellules acquièrent la possibilité de migrer, la lignée peut créer des métastases et tuer l'organisme qui les fait vivre et par là même se tuer elles-mêmes. Ce n'est pas très malin.

Bien entendu, une mutation dans une seule cellule ne se répercute pas spontanément à toutes les cellules d'une population de cellules, ou à toutes les cellules d'un organisme, ni a fortiori à la lignée issue de cet organisme, encore moins à toute une population ou à toute une espèce. Et pourtant ce sont les mutations qui seront à l'origine de l'émergence de nouvelles espèces. Avant cela, il faut que ces mutations soient intégrées aux cellules germinales pour qu'elles puissent se répercuter dans les descendances. La propagation de cette mutation va dépendre de la durée de génération. Elle est d'autant plus lente que cette durée[75] est grande. Cette propagation ne se produira que si les individus porteurs, dans leurs conditions de vie, bénéficient d'un avantage sélectif, ou, pour le moins, qu'ils ne soient pas défavorisés. Dans ce deuxième cas, une telle mutation est dite neutre. Comme on l'a déjà signalé, Motoo Kimura, en 1968, a proposé une « théorie neutraliste de l'évolution » [128] fondée sur l'accumulation de ce type de mutations, théorie confortée par l'étude des séquences génomiques.

Pour les organismes sexués, lors de la production des cellules germinales (la méiose), les mutations acquises à cette occasion sont transmises aux éventuels descendants dans la totalité de leur organisme. Mais avant d'être transmises, il leur faut passer par la phase de fécondation où un génome est reconstitué à partir de deux copies provenant de deux individus différents, dénommés classiquement « femelle » et « mâle ». C'est à cette occasion que les changements sont les plus grands : un génome entier reconstitué à partir de deux copies de moitiés de génomes, elles-mêmes plus ou moins différentes et plus ou moins remaniées, un gigantesque brassage de gènes, mais qui doit permettre la viabilité de l'organisme résultant, sinon c'est « un coup pour rien ». Tout cela compris, il s'avère que « la sexualité est donc considérée comme une machine à faire du différent », et donc de la biodiversité. « La sexualité fournit ainsi une marge de sécurité contre les incertitudes du milieu. C'est une assurance sur l'imprévu », selon les mots de François Jacob [129].

Les organismes asexués sont tous unicellulaires ou sont des individus appartenant à des populations où l'expression sexuelle est fortement contrainte (exemple des fourmis ou des abeilles). Les mutations et leurs transmissions ressemblent beaucoup à celles des cellules somatiques des métazoaires. Il existe néanmoins des mécanismes d'échange génétiques, de morceaux de génomes, notamment via des petites unités non intégrées dans le chromosome, par exemple bactérien, à savoir des « plasmides ». Parfois une partie de l'ADN exogène peut être intégrée et assurer une plus grande permanence des caractères acquis. C'est le cas pour certaines résistances aux antibiotiques.

D'autres modifications sont possibles. Par exemple des morceaux d'ADN provenant d'organismes phylogénétiquement éloignés d'un organisme donné peuvent être intégrés au génome de ce dernier. C'est ce qu'on appelle un transfert « horizontal[76] ». Les virus jouent un rôle important dans ces transferts. En effet ce sont de véritables vecteurs capables d'intégrer certains gènes d'organismes différents et de les transmettre à d'autres. Ces transferts se font naturellement mais peuvent aussi résulter d'une manipulation génétique pour obtenir ce qu'on appelle un OGM (organisme génétiquement modifié). Retenons quand même que le mécanisme à la base de la création d'un OGM est on ne peut plus naturel. Nous ne faisons que le « domestiquer ».

Dans mon ouvrage *La Nécessité du hasard*, les divers types connus de mutations sont répertoriés. Nous précisons à cette occasion qu'elles se produisent « au hasard », mais avec des probabilités différentes selon le type de mutation et l'emplacement dans le génome. Ce sont ces mutations qui permettent l'évolution des lignées d'êtres vivants. Et, en amont, ces mutations résultent d'aléas environnementaux et de hasards endogènes produits par des « roulettes biologiques », notamment aux moments des divisions cellulaires. Enfin, des processus cellulaires, comme ceux du « système SOS », corrigent certaines mutations. Les modulations de ce système augmentent ou diminuent leur nombre, c'est une vraie régulation. En environnement hostile ce système est réprimé, ce qui augmente la diversité génétique dans la population concernée et les chances, dans cette diversité, de trouver des individus adaptés à ce type d'environnement qui soient susceptibles d'être sélectionnés et de se développer. Comme nous l'avons déjà signalé, c'est un mécanisme évolutif typique présenté dès 1976 par Miroslav Radman, aboutissant à l'affirmation selon laquelle les organismes peuvent contrôler leur propre évolution, affirmation considérée comme hérétique à l'époque mais un peu moins aujourd'hui (Chicurel 2001, art. cité [110]).

En fait, pour passer d'une espèce à l'autre, sachant que dans la majorité des cas une nouvelle espèce se distingue de l'espèce « parente » par plusieurs différences génétiques, c'est une véritable course d'obstacles. On peut se dire que tout cela doit être rare et lent ; c'est oublier, comme dans toute course de ce type, qu'il y a des chevaux lents et d'autres beaucoup plus rapides. On comprend alors la difficulté d'estimer une durée moyenne de spéciation, et donc d'évolution, si tant est que cela ait un sens.

Il n'en demeure pas moins que les mutations aléatoires fabriquent de la biodiversité indispensable à l'évolution biologique. En revanche, certaines d'entre elles sont néfastes pour les organismes qui les portent, qui sont rapidement sélectionnés et éliminés. Dans le passé, on a fort justement insisté sur ces mutations et leurs conséquences, notamment pathologiques, mais on a oublié quelque peu qu'elles peuvent être positives et qu'elles sont nécessaires pour évoluer. Leur caractère aléatoire est reconnu depuis longtemps, mais les mécanismes qui leur confèrent cette propriété ont été rangés dans la catégorie hasard, ce hasard censé expliquer la variabilité biologique, nécessaire à l'évolution.

## La fin des origines ?

Fort opportunément, Joshua Plotkin reprend les premiers termes du dernier paragraphe de *L'Origine des espèces* mentionnant « *an entangled bank* ». À la relecture de ce paragraphe, on s'étonne de sa richesse et de la largeur de vue dont l'auteur fait preuve concernant les processus évolutifs :

> Il est intéressant de contempler un **rivage luxuriant**, tapissé de nombreuses plantes appartenant à de nombreuses espèces abritant des oiseaux qui chantent dans les buissons, des insectes variés qui voltigent çà et là, des vers qui rampent dans la terre humide, si l'on

> songe que ces formes si admirablement construites, si différemment conformées, et dépendantes les unes des autres **d'une manière si complexe**, ont toutes été produites par des lois qui agissent autour de nous. Ces lois, prises dans leur sens le plus large, sont : la loi de croissance et de reproduction ; la loi d'hérédité qu'implique presque la loi de reproduction ; la loi de variabilité, résultant de l'action directe et indirecte des conditions d'existence, de l'usage et du défaut d'usage ; la loi de la multiplication des espèces en raison assez élevée pour amener la lutte pour l'existence, qui a pour conséquence la sélection naturelle, laquelle détermine la divergence des caractères, et l'extinction des formes moins perfectionnées. Le résultat direct de cette guerre de la nature, qui se traduit par la famine et par la mort, est donc le fait le plus admirable que nous puissions concevoir, à savoir : la production des animaux supérieurs. N'y a-t-il pas une véritable grandeur dans cette manière d'envisager la vie, avec ses puissances diverses attribuées primitivement par le Créateur à un petit nombre de formes, ou même à une seule ? Or, tandis que notre planète, obéissant à la loi fixe de la gravitation, continue à tourner dans son orbite, une quantité infinie de belles et admirables formes, sorties d'un commencement si simple, n'ont pas cessé de se développer et se développent encore ! (Sic)

Ce texte mérite quelques explications ou plutôt interprétations, d'autant plus que la traduction n'est pas excellente.

Tout d'abord l'expression *entangled bank*, parfois exprimée sous la forme voisine *tangled bank* admet plusieurs interprétations, comme le témoigne une recherche rapide. Cependant si un « rivage » ou plus généralement un « endroit » est à retenir, le terme « luxuriant » ne traduit pas bien l'idée d'entremêlement des éléments qu'on y trouve, décrits juste après, de ces formes « dépendantes les unes des autres d'une manière si complexe », mais résultant de lois multiples, dont celles sur la variabilité, qu'il ne détaille pas car à l'époque il n'a pas les éléments pour le faire. Il ignore notamment la production endogène de la variabilité.

Ensuite, la complexité des relations entre les entités et les interactions entre processus sont bien suggérées, n'évoquant pas uniquement les aspects qu'on appelle aujourd'hui phylogénétiques.

En fait, il décrit un écosystème et implicitement les relations écologiques entre les composantes de cet écosystème. Bien entendu, le rôle de la sélection naturelle est souligné avec quelques relents de malthusianisme par sa référence à la « guerre de la nature », mais ne se limite pas à ce mécanisme comme suggéré dans le titre de l'ouvrage : *On the Origin of Species by Means of Natural Selection*. Par la suite, ce réductionnisme, incomplètement repris dans la fin de la conclusion, a été largement amplifié par la communauté scientifique, au point où parfois l'on ne voit que cette sélection.

Enfin, on peut noter l'invariance de ce paragraphe en examinant les éditions successives de l'ouvrage et un détail dont l'explication n'est pas évidente, peut-être seulement une erreur typographique : la présence d'un point d'exclamation à la fin du paragraphe dans la traduction en français, remplacé par un point d'interrogation dans l'édition de 1873.

L'un des grands intérêts de la LTEE est de montrer l'émergence non seulement de variétés, comme la souche Cit +, et de proche en proche d'espèces nouvelles, mais aussi de relations écologiques au cours de l'évolution. La conclusion de Darwin allait déjà dans ce sens, mais il n'avait que des observations synchrones d'états de la nature à sa disposition comme argument. Aujourd'hui les choses se mettent en place pour une approche intégrée, biologique, écologique et évolutive des systèmes vivants et singulièrement de cette fameuse biodiversité et de sa dynamique.

Il s'agit bien de la fin des origines, d'abord celle du livre lui-même, mais aussi d'une approche principalement réductionniste de l'évolution, peu prise en compte dans la plus grande partie des sciences de la vie. Aujourd'hui, elle est progressivement intégrée dans tout ce qui concerne le vivant, notamment dans l'écologie. Il a fallu plus d'un siècle et demi pour boucler cette origine.

## Dynamique de la biodiversité : de l'évolution biologique à la dynamique des populations

La biodiversité est non figée, elle résulte de l'évolution biologique, elle-même très dynamique. La diversité des adaptations du monde vivant est étonnante, c'est ce qui a permis à la vie de se maintenir et de prospérer. Il reste encore beaucoup à découvrir. Il faut maintenant se rendre à l'évidence, les explications simplistes doivent être au moins relativisées, près de quatre milliards d'années de l'expérience de la vie doivent conduire à un peu de modestie. Cette expérience n'est probablement pas unique, pas plus que ne l'est un système planétaire, mais pour l'instant c'est la seule dont nous disposons.

Des développements récents nous pouvons tirer quelques enseignements :

- Le monde vivant est plus complexe que nous l'imaginions. Nous devons apprendre à faire avec cette complexité et à éviter les raisonnements simplistes à son propos.
- La prise en considération de la dimension évolutive s'impose clairement ; il faut enfin abandonner la vision fixiste de la nature.
- L'évolution est un processus historique et ne peut se produire qu'à ces conditions : accumulation de mutations aléatoires, fruit d'un hasard qui s'avère nécessaire pour évoluer, tout en retenant que son expression est parfois modulée. Ces mutations sont le plus souvent « neutres », au sens de non visibles. Cependant, elles sont parfois révélées brutalement par une mutation les rendant visibles en modifiant un trait de vie majeur de la population concernée. Ce processus peut alors conduire à ce qu'on appelle une nouvelle espèce. La biodiversité est l'expression de ce processus historique : elle est contingente en ce sens, et donc non reproductible à l'identique.
- Il faut absolument prendre en compte les processus

évolutifs dans tout ce qui concerne les technologies du vivant ou qui impliquent le vivant.

- La biodiversité change en permanence au cours du temps sous l'impulsion de processus dont les principaux sont représentés dans la figure 4.5. Ce schéma suggère que nous devons bien compter et recompter, faire des bilans temporaires, mais toujours aller au-delà de l'émotion : compter ce qui disparaît et ce qui apparaît, aussi bien au niveau écologique qu'évolutif, sachant que les deux sont intimement liés.
- Il faut bien gérer ce monde vivant et plus généralement notre environnement. Il y a une place pour une vision moderne de la conservation, en insistant sur le fait que ce n'est qu'une option de gestion, que la vision actuelle est essentiellement contraignante et pas toujours bien adaptée.
- On doit surtout tempérer le désir médiatique de l'affichage d'un résultat d'autant plus spectaculaire qu'il est catastrophiste, et convaincre les collègues que ce n'est pas ainsi qu'ils justifieront des crédits supplémentaires.

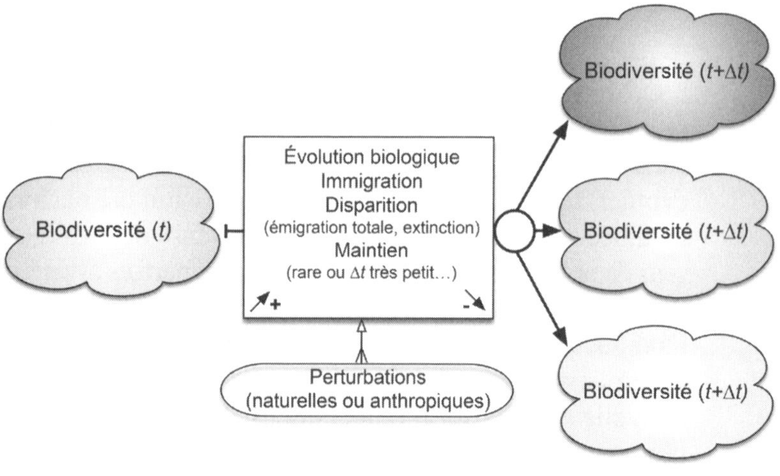


Figure 4.5. Représentation schématique de la dynamique de la biodiversité au niveau d'un écosystème.

Puisqu'elle a été longtemps la vedette, la sélection naturelle, même si l'on peut aujourd'hui la relativiser, demeure très importante. On peut en dire un peu plus pour illustrer ses diverses facettes. En fait, elle peut résulter de divers éléments :

- d'une variation d'un ou plusieurs paramètres environnementaux (température, composé chimique, isolement géographique brutal, etc.). La fréquence des variations de l'environnement, sa nature plus ou moins aléatoire, résultant d'un « hasard exogène » aux êtres vivants, est aussi un facteur sélectif potentiel. Enfin, un changement d'environnement peut être aussi lié à une migration d'une partie ou de la totalité de la population ;
- d'une « mutation » dans une population qui permet à un sous-ensemble de mieux utiliser un facteur présent dans son milieu, et d'avoir éventuellement un avantage sélectif des individus porteurs par rapport aux autres. C'est, par exemple, ce qui s'est passé au cours de la LTEE vers la 30 000$^{e}$ génération de *E. coli.* En effet, un milieu de vie, même un milieu de culture bactérienne, est « complexe ». Un facteur principal est limitant, dans la mesure où son épuisement bloque la croissance de la population. Il s'agit par exemple du glucose. Mais si une partie de la population acquiert la possibilité d'utiliser une autre source d'énergie et de carbone, par exemple le citrate dans la LTEE, cette fraction de la population peut continuer à croître et avoir alors un « avantage sélectif ».

La sélection peut être brutale, comme ce qui s'est passé lors des grandes catastrophes environnementales dans le passé, ou progressive à la suite de variations et adaptations lentes. Ainsi peut-on penser que les phénomènes saisonniers ont conduit à l'émergence des plantes à feuilles caduques. Au total, l'évolution résulte d'un subtil mélange entre plusieurs processus intriqués. En revanche, les situations tranchées, si elles sont démonstratives, ne constituent sans doute pas la règle générale.

De tout cela, il résulte une biodiversité mouvante, changeante, quelle que soit la façon dont on l'apprécie, dont on l'estime et dont on la mesure. Mais au fait, que peut-on prévoir la concernant ?

# 5

# Prévisions de la biodiversité : vers une sixième grande extinction ?

*The rumors of my death have been greatly exaggerated*[77].

MARK TWAIN

Depuis une quinzaine d'années, de nombreuses ONG, relayées par les médias, réitèrent un discours catastrophiste à propos d'une « sixième grande extinction » à venir. Des sites gouvernementaux y font aussi allusion, comme celui du ministère chargé de l'environnement en France[78]. Ce discours s'appuie sur des publications scientifiques qu'on peut qualifier de sérieuses parce que parues dans de grandes revues internationales. Cependant, quand on y regarde de plus près, elles ne sont pas exemptes de critiques, dont certaines ont été déjà évoquées, notamment celles liées aux questions d'estimation de la biodiversité et de sa dynamique. C'est normal, la controverse fait partie du fonctionnement intime de la science, mais ce qui est plus étonnant, c'est que ces controverses ne font pas l'objet du même battage médiatique que les articles qui défendent l'hypothèse de cette extinction. Il est néanmoins inquiétant de constater que certains auteurs posent la question de l'opportunité de publier de tels résultats car ils peuvent décourager les « politiques » face à la nécessité de se préoccuper de la biodiversité. On peut citer le commentaire suivant : « *Conserving nature is not only about science, but it is to a large degree politics – and correcting an error leads to better science but might weaken political success*[79] » [130]. Ce commentaire a été publié après l'article de He et Hubbell, déjà cité.

D'autres discours, que l'on pourrait qualifier soit d'apocalyptiques, soit de déclinistes, ou plus raisonnablement d'alarmistes, sont fréquents : déforestation massive, surexploitation des océans, massacres d'animaux, etc. Les acteurs sont divers, de chercheurs s'exprimant dans des publications scientifiques, de médias parfois versés dans le sensationnel, aux communicants et militants d'associations et d'ONG. Les termes du langage prêtent fréquemment à confusion, par exemple et comme déjà souligné on mélange allègrement individus, populations et espèces. Tant et si bien qu'on est un peu perdu : comment démêler le vrai du faux ? Comment identifier le raisonnable et l'exagéré ? Quelles en sont les motivations explicites et implicites ? Plus généralement, que peut-on raisonnablement prévoir en termes de biodiversité ? Et au bout du compte, que penser, qui croire et quoi faire ?

Par ailleurs, lors de conférences ou de rencontres avec le public, j'ai pu noter que ce discours est loin de mobiliser les foules au-delà d'un cercle de militants, en tout cas beaucoup moins que pour le climat. Par exemple, à l'issue d'un exposé présenté en Ardèche à l'occasion d'une manifestation centrée précisément sur la biodiversité, un participant, un peu plus âgé que moi, dit à peu de chose près : « Vous parlez d'érosion de la biodiversité, or depuis cinquante ans je n'ai vu cette biodiversité qu'augmenter autour de moi. » Il avait sûrement raison, la déprise agricole dans ce territoire a conduit à une transformation en friches d'une partie des surfaces agricoles, et une friche est bien plus porteuse de biodiversité qu'un champ cultivé ou même qu'un pré pâturé. D'autres exemples pourraient être cités : souvent l'érosion de la biodiversité n'est pas perceptible au sens commun. Cela étant, beaucoup de choses y échappent. Ainsi, ce sens nous mènerait plus à penser que le Soleil tourne autour de la Terre plutôt que d'imaginer le modèle de Copernic et de Galilée ! Il ne faut donc pas s'y fier. C'est sans doute pour cette raison que le discours « sixième grande extinction » est réitéré : il faut des rappels pour mobiliser un public significatif. On peut néanmoins signaler que lorsque le discours concerne des ressources « naturelles », par exemple les forêts ou les populations marines exploitées, l'attention est plus vive et aussi plus ancienne. De même, le récit biblique, celui du déluge, nous y rend sensible. On peut d'ailleurs noter que ce dernier mêle la question climatique, le déluge, avec celle de la biodiversité et de sa sauvegarde grâce à l'arche de Noé. Le discours actuel réactualise d'une certaine façon le récit biblique.

Pourquoi sommes-nous plus sensibles au climat qu'à la biodiversité, du moins en apparence ? Tout d'abord parce que les variations météorologiques et climatiques sont plus immédiatement perceptibles. On parle presque quotidiennement « du beau et du mauvais temps », il en va de notre confort et bien-être immédiats, ainsi que du devenir de ressources alimentaires nécessaires à notre survie : combien de famines, dans le passé, dues à de mauvaises conditions météorologiques, ont été fatales à nombre de gens ? La mémoire collective s'en souvient. Ensuite parce qu'on ne sait pas agir sur le climat, même si nos actions le font changer. En revanche, pour la biodiversité, on se souvient aussi que la chasse a pu mettre en péril certaines populations d'animaux sauvages, mais qu'une gestion, même empirique, de ces ressources cynégétiques a pu reconstituer des populations, au point même de dépasser les objectifs et que certaines de celles-ci, par exemple celles de sangliers dans l'Hexagone, peuvent poser des problèmes : le vivant peut se reconstituer spontanément s'il n'est pas éradiqué, sachant que l'éradication reste quand même exceptionnelle et, s'il y a risque, il nous revient de juger si elle doit être évitée. Par exemple, on ne peut pas regretter la disparition du virus de la variole, si ce n'est en milieu confiné. On note au passage que l'un des succès de l'écologie est peut-être dû à une recherche de religiosité : « sauver la planète » ou toute espèce menacée ou en danger ne traduirait-il pas la quête d'un salut ?

Avant tout il faut rappeler ce que nous suggèrent les chapitres précédents : étant donné le rôle joué par le hasard dans la dynamique des systèmes vivants, les prédictions ne sont guère possibles dans le détail, sauf cas très particuliers, mais peuvent avoir quelque fondement en « moyenne ». Ainsi parler d'érosion, donc en moyenne, est sans doute plus raisonnable que d'évoquer une grande extinction, en prenant, cependant, toutes les précautions méthodologiques possibles, si l'on retient les critiques que nous avons déjà faites.

Il n'est pas question ici de prendre position, mais d'analyser au mieux la situation actuelle, de tenter d'en comprendre les fondements et d'en repérer les forces, les faiblesses ainsi que la part prise par la science et les relais associatifs, médiatiques et politiques.

## Origines du concept

En fait, si l'idée catastrophiste d'extinction de masse est récente, on trouve dans l'histoire de nombreuses références à la disparition d'espèces, avec le concept d'extinction.

Les travaux de Julien Delord [131] et de Cédric Grimoult [132] présentent une approche historique montrant que ce concept n'est pas nouveau mais qu'il est pensé différemment selon les époques et lié au contexte, bien sûr scientifique, mais aussi philosophique, culturel et social. Néanmoins, l'énoncé d'une probable « grande extinction » est récent et n'a pu l'être qu'à partir du moment où les connaissances paléontologiques ont pu fournir des points de repère sur l'histoire de la vie sur la Terre et sur les précédentes extinctions.

C'est ainsi que les naturalistes et les paléontologues ont remarqué que dans des couches sédimentaires très anciennes on trouve des fossiles qui ne sont plus présents dans des couches plus récentes et que certaines, prises en sandwich, en contiennent un nombre plus faible que celles « du dessous ou du dessus ». Ce fut notamment le cas de Georges Cuvier, qui mentionna alors des « extinctions majeures », suivies par des créations nouvelles. Dans la foulée et comme on l'a déjà évoqué, Alcide d'Orbigny alla jusqu'à en compter 27. L'occurrence dans l'histoire de la planète de grandes crises de ce qu'on appelle aujourd'hui la « biodiversité » est bien établie dès la fin du XIXe siècle. Les datations précises ont été obtenues par la suite, l'idée d'une histoire longue ayant émergé progressivement depuis le XVIIIe. Bien évidemment, la responsabilité de l'homme ne peut être soupçonnée que pour les périodes les plus récentes, quelques milliers d'années, début de l'Holocène, ou de l'Anthropocène comme on le propose actuellement, encore qu'avant on peut soupçonner des effets au niveau de la mégafaune à la fin du Pléistocène (ère datée entre 2,8 millions d'années et 11 700 ans, début de l'Holocène). Elle est avérée pour certaines espèces, mais elle reste une hypothèse pour avancer une extinction de grande ampleur. C'est de cette hypothèse dont nous allons discuter, tout en signalant dès à présent qu'on compte ce qui disparaît et pas ce qui apparaît, à savoir les espèces nouvelles, et que les changements sont peu comptabilisés (une prairie noyée par une retenue d'un barrage devient un écosystème aquatique et non pas un désert abiotique), en rappelant aussi qu'historiquement notre territoire a été colonisé massivement par des espèces venant du Sud à la fin de la dernière glaciation (début de l'Holocène).

### *Conservationnisme et néomalthusianisme*

À partir des années 1960, Paul Ralph Ehrlich publie des ouvrages, aidé en cela par son épouse Anna, où le catastrophisme est omniprésent. Tout d'abord dans *La Bombe P* (1968), il dénonce la croissance de la population humaine et tire des conclusions drastiques à partir de prévisions plus ou moins hasardeuses. Même si celles-ci se sont révélées immensément fausses, cette vision est répétée de nombreuses fois. Les écrits marquent un néomalthusianisme affirmé, clairement évoqué dans l'ouvrage : *Ecoscience : Population, Resources, Environment* publié en 1977 [133] où des solutions sévères à la « surpopulation » sont évoquées, dont la stérilisation de femmes, mais non préconisées (comme le signalent les auteurs *a posteriori*, notamment John Holdren, une forme de bémol sans doute pour atténuer la violence du propos). Puis en 1981, il publie avec Anna un ouvrage qui fait date : *Extinction : The Causes and Consequences of Disappearance of Species*[80] où, nouvelle prédiction, il est annoncé parmi d'autres choses que 50 % des espèces auraient disparu en 2000 [134]. Ce fait est rappelé par He et Hubbell dans leur article, mais rien n'y fait, ces messages catastrophistes et néomalthusiens continuent à être relayés. Les médias offrent une tribune à P. R. Ehrlich et le parent même de qualités qu'il n'a pas, cela dit sans nier par ailleurs qu'il est très actif et reconnu. Ainsi, lors de mes recherches sur ses écrits et ceux de ses proches, j'ai aisément trouvé qu'il a un presque homonyme, Paul Ehrlich (1854-1915), biologiste allemand, prix Nobel de médecine 1908 pour ses travaux sur l'immunité. Sous réserve d'inventaire, il ne semble pas avoir de lien de parenté avec Paul R. Ehrlich. L'histoire ne s'arrête pas là. Connaissant le peu de rigueur de certains militants de l'écologisme catastrophiste, j'ai émis l'hypothèse que cette distinction pourrait être attribuée par erreur à Paul R. Ehrlich pour donner plus de poids à la référence, celle de professeur à l'université de Stanford ne suffisant sans doute pas. Ne pas sourire, j'ai trouvé sans peine :

« L'équation est simple. Nous sommes dépendants de notre environnement. Détruire notre écosystème, c'est saccager la chaîne naturelle qui soutient notre propre survie. *"En poussant les autres espèces à l'extinction, l'homme est en train de scier la branche sur laquelle il est assis"*, explique Paul Ehrlich, prix Nobel de medicine (sic)[81]. »

Que ce collègue ait la possibilité de s'exprimer est normal. Néanmoins, ses écrits sont parsemés d'un nombre d'erreurs non négligeable. En outre, il publie manifestement facilement dans des revues scientifiques et, malgré son militantisme néomalthusien voire eugéniste, presque tous les médias lui offrent régulièrement d'excellentes tribunes. Cela a été le cas dernièrement avec les articles : « Accelerated modern human-induced species losses : Entering the sixth mass extinction » [135], et « Biological annihilation via the ongoing sixth mass extinction signaled by vertebrate population losses and declines[82] » [136].

Cela étant, ce sont sans doute Richard Leakey et Robert Lewin, paléontologues et évolutionnistes renommés, qui ont popularisé l'expression et la notion de « sixième extinction », en 1995 [137]. Comme l'explique Richard Leakey, c'est en observant les dégâts dus à la chasse incontrôlée, à une sécheresse drastique et à une anthropisation de nombreux milieux dans son Kenya natal, que ce paléontologue s'inquiète. On le comprend. La perception immédiate peut nous émouvoir, guider, voire fausser notre pensée et, même en y faisant très attention, on n'y échappe pas. Ainsi, l'environnement de ma Normandie natale s'est considérablement amélioré comparé à ce qu'il était à la fin de la guerre, où beaucoup de villes et de villages étaient dévastés et une partie de la campagne en déshérence. Cette spectaculaire évolution contribue sans doute à ce que je n'entre pas en désespérance. Nous n'avons pas de statistiques, mais il est toutefois probable que la biodiversité ne se portait pas trop mal après cinq ans d'interdiction de la chasse et de terrains laissés en friches. Dans un cas comme dans l'autre, un piège à éviter est la généralisation rapide. Ce qui se passe au Kenya d'une part, et en Normandie d'autre part, n'est pas extrapolable au niveau planétaire.

Si l'on regarde de près la plupart des tenants des discours catastrophistes, on trouve au moins une orientation très conservationniste, protectionniste ou préservationniste… Les différents termes sont utilisés sans pour autant que les différences soient notées, ajoutant à la confusion[83], mais peu importe, on gardera l'idée de ne pas ou peu intervenir sur la « nature ». De telles positions sont compréhensibles voire « légitimes », on peut choisir de protéger des écosystèmes, des populations, des individus pour conserver des espèces. Souvent il s'agit d'objets bien identifiés : la tortue des Galapagos « Lonesome George », qui a poussé son dernier soupir en 2012[84], les ours des Pyrénées, remplacés par des ours prélevés en Slovénie, la baleine à bosse, l'ours polaire, etc. Des conventions internationales et des réglementations nationales donnent un statut aux individus en vie d'un grand nombre d'espèces. Pour les écosystèmes, différents statuts juridiques encadrent l'accès et les usages. Cela étant, les textes correspondants traduisent le plus souvent une conception fixiste de la nature. On note cependant un réel progrès, sur le plan scientifique, avec la généralisation de l'expression « écologie et biologie évolutive » ou encore plus simplement « écologie évolutive ».

Au-delà des personnes, on peut s'interroger sur le comportement collectif d'une communauté scientifique qui peut afficher une adhésion parfois inconditionnelle aux discours catastrophistes. Je m'y suis prêté, avant d'adopter une position plus critique. Ainsi avais-je écrit en 2005 :

> Il y a un large accord sur la donnée fondamentale : l'érosion de la biodiversité due à l'action anthropique n'est pas une impression, elle est un fait avéré. La vitesse de cette érosion, si on la compare à des événements historiques est du même ordre que celle enregistrée lors des grandes extinctions et bien supérieure aux taux de disparition spontanés [139].

Ensuite, plusieurs réserves furent faites pour pondérer cette assertion résultant de l'écoute de mes collègues lors de la conférence sur laquelle je rapportais. Cela traduisait une conviction, qui n'a fait que s'amenuiser au fil du temps. Ainsi à l'occasion de nombreuses missions sur le terrain, de survols fréquents de vastes régions, notamment de grandes parties de l'Amazonie, il me semblait que le désastre annoncé n'était pas bien visible. Mais cela restait une impression et je ne dois pas verser dans les biais que je critique par ailleurs. C'est surtout la lecture de nombreux articles sur le sujet où je détectais des erreurs persistantes, des approximations et des affirmations discutables, déjà évoquées, sur lesquelles nous reviendrons encore. Enfin, les experts « autoproclamés » sont légion et trouvent de bons relais médiatiques.

Par ailleurs, il n'est pas nécessaire de faire beaucoup d'efforts pour détecter des discours soit d'inspiration religieuse, soit carrément de type religieux : la biodiversité est une expression moderne du paradis perdu, que nous risquons de perdre encore une fois. Le déroulement du raisonnement est alors le suivant : on part d'une hypothèse considérée comme vraie, donc érigée en postulat, puis on déroule un raisonnement logique conduisant à des énoncés vrais dans la suite logique, mais sans confrontation avec la réalité. Ils sont parfois tout simplement tautologiques, par un habile enchaînement en boucle et on retrouve en conclusion l'axiome de départ : CQFD !

Ces exemples illustrent une certaine difficulté dans le fonctionnement de l'écologie. Ses objets sont complexes, ils ont leurs propres dynamiques, leur étude expérimentale et leur modélisation sont difficiles, souvent impossibles, à tout le moins très limitées. On est le plus souvent réduit à observer et à interpréter des données, interprétation difficile en l'absence, en plus, d'un corpus théorique consistant[85]. Par ailleurs, les humains font des choix et interviennent dans les structures et les fonctionnements de ces objets. Ces choix sont souvent conditionnés par des représentations plus ou moins idylliques de la nature d'un côté ou par des contraintes sociales, démographiques et économiques, de l'autre. Chacun ayant une logique. Des expériences malheureuses, comme celle vécue par Richard Leakey, marquent les esprits. Aux États-Unis, par exemple, des mesures de protection ont été prises dès la fin du XIX^e^ siècle avec la création de grands parcs, pour faire face à certains désastres environnementaux et offrir aux visiteurs l'opportunité de voir la nature sauvage. Cela étant, d'autres n'ont pas été évités et la littérature y fait largement allusion, par exemple dans *Les Raisins de la colère* de John Steinbeck ou plus récemment dans *À l'ombre de Gray Mountain* de John Grisham. Ces auteurs mettent d'ailleurs en relation « mauvais comportement environnemental » et « mauvais comportement social ».

L'Amérique a été nettement perturbée par la colonisation. Aux États-Unis la « conquête de l'Ouest », grande épopée, a laissé des traces indélébiles : le mythe d'une nature prolifique, dans laquelle on peut puiser sans relâche, persiste même si de grands dommages en découlent. D'autres espaces ont été aussi fortement touchés : l'Afrique et l'Australie, également par la colonisation. L'Asie, peuplée fortement et plus anciennement, avait déjà enregistré les conséquences d'une forte anthropisation. L'Europe, de son côté, a été dévastée par les guerres, les deux dernières ayant été particulièrement sévères. Au total, des atteintes avérées et parfois graves à notre environnement et aux populations d'êtres vivants qui y habitaient, sachant quand même que la première victime est toujours l'être humain. L'Union soviétique, qui disait œuvrer pour le progrès des hommes, n'a pas réalisé cette ambition, c'est le moins qu'on puisse dire, et de plus a été peu soucieuse de son environnement, élément essentiel du bien-être humain. On ne peut pas dire non plus que le développement accéléré de la Chine ne soit pas sans conséquences néfastes sur l'environnement.

Cependant, on peut aussi observer que ces atteintes peuvent être souvent réparées ou compensées, soit naturellement, spontanément, soit sous l'action de l'homme. Pour reprendre l'exemple de la Normandie, l'amélioration a été constante depuis la fin de la guerre, surtout maintenant avec le renouveau de pratiques agricoles conduisant par exemple à une restauration du bocage, sans parler de l'aménagement paysager et de l'embellissement des villages. On pourrait multiplier les exemples, mais nous restons encore au niveau de l'impression. Il ne demeure pas moins que le constat a été fait il y a plus de trente ans, notamment grâce aux programmes internationaux sur l'environnement et le développement, et là il s'agit d'un fait objectif : le plus souvent les atteintes à l'environnement résultent d'une surexploitation liée soit à l'appât du gain, soit à un développement déséquilibré qui mène à une grande pauvreté, sans oublier les dévastations dues à la guerre, les quatre pouvant se cumuler : des cavaliers modernes d'une apocalypse à venir.

### *Inquiétudes sur les ressources vivantes*

Une dimension importante est à retenir, celle des ressources nécessaires à la vie des humains et au développement de leurs sociétés. L'histoire nous rappelle deux choses : d'une part que des famines et des périodes fastes se sont succédé, d'autre part que la question de la limitation et du renouvellement de ces ressources est posée depuis plus longtemps qu'il n'est admis actuellement. C'est même un souci permanent qu'on trouve dans de nombreux écrits mais, évidemment, avec des termes différents. Le travail historique de Marc Pavé a ainsi montré que, pour les ressources halieutiques, ce qu'on appelle aujourd'hui la « surexploitation des océans » était une préoccupation présente dans l'esprit des pêcheurs, mais aussi des pouvoirs successifs qui ne se sont pas privés de réglementer dès le XVIe [37] [38]. En fait, pour les domaines maritimes, on sait maintenant que cette ressource est naturellement très variable dans le temps et dans l'espace et même à une époque où l'effort de pêche était bien plus faible qu'aujourd'hui. C'est de cela dont il était question pour expliquer des diminutions de populations de poisson : « les pêcheurs sont imprévoyants et pêchent mal » était un argument simple et même simpliste, encore présent, justifiant l'interventionnisme des pouvoirs publics. Cet intérêt n'était et n'est pas sans fondement : il est légitime de se préoccuper des populations marines. En revanche, il est étonnant de constater que certains ont vu dans cette analyse historique une négation de la surexploitation actuelle des océans alors qu'il s'agissait simplement de montrer que ce souci, exprimé autrement, est bien plus ancien qu'on ne le pensait et que l'historien ne prétend aucunement donner un avis sur la situation actuelle, comme il a été dit très clairement. L'une des grandes inquiétudes que l'on peut avoir aujourd'hui est l'émergence de nouveaux prédicateurs de l'apocalypse : on passe de l'impression à la pression.

La question des ressources est une des composantes des discours sur la sixième extinction. Elle est d'ailleurs à la base de ceux des néomalthusiens, bien avant l'idée d'extinction accélérée [140]. Encore une fois, le souci est légitime ; en revanche, la réalité est souvent différente ou du moins plus nuancée. Pour le comprendre, il faut revenir sur la notion même de ressources. On les classe sommairement en (i) non renouvelables (ou limitées), principalement des minéraux et celles issues du vivant, comme les combustibles fossiles, (ii) renouvelables, essentiellement les ressources vivantes. On peut y ajouter aussi (iii) les ressources recyclées ou recyclables. Recyclées naturellement, comme l'eau, ou artificiellement, dont l'eau aussi et des minéraux de plus en plus nombreux : un même élément ou composé pouvant relever dans le temps d'usages différents après un reconditionnement. Bien entendu, le renouvellement des ressources vivantes est limité, une trop grande exploitation, ainsi que des modifications drastiques de l'environnement peuvent le remettre en cause. Cependant, ces ressources peuvent aussi être (iv) amplifiables, c'est, par exemple, ce qu'a permis l'agriculture, l'élevage et l'aquaculture, avec le vivant. L'effet sur la biodiversité au sens naïf, est aussi positif : la sélection variétale a augmenté la diversité biologique, le nombre de taxons. La conception d'OGM est aussi une façon d'augmenter cette diversité. La notion d'empreinte écologique suppose précisément que l'amplification n'existe pas. C'est le paradigme du gâteau : celui-ci a une taille fixée et le partage donne une part pour les humains et une part pour la « nature », cette part de « nature » est nécessaire au renouvellement. Si l'on grignote trop cette part, le renouvellement n'est pas assuré et l'on court, à terme, à la catastrophe. Cela ne prend pas en compte la possible augmentation de la part de nature ou le fait que la part humaine peut être amplifiée : la taille du gâteau est certes limitée à un moment donné, mais on peut l'augmenter. C'est d'ailleurs ce qui a été fait. Mais on peut aussi la diminuer… Il est de notre responsabilité de ne pas le faire.

Se pose néanmoins la question des limites de l'amplification et ses conséquences, notamment en termes environnementaux (par exemple des pollutions ou l'épuisement des sols, relatifs à l'emploi d'intrants pour encore amplifier les performances des variétés sélectionnées ou fabriquées) et ne règle pas les problèmes de prélèvements exagérés comme la chasse ou la pêche, souvent illicite et de toute façon irraisonnable, voire proprement scandaleuse, concernant notamment des individus de certaines populations sensibles (éléphants en Afrique pour l'ivoire, rhinocéros pour sa corne, requins pour les ailerons, etc.). N'oublions pas non plus que l'amplification peut résulter de politiques de conservation ou de protection, c'est d'ailleurs pour cette raison qu'elles sont souvent mises en œuvre pour permettre à des populations risquant de disparaître de se reconstituer. Parfois ces reconstitutions peuvent dépasser les objectifs et faire de populations menacées des populations menaçantes, comme c'est le cas pour le cormoran et pour certains mammifères jadis soumis à la pression de la chasse et maintenant très présents dans nos campagnes, qui peuvent même s'égarer dans les villes.

On sait maintenant qu'une gestion de ces populations est possible à mettre en œuvre. Dans ce cadre, la protection totale ou la conservation ne sont que des modalités. Elles ne sont pas forcément les meilleures. Quelles que soient les options choisies, il faut mettre en face des moyens adaptés.

### *Les forêts en permanent déclin*

Un article publié dans la revue *Nature* (le 23 novembre 2012), sur les causes possibles de dépérissement des forêts et leurs conséquences sur le cycle du carbone ainsi que l'impact possible sur le climat, a été largement repris par les médias avec une certaine emphase [141]. Au-delà du résultat scientifique, ce type de discours est-il nouveau ? Faisons un peu d'histoire.

Début des années 1980, une grande alerte liée à la pollution atmosphérique est déclenchée ; elle est censée atteindre gravement les forêts d'Europe. Des programmes de recherche ont été lancés fort justement ces années-là, comme DEFORPA (Dépérissement des forêts dû à la pollution atmosphérique) [142]. À cette même période, la disparition de ces forêts était prévue à l'horizon 2000. Pourquoi tout cela ? D'abord une inquiétude compréhensible à la suite de quelques alertes, notamment en Forêt-Noire et dans l'est de la France. Cependant, la situation est différente si l'on compare la Forêt-Noire et la forêt vosgienne. Dans cette dernière, les dégâts sont beaucoup moins importants, alors que la pollution n'est guère moindre. L'étude d'autres cas montre que les causes sont diverses et peuvent se combiner, la pollution n'étant que l'une d'elles et peut-être pas la plus importante. Par exemple, on détecte une différence notoire entre pratiques sylvicoles : sur la rive droite du Rhin les plantations sont plus serrées, les arbres sont plus proches les uns des autres et la compétition interindividuelle pour l'accès à l'eau est plus intense que sur la rive gauche. Or les arbres sont très sensibles à la disponibilité des ressources en eau. Cela étant, si la pollution atmosphérique, d'origine industrielle, est présente dans ces régions, et si l'incriminer semblait assez logique, elle est beaucoup moins importante qu'en milieu urbain où des arbres ne semblent pas en souffrir particulièrement, sauf cas extrêmes. Toutes études faites, c'est la combinaison d'au moins trois facteurs qui explique les dépérissements : la nature des sols (on plante souvent des arbres sur des sols « pauvres », les autres étant réservés à l'agriculture), le stress hydrique auquel les arbres sont sensibles, accentué lorsque les plantations sont trop serrées (forte compétition interindividuelle pour l'accès à l'eau) et la pollution atmosphérique. La réponse n'est donc pas simple, ce qu'a montré brillamment la recherche scientifique. Il n'empêche que les forêts françaises et européennes se portent plutôt bien, elles sont même en pleine expansion, notamment dans l'Hexagone[86].

Cette inquiétude concernant les forêts est perceptible dans de nombreux discours. Elle est amplifiée par notre rapport singulier à cet écosystème, porteur de mythes, que l'on retrouve dans nos grands récits (forêt de Brocéliande, la forêt obscure de *La Divine Comédie*, le mythe gaulois véhiculé par *La Guerre des Gaules*, etc.), refuge pour les personnes menacées, lieu de vie des exclus et des marginaux, parfois de vrais bandits, archétype de la nature, même si la presque totalité de nos forêts est plantée et gérée, sans insister sur les multiples usages de ces forêts, y compris récréatifs. Tout un phantasme qui nous rend sensibles à leur devenir, même si elles ne sont pas réellement menacées [143]. De ce point de vue, les travaux d'Andrée Corvol et de son groupe de recherche sont des références incontournables [144].

Pour les forêts mondiales, les observations montrent de vastes zones déforestées, notamment dans la zone intertropicale. Ce phénomène est inquiétant, même si les estimations globales peinent à en rendre compte.

## Qu'en est-il des données ?

Nous savons bien, les uns et les autres, que notre approche est subjective et que nos raisonnements sont souvent fondés sur des « impressions ». La démarche scientifique doit permettre d'abord de vérifier (ou de réfuter) ces impressions avec des observations et si possible des données quantitatives, par exemple, des nombres d'espèces ou plus généralement de taxons, des tailles de populations ou encore des indices de biodiversité. Nous n'entrerons pas dans les détails en nous en tenant à ce que l'on pourrait appeler la biodiversité naïve, celle dont on parle couramment : un nombre d'espèces et, pour les écosystèmes qui abritent cette biodiversité, leur type et leur étendue. Enfin, dans le meilleur des cas, on peut proposer des modèles comme ceux qui ont été évoqués dans les chapitres précédents, par exemple le modèle logistique pour décrire la dynamique de la biodiversité à l'échelle géologique. Puisqu'il est question des grandes extinctions, revenons d'abord à ces données.

### *Retour sur les variations de la biodiversité à l'échelle géologique*

À ce stade, il est bon de faire brièvement le point. Si la détection des phases « catastrophiques » dans l'histoire de la vie est relativement ancienne, elles sont clairement mises en évidence dans la synthèse quantitative faite par Sepkoski et reprise par Benton (1995, art. cité), où l'on voit très nettement certaines de ces crises, considérées comme majeures, comme nous l'avons déjà vu (figures 3.3 et 3.4). Cela étant, la résolution est celle des familles. Depuis, cette définition a été améliorée pour en arriver au genre (Sepkoski 2002 [145], figure 5.1), à notre connaissance il n'y a pas de données fiables à cette échelle de temps au niveau de l'espèce. Mais peut-être que cette définition conduirait à des problèmes accrus de comparaison entre ce qui est fossile et l'actuel, qui semblent moins cruciaux pour les genres.

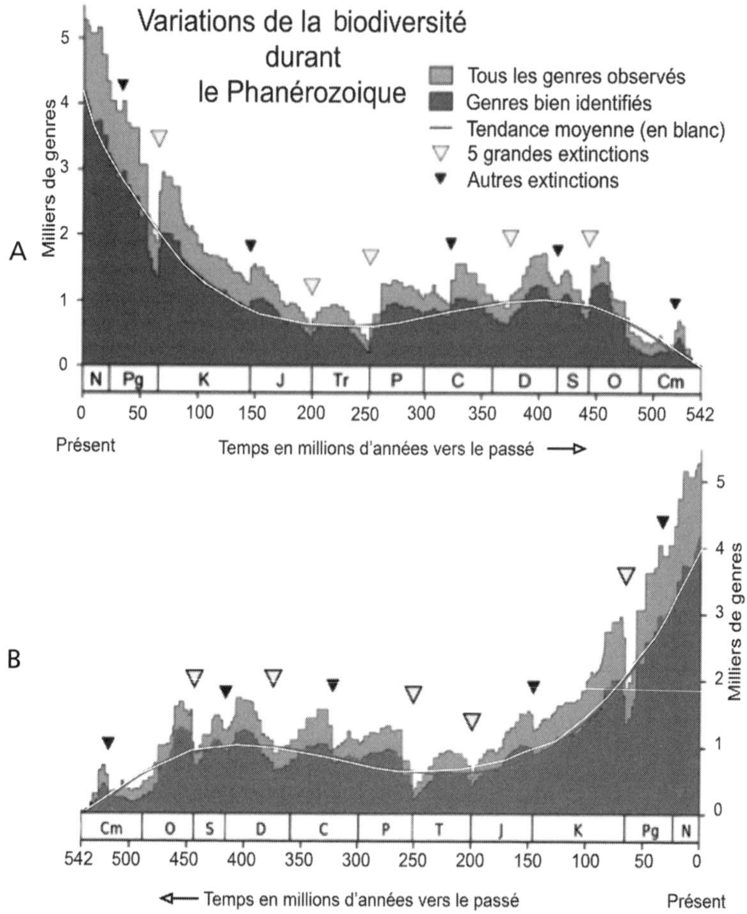


Figure 5.1. Variation au cours du temps de la biodiversité marine, pour laquelle les données sont plus précises que pour la biodiversité continentale (Sepkoski, 2002 [145]). Cela étant, la variation globale est la même (Benton, 1995 [61]). La courbe moyenne est celle obtenue par Rhode et Muller (2005 [81]) pour leur analyse mettant en évidence des variations périodiques. On notera qu'il s'agit ici du nombre de genres, échelle plus fine que celle des graphes du chapitre 3. Le graphe A, souvent établi par les paléontologues, présente le passé à droite de l'axe des ordonnées. On trouve ce graphe dans de nombreux ouvrages et sites. Le graphe B est obtenu par symétrie avec le passé à gauche de l'axe des ordonnées. C'est cette représentation qui est utilisée notamment par Benton, Sepkoski et que nous avons retenue et repris dans le chapitre 3, et ici pour mieux les comparer. Il faut être attentif pour éviter de fausses interprétations comme on le voit dans le graphe suivant (figure 5.2).

On retrouve une tendance globale analogue à celle observée pour les familles. Il faut retenir que la tendance est à une croissance au moins en moyenne. Les variations autour de cette moyenne peuvent expliquer la croissance globale plus faible de la biodiversité pendant la période Jurassique-Crétacé comme nous l'avons suggéré dans notre article de 2002. Si l'on se réfère à ces données, on constate que la biodiversité actuelle est supérieure à celle passée et qu'après chaque crise, la biodiversité non seulement se reconstitue « rapidement », mais dépasse le niveau précédant l'extinction. On peut évaluer des vitesses globales sur ces données, mais difficiles à extrapoler hors du contexte paléontologique, c'est d'ailleurs vrai pour les données elles-mêmes, nous l'avons déjà évoqué :

- Elles concernent des fossiles récoltés, identifiés et classés et non pas des données brutes relatives à des organismes directement observés. Elles résultent d'un processus assez complexe et qui n'est peut-être pas constant dans le temps (fossilisation d'organismes morts se trouvant dans de « bonnes conditions », conservation de ces fossiles dans le temps et leur découverte par des paléontologues, identification, etc.).
- L'estimation de vitesses, quelles que soient les données, est toujours imprécise sauf si elles sont mesurées directement. De plus, travailler sur des échantillons à des échelles de temps très différentes n'a pas de sens (*cf.* figure 3.6).
- Elles ne permettent pas d'avoir une meilleure définition que celle au niveau du genre. L'interpolation au niveau de l'espèce reste difficile.

On pourrait détailler encore. Néanmoins, ces données permettent d'élaborer une vision historique, une traduction de grandes tendances, mais en tirer des conclusions sur l'actuel est assez hasardeux, par exemple sur les vitesses de spéciation ou de disparition. D'ailleurs, les quelques estimations avancées sont régulièrement démenties. Par exemple, on sait maintenant que la spéciation, malgré sa complication, est beaucoup plus rapide qu'on ne l'évaluait à partir des données paléontologiques.

*Une curieuse erreur de lecture*

Par hasard, j'ai trouvé le graphe suivant, tiré d'un diaporama (cf. note[87]) :

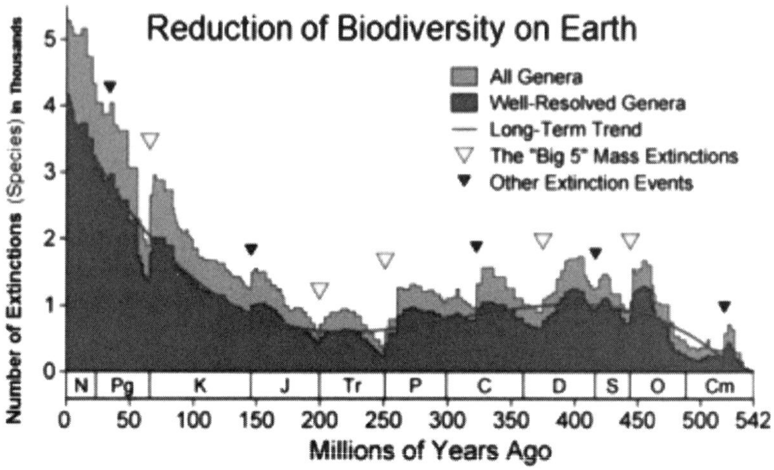


Figure 5.2. Curieuse, mais pas neutre, mauvaise interprétation du graphe 5.1-A. On n'ose imaginer le commentaire oral accompagnant cette présentation.

L'auteur de cette présentation n'a pas compris que les paléontologues remontent le temps : l'abscisse représente le temps passé, 0 est aujourd'hui et le passé à droite de l'axe des ordonnées… Le graphe initial a été mal lu, mal interprété, mal intitulé. De fait, depuis 542 millions d'années la biodiversité ne cesse d'augmenter et pas de diminuer (graphe 5.1 B, ou A, en le lisant de droite à gauche) ! L'auteur de cette présentation aurait pu s'interroger sur l'intitulé de l'axe des abscisses et sur son échelle temporelle : comment attribuer une diminution de biodiversité due aux humains bien avant que ceux-ci soient apparus sur la planète ? Pour lui le 0 correspondrait-il à la « date » de la Création ? Le désir de montrer une diminution de la biodiversité au cours du temps l'emporterait-il sur la simple et bonne lecture des graphes ? Il ne s'agit pas de se moquer, mais d'illustrer les biais d'une recherche effrénée d'arguments pour conforter la thèse de l'extinction massive d'origine anthropique. Le sujet scientifique n'a pas besoin de telles contributions : à trop vouloir démontrer, on risque de démonter.

*Données sur les dynamiques actuelles*

On peut retenir trois grands groupes de données : celles portant sur les espèces, celles portant sur les populations et celles portant sur les communautés. Remarquons d'abord que si l'approche locale de la biodiversité, celle de notre environnement immédiat, peut se prêter à la mise en place de protocoles solides, mettre en œuvre une approche globale, au sens planétaire, est plus délicat. C'est pourtant l'ambition pour étoffer le discours sur la sixième extinction. De fait, les données sont très nombreuses, mais pour la plupart elles n'ont pas été recueillies selon des protocoles réellement standardisés au sens scientifique du terme, notamment pour avoir un recours efficace à la statistique. L'utilisation de ces données passe d'abord par une compilation minutieuse. Une étude détaillée de la valeur de ces données, ainsi qu'une évaluation des méthodologies utilisées pour les analyser et pour élaborer des indices, par exemple l'IPV (Indice planète vivante du WWF), serait à faire.

*Les espèces*

D'abord, à propos des espèces, les listes de l'UICN (Union internationale pour la conservation de la nature) sont souvent citées et font autorité : liste des espèces éteintes, liste des espèces en danger, liste des espèces menacées (ou liste rouge).

Les médias reprennent souvent ces données. Voilà par exemple ce qu'on a pu trouver dans le journal *Le Monde*, daté du 22 mai 2006 et révisé le 5 mars 2007[88] :

16 119 : nombre d'espèces menacées d'extinction, selon la liste rouge 2006 de l'Union mondiale pour la nature (UICN). On distingue, dans l'ordre décroissant, les espèces en danger critique d'extinction, en danger vulnérables, quasi menacées, et celles qui sont une préoccupation mineure.
15 000 000 : estimation moyenne du nombre d'espèces peuplant la Terre.
1 800 000 : nombre d'espèces décrites par les naturalistes.
2 180 : nombre d'espèces en péril en Équateur, pays où la biodiversité est la plus menacée, devant les États-Unis (1 178) et la Malaisie (917).
644 : nombre d'espèces menacées sur le territoire français, dont 133 en métropole. La France se situe au neuvième rang mondial.
784 : nombre d'espèces éteintes depuis l'an 1500.

Ce discours est révélateur de la contribution des médias au message catastrophiste. Les données sont pour la plupart issues du site de l'UICN. Les révisions actuelles sont peu différentes. On note : (i) la nature affirmative du message, (ii) le flou dans le langage utilisé laissant large place à la subjectivité (comment comparer les situations « espèces en péril », cas de l'Équateur, des États-Unis et de la Malaisie, avec le nombre d'espèces menacées sur le territoire français ?), (iii) la surestimation du nombre d'espèces actuelles sur la Terre (estimations actuelles 3 à 8 millions [64]). Les seuls points complètement documentés sont le troisième et le dernier, encore que le pointage le plus récent (2013) fait état de 709 espèces ainsi que 17 sous-espèces et variétés éteintes depuis l'an 1500[89]. En effet, entre-temps des individus de certaines espèces réputées disparues ont été observés. Enfin, il n'est jamais précisé les groupes d'êtres vivants concernés.

Néanmoins, on peut quand même trouver certaines évaluations. Par exemple, actuellement, le nombre d'espèces « suivies » par l'UICN est de 77 340. À partir de cet échantillon, le taux d'extinction depuis 1500 est estimé à environ 1 %. Sur la base d'environ 5 millions d'espèces[90], ce serait en pratique de l'ordre de 50 000 espèces qui auraient disparu sur cinq siècles, soit

100 espèces par an. Par ailleurs, on annonce qu'une espèce disparaît toutes les 20 minutes (site de la Fondation pour la nature et l'homme, campagne « Une minute pour la biodiversité »), ce qui représenterait 26 280 par an, 260 fois plus. Petite différence, même si la base comptable n'est pas la même : l'évaluation de l'UICN se fonde sur des cas bien identifiés, mais l'échantillon est par construction biaisé avec, par exemple, une surreprésentation des mammifères. L'autre évaluation est fondée essentiellement sur l'utilisation de la loi aire-espèces dont on a vu qu'elle surestime grandement les extinctions… Enfin, l'article cité aussi dans le chapitre précédent [111], fondé sur l'étude de mollusques, donne un taux de disparition de 7 %, 7 fois plus élevé que celui de l'UICN, soit 700 espèces par an, un échantillon dont le biais est plus grand que celui de l'UICN car il se fonde sur des espèces très endémiques et principalement sur des collections, par nature incomplètes. Cet échantillonnage ne tient par exemple pas compte du biais du « taxonomiste – collectionneur ». À la recherche de nouvelles espèces, il ignore souvent les spécimens d'espèces déjà connus, assez abondants, et ne les ajoute pas à sa collection. Pour les données de terrain, il en est de même. Il s'agit du biais « espèce rare souvent corrélée à spécialistes peu nombreux ». Sauf dans des cas d'endémisme fort ou d'habitat très spécialisé, la probabilité de rencontre d'un spécimen d'une « espèce rare » avec un spécialiste tout aussi « rare » est faible et peut ainsi conduire à considérer comme éteinte une espèce dont un individu n'a pas été observé pendant un temps assez long à cause de cette faible probabilité de rencontre. Un biais de même nature a été observé à l'herbier de Cayenne, nous l'évoquons un peu plus loin (*cf.* « Conclusion partielle » dans ce chapitre).

Un article publié en 2011 dans *Nature* alerte la communauté scientifique [146], et même au-delà. Cet article reprend des arguments paléontologiques pour annoncer la sixième grande extinction avec les mêmes problèmes que ceux énoncés : estimation de vitesses et comparaisons de données de natures très différentes. Peu de temps après, un autre article des mêmes auteurs [147], prévoit un effondrement de la biosphère, prévision s'appuyant sur un modèle de « catastrophe » de Thom [148], ce modèle étant d'ailleurs présenté de telle façon que l'on ne sait pas, à première lecture, s'il s'agit d'une éventualité ou du résultat d'une démonstration. En y regardant de plus près, on voit que la logique est implacable : c'est une hypothèse qui devient résultat non pas à la suite d'une preuve, mais par l'affirmation de son exactitude. Le modèle devient alors un argument d'autorité, car il est « mathématique » et que, par principe, il n'y a pas plus exact qu'un résultat mathématique. On oublie alors qu'on ne peut parler de modèle que si son origine et ce qu'on en tire sont confortés par une réalité.

On touche du doigt une fois encore les multiples approximations qui émaillent les discours sur la biodiversité et que nous complétons ci-après, et qui au bout du compte les affaiblissent en défaveur d'un sujet d'une telle importance.

### *Les populations*

Les études concernant les populations, notamment leur dynamique, à savoir les aspects démographiques, sont parmi les plus rigoureuses de l'écologie. Pendant longtemps la « biologie des populations » s'est démarquée de l'écologie qu'elle trouvait trop approximative sans en nier pour autant l'intérêt. Ces approches vont de l'échantillonnage à l'analyse statistique et à la modélisation, puis à l'utilisation de ces modèles pour la gestion des populations.

Les études actuelles à grande échelle portant le label biodiversité en héritent en partie. Celles sur les populations d'oiseaux, notamment insulaires, ont été pionnières. Les études faites par le WWF sont les plus complètes connues, elles sont périodiquement réactualisées. Comme on l'a déjà noté, cette ONG utilise un indicateur l'IPV (Indice planète vivante) qui synthétise les données obtenues sur un grand nombre de populations extraites d'une grande variété de publications de la littérature ainsi que de bases de données plus ou moins spécialisées. Cet indice est issu d'un modèle statistique dit « additif linéaire généralisé » présenté en annexe du rapport 2014[91]. Il permet de dessiner des tendances linéaires à la croissance et à la décroissance mais, sur un intervalle de temps donné, il ne tient pas compte des variations. Par exemple, sur cet intervalle, en l'occurrence 1970-2010 pour le rapport 2014, une population qui décroît dans un premier temps et qui croît à nouveau dans un deuxième temps avec un niveau final plus faible qu'initial sera comptabilisée comme décroissante alors qu'elle a amorcé une nouvelle phase de croissance. Une autre remarque : étant donné le nombre de séries de données utilisées, il est difficile de vérifier la validité des approximations linéaires ou des modèles intégrés dans l'expression générale. C'est une limite des modèles statistiques qui ne prennent pas en compte la signification biophysique des variables : peut-on additionner des éléphants et des souris ? On note également que ces séries ne concernent que des populations de vertébrés. Enfin, on peut déduire du rapport qu'un peu plus de 50 % des populations étudiées sont stables ou en croissance (figure 8, p. 18 du rapport 2014), mais qu'au total les populations en croissance (ou constantes) sont de plus faibles effectifs, si bien qu'au total on observe une décroissance globale d'environ 50 % des effectifs totaux des populations étudiées. Cependant, qu'en est-il de la biomasse « perdue » ? C'est un point qu'on est obligé de bien identifier quand on fait des modèles fonctionnels. En fait, il serait important de mieux prendre en compte la biomasse et la conversion au cas par cas en effectifs. Cela étant, le tout est aussi d'interpréter soigneusement les résultats de l'analyse statistique où l'on utilise des combinaisons linéaires de grandeurs qui sont mathématiquement additives (des nombres réels) mais pas physiquement (voir l'exemple classique de l'addition d'un nombre de lapins avec un nombre de carottes, ou de températures). L'une des faiblesses de l'écologie et de ses modèles est de ne pas inclure de bilans, ce qui est difficile pour les effectifs, mais possible pour la biomasse. C'est pour cette raison que nous avons passé du temps à réécrire les modèles de la dynamique des populations et des interactions entre populations en tenant compte de ces contraintes (Pavé, 1993 [88]).

Ce n'est pas seulement un jeu de réécriture : on aboutit à réexaminer beaucoup de conclusions auxquelles ces modèles conduisaient. On pourra également consulter les travaux de Colinvaux sur les relations entre abondance et biomasse [149].

En pratique, combiner diversité, effectifs et biomasse par une mesure de « bioabondance », comme le propose Steward Brand, serait déjà susceptible de mieux caractériser la dynamique du vivant[92]. Enfin, il n'y a pas de critique des données elles-mêmes : il est difficile d'échantillonner des populations dont les individus bougent et peuvent avoir des comportements d'évitement.

Malgré ces réserves méthodologiques, il faut noter que ce n'est pas là seulement que le bât blesse, c'est par la nature du message qui suit, surtout lorsqu'il a été repris par les médias et d'autres ONG. Ainsi le message du WWF : « Un grand nombre de populations naturelles de vertébrés ont perdu 50 % de leur effectif depuis 1970 » (WWF) est devenu « 50 % des espèces ont disparu depuis quarante ans » selon la LPO, une des plus anciennes et réputées sérieuses associations de protection des oiseaux. Le désir de catastrophisme mène à des déclarations irraisonnables. Autre exemple : dès la parution du rapport 2016, le journal *Le Monde* titrait en première page : « Biodiversité : 58 % des vertébrés ont disparu en quarante ans » (édition du 28 octobre 2016) qu'on peut traduire par : « en quarante ans les effectifs des populations suivies de vertébrés ont diminué de l'ordre de 58 % »... Certes c'est moins *punchy* : l'urgence médiatique fait loi par rapport à la pertinence du propos. J'aurais pu citer d'autres médias, mais le texte aurait été démesurément allongé !

Au total, il y a lieu de mieux serrer pratiquement les aspects méthodologiques dans un domaine dans lequel ils sont particulièrement bien développés. La statistique, somme toute élémentaire fondée sur des modèles linéaires déterministes, est utile lorsqu'on débute une analyse. Ensuite, il vaut mieux faire appel à des modèles plus sophistiqués, possibles à mettre en œuvre avec les moyens actuels et mieux encore de les combiner dans ce qu'on appelle des méta-analyses consistant à compiler des données et des résultats scientifiques de multiples origines et à en tirer des conclusions. Ces méthodes très prometteuses sont en plein développement [150]. Il y a lieu également d'être plus rigoureux sur les termes employés, comme la confusion quasi systématique entre individu, population et espèce, maintes fois signalée. Il reste que l'évaluation des approches des ONG, en général, est loin d'avoir la rigueur de celle à laquelle les travaux des scientifiques sont soumis.

*Les communautés*

Une communauté d'êtres vivants est sommairement définie comme l'ensemble des êtres vivants appartenant à des populations d'espèces différentes, vivant dans un espace géographique donné, qui, dans son environnement local, constitue un écosystème. On peut définir la biodiversité d'une telle communauté et de son écosystème par la liste des espèces présentes, si possible avec les abondances respectives comme nous l'avons fait sur le petit écosystème virtuel de la figure 3.9. La dynamique conjointe des populations présentes est variable, certaines pouvant être stationnaires (variant peu autour d'une valeur moyenne), d'autres en croissance ou en décroissance. Cette situation peut changer au cours du temps. Il en est de même de la biodiversité. Sachant que des populations peuvent s'éteindre, l'espèce disparaissant alors de l'écosystème et de la communauté considérée, d'autres peuvent arriver et s'installer, modifiant ainsi la biodiversité locale. Souvent, ce sont des changements auxquels on assiste et non pas, sauf perturbation majeure, des extinctions ou des invasions. C'est ce que montre un article de Maria Dornelas *et al.* paru en 2014 dans *Science* [151].

Se fondant sur des études de communautés, de populations partageant de mêmes espaces, ils observent en moyenne des changements plutôt que des extinctions, contrairement à leur hypothèse initiale de diminutions majoritaires. Il n'en demeure pas moins que les critiques faites à propos de l'IPV demeurent, notamment la simplification aux tendances linéaires, si ce n'est que dans ce cas des tests de signification sont faits et qu'il n'y a pas a priori de choix de populations, mais de communautés. Cette démarche est aussi plus proche d'une méta-analyse que celle du WWF.

En tout cas, lorsqu'on change totalement d'écosystème, par exemple en créant un lac ou un étang remplaçant des prairies, on change aussi totalement de communautés, passant de communautés terrestres à des communautés aquatiques qui s'installent progressivement après la mise en eau. Ce ne sont pas des éradications mais précisément des changements.

Un article, plus récent, publié dans *American Scientist* élargit le point de vue, pour arriver aux mêmes conclusions (figure 5.3). À terme, il n'y a pas forcément perte de biodiversité, mais changement. L'argument biodiversité souvent utilisé pour contrer un aménagement comme un barrage n'est scientifiquement pas tenable. On comprend bien que des intérêts divergents peuvent s'exprimer à propos d'un tel aménagement, mais l'utilisation de cet argument n'est pas raisonnable et détourne des véritables

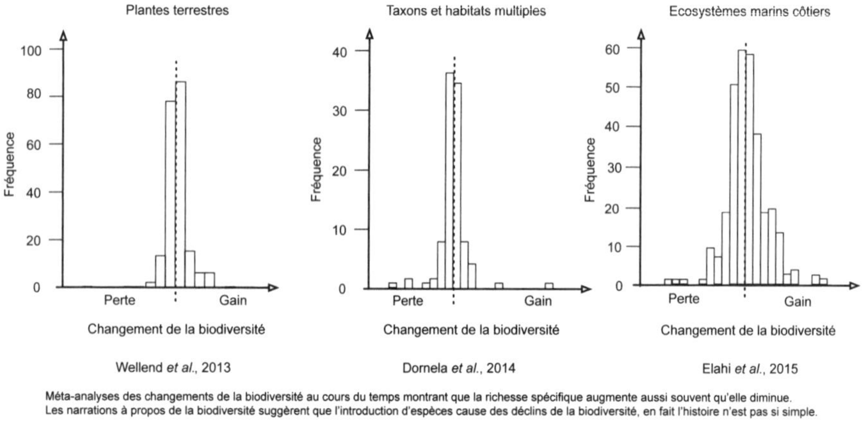


Figure 5.3. Illustration tirée de l'article de Mark Vellend (2017) [152], montrant que le cas étudié par Dornelas *et al.* [151], figure du centre, n'est pas « isolé » ! L'auteur remarque en plus que des zones anthropisées gardent un haut niveau de biodiversité, ce qu'il appelle le « paradoxe de la conservation » : conserver n'est pas forcément le meilleur moyen de maintenir et même d'augmenter la biodiversité. Autres références : Vellend *et al.*, 2013 [233] et Elahi *et al.*, 2015 [232].

enjeux, d'autant plus qu'il peut être ridicule quand on parle de disparition d'espèces alors qu'il s'agit tout au plus d'individus appartenant à des populations locales d'espèces différentes formant une communauté, elle aussi locale. Sauf dans le cas d'endémisme extrême (une population d'une espèce ne se trouvant que dans cet endroit), il n'y a pas à proprement parler de disparition d'espèce.

Un petit pas en arrière: revenons sur la fin de l'*Origine des espèces*. Ce que décrit Darwin, c'est bien une communauté où les entités sont très mélangées et fortement intriquées tant elles interagissent les unes avec les autres.

*Quelques données sur les écosystèmes : exemple des forêts*

Un grand soin a été apporté à l'évaluation des surfaces continentales occupées par les forêts, vu le rôle écologique et économique qu'elles jouent[93]. Nous avons déjà évoqué le cas des forêts françaises et européennes. Qu'en est-il au niveau mondial ? À partir de multiples évaluations locales, le sentiment général est qu'on a assisté à une large déforestation, principalement, comme cela a été le cas en Europe, pour étendre les terres agricoles et d'élevage, mais aussi comme source d'énergie (bois de chauffage) et de matériau (bois d'œuvre). La zone intertropicale a été particulièrement touchée, là où les forêts sont très diversifiées avec très probablement une perte nette de biodiversité importante. Cependant on se heurte à de grands problèmes d'évaluation globale, même pour la simple estimation de la couverture forestière, comme nous allons le voir.

Le principal organisme international chargé de l'estimation globale est la FAO (Food and Agriculture Organization of the United Nations). Nous allons donc nous référer à ses données, sachant qu'il existe d'autres organismes privés et publics qui en publient également. Ses experts sont bien conscients des difficultés d'évaluation et ont régulièrement affiné les techniques de recueil des données et d'estimation. Ses rapports sont toujours pondérés, comme il sied à une organisation internationale. Dans l'annexe 6 de son rapport 2010, elle récapitule les données affichées de 1948 à 2005 en expliquant l'évolution de ses méthodes, avec notamment l'utilisation de plus en plus grande de la télédétection (données) et de la modélisation (méthode). On obtient les données consignées dans le tableau suivant.

| Année | Superficie estimée (milliards d'ha) Rapport FAO 2010 | Réestimation Rapport FAO 2011 |
|---|---|---|
| 1948 | 4,0 | |
| 1963 | 3,8 | |
| 1980 | 3,6 | |
| 1990 | 3,4 | 4,168 |
| 1995 | 3,4 | |
| 2000 | 3,9 | 4,085 |
| 2005 | 3,95 | |
| 2010 | 4,033 | 4,033 |

Tableau 2. Estimation de la couverture forestière au niveau planétaire (données : rapports annuels de la FAO[94]).

Les variations constatées semblent donc être plutôt un fait technique qu'une tendance globale (le gain de 0,6 milliard d'ha entre 1995 et 2011 est sans doute dû à ce biais, alors qu'on sait par ailleurs que la déforestation est très active). De toute façon, il s'agit d'un processus dynamique et les fluctuations sont normales. Il serait intéressant que la FAO associe les précisions à ces estimations. Les instruments embarqués dans des satellites d'observation de la Terre ont permis d'améliorer ces estimations. En 2015, on arrive non seulement à ce type d'estimation, mais aussi à celui du nombre d'arbres dans ces forêts. Nous avons déjà cité de telles données pour la forêt amazonienne, on dispose maintenant d'une estimation planétaire : 3 040 milliards (un ordre de grandeur de 8 fois supérieur à une précédente estimation), dont 1 390 milliards dans les forêts tropicales et subtropicales, 740 milliards dans les forêts boréales, 610 milliards pour les forêts tempérées. 15 milliards seraient coupés chaque année et l'on pense que 46 % auraient disparu depuis le début des civilisations humaines [153]. Ces deux dernières estimations méritent discussion : le nombre d'arbres plantés n'est pas pas compté, nombre non négligeable selon la FAO ; de plus, les forêts sont dans une période d'expansion naturelle, et notamment les forêts tropicales. Sur le plan historique il est cependant difficile d'être aussi affirmatif, car à cette échelle de temps les variations climatiques jouent beaucoup. Cela étant, si l'on se réfère à notre situation : on estime à 40 millions d'hectares la surface de forêts en France hexagonale il y a deux mille ans, à l'époque gallo-romaine ; après un minimum au milieu du XIXe siècle de 8,5 millions d'hectares, à notre époque nous en sommes à 16 millions[95], grâce aux plantations et à l'extension forestière, par régénération spontanée, à la suite de la déprise agricole.

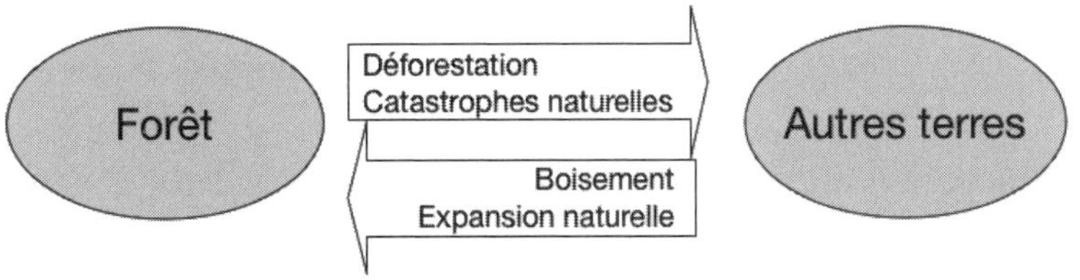


Figure 5.4. Dynamique du changement des forêts (rapport FAO, 2010).

Il n'en demeure pas moins qu'au niveau mondial, les prévisions sont pessimistes : si le rythme actuel de bilans négatifs, à savoir que la déforestation l'emporte sur le reboisement, au rythme présent, en 2100 il ne resterait que 89 % de la superficie totale et en Amérique du Sud au mieux 64 %. Précisons tout de même que la situation est hétérogène. Ainsi, pour la France métropolitaine, on peut raisonnablement s'attendre à une progression de la superficie boisée, sauf changement brutal de la politique en la matière.

## Peut-on modéliser la biodiversité et prévoir son devenir ?

La prévision d'un état futur de la biodiversité est au premier plan des questions actuelles, singulièrement celle d'une grande extinction. À cette fin, la construction et l'utilisation de modèles sont de plus en plus évoquées, que ce soit des modèles mathématiques, des modèles informatiques ou même des modèles graphiques. Nous en avons vu des exemples simples. L'avis d'experts, non modélisateurs, peut aussi être requis. Cependant, si l'on examine leur façon de procéder on constate qu'ils se fondent sur des modèles implicites, sur une théorie « attendue », tirés de leur connaissance du domaine et de leur a priori. La part de subjectivité, même chez les scientifiques les plus rigoureux, est alors importante. Nous avons vu que l'évaluation des états passés et présents de la biodiversité n'est pas chose facile, c'est encore pire pour les états futurs, mais cela ne veut pas dire qu'on ne peut… rien dire.

### *La précieuse modélisation, mais à utiliser avec précaution*

Rappelons que la notion de modèle est apparue dans les années 1960, principalement lorsque les formalisations mathématiques se sont étendues à d'autres disciplines que les sciences physiques et leurs applications technologiques. Il y eut précédemment des tentatives fructueuses, comme, par exemple, l'emploi de la « loi logistique » en démographie et plus généralement en dynamique des populations, ou les approches d'écologie théorique dans les années 1930 ou encore celles proposées en économie. D'où vient le glissement de terme ? Sans entrer dans les détails, ce qui était appelé loi, et quelquefois encore aujourd'hui, correspond à un énoncé intangible : une loi de la nature, une loi du Code civil, etc. En physique, la loi d'Ohm est l'un des exemples les plus simples, ou la loi de la gravitation qui nous retient sur la surface de la planète. L'extraordinaire puissance du langage mathématique et son pouvoir spéculatif, calculatoire et parfois prédictif ont conquis d'autres disciplines, mais, les choses étant un peu plus compliquées, l'adéquation du modèle avec la réalité s'est avérée moins bonne, quoique toujours fructueuse. Une idée sous-jacente, véhiculée par ce terme, est que le modèle est « moins exact » que la loi. C'est alors que la pratique de la modélisation, à savoir la construction et l'utilisation des modèles, s'est fortement développée.

Cependant, pour rendre cette approche efficace, il a fallu non seulement consolider et développer les bases mathématiques, mais aussi concevoir des outils. Parmi ceux-ci, tout d'abord les études qualitatives, quand elles sont possibles, permettant d'étudier les propriétés mathématiques d'un modèle, ou d'une classe de modèles, la simulation numérique et la statistique, pour évaluer les valeurs numériques de paramètres à partir de données expérimentales, leur précision ainsi que celle des valeurs prédites lors de l'utilisation pratique des modèles. La mesure de l'adéquation avec la réalité fait aussi appel à ce type de techniques mathématiques et statistiques permettant de valider ou non le modèle en fonction de l'utilisation qu'on souhaite en faire. La notion de modèle s'est aussi étendue à d'autres formalismes que les mathématiques. La modélisation a ainsi atteint un statut méthodologique privilégié dans la démarche scientifique.

En tout état de cause, quelques grands enseignements ont pu être dégagés de cette pratique :

1. Un modèle n'est pas un énoncé vrai de tout temps, il est transitoire et il correspond à une échelle donnée. Le modèle des gaz parfaits, au repos, à notre échelle est très différent et plus simple que celui du niveau microscopique considérant les mouvements des molécules. En revanche, en dehors de l'état du fluide au repos, les modèles des dynamiques macroscopiques et microscopiques sont de même ordre de complexité, à cause notamment des mouvements turbulents.
2. La mise en place d'un « cercle vertueux » entre modèle, expérience et/ou observations s'est avéré efficace, en

particulier dans le processus d'acquisition des connaissances, dans une démarche très « popperienne » : dans ce contexte, un modèle est utile quand on peut le réfuter, montrer qu'il est faux ou incomplet, sinon son adéquation avec la réalité implique qu'il contient toute la connaissance disponible à un moment donné. Si une vérification supplémentaire rassure, elle n'apporte rien de plus. En revanche, pour un modèle utilisé à des fins normatives, par exemple le contrôle d'un procédé industriel, il faut régulièrement le vérifier, voire le recaler. Inversement, un modèle spéculatif ne peut guère être livré à ces vérifications, à moins qu'il soit cohérent en lui-même et avec la réalité observée, ou supposée. Un tel modèle pourrait être tiré de la formulation générale proposée par J. L. Lions (*cf.* encadré ci-après).

3. Une même situation peut conduire à des modèles différents selon l'objectif de la modélisation : description de données, acquisition des connaissances, spéculation, prédiction, prévision, gestion ou contrôle…
4. Si le langage mathématique reste le plus employé et le plus efficace, pour des situations complexes, on utilise d'autres formalismes, par exemple informatiques comme des « systèmes multiagents », mais ils restent quand même limités pour modéliser la complexité.
5. La notion d'incertitude est centrale : un modèle représente plus ou moins fidèlement une réalité, l'incertitude mesure le degré d'adéquation avec cette réalité. Son évaluation est essentielle, notamment pour les mises en œuvre pratiques. Cependant, l'incertitude peut être aussi cette réalité. Elle serait consubstantielle : bien entendu à l'échelle quantique, mais aussi à cause des régimes chaotiques de phénomènes naturels et de la dépendance sensitive aux conditions initiales et donc à toute perturbation aussi minime soit-elle.
6. Le pouvoir prédictif est toujours limité. Il peut parfois être très grand, c'est le cas de nombreux modèles de

la physique classique. Dans d'autres situations il est beaucoup plus faible ; c'est souvent le cas en biologie. Il y a néanmoins des quasi-impossibilités, par exemple qu'un nouveau végétal soit issu d'une phylogénie animale à cause de la nature arborescente et même buissonnante du processus évolutif. En revanche, le transfert de gène dit horizontal d'une branche à l'autre, même très éloignée, a été détecté, mais ne remet pas en cause la phylogénie établie sur l'intégralité des gènes.

7. Il ne faut pas oublier les bilans de matière (et d'énergie), notamment dans les modèles de l'écologie. Il est intéressant de constater que la plupart n'en tiennent explicitement pas compte. Nous avons déjà signalé ce défaut et mentionné qu'un article a été consacré à les réécrire en incluant les bilans [88] et à montrer que sur cette base d'autres modèles peuvent être proposés. L'inertie est telle qu'il en est encore peu tenu compte par la grande majorité des modélisateurs en écologie. Il est vrai aussi que l'un des précurseurs, Malthus lui-même, n'intègre pas de bilan. En revanche, nous avons pu montrer que le modèle logistique de Verhulst peut être réécrit en incluant les ressources nécessaires à la croissance d'une population et, plus encore, il peut être étendu en incluant la dynamique de ces ressources. C'est ce que nous avons fait pour expliquer en quoi ce modèle pouvait représenter la dynamique des familles taxonomiques et des niches écologiques associées (considérées comme des ressources), à l'échelle géologique (*cf.* chapitre 3).
8. La mise en œuvre de certains modèles demande une grande puissance de calcul. Il se peut que les exigences soient croissantes selon l'évolution du modèle et de ses utilisations. C'est le cas par exemple des modèles de la météorologie. Dans d'autres cas, une réflexion théorique peut pallier cette recherche infinie d'ordinateurs de plus en plus rapides et de capacité de plus en plus grande.
9. Enfin, il ne faut pas confondre le monde virtuel du modèle

**Une proposition de modèle général pour l'environnement (tiré de l'article [155])**

J. L. Lions (1997) [156] a proposé la formulation générale suivante: $\partial u/\partial t + A(u) = f(u) + g(u)$. La lettre *t* représente le temps. La variable *u* est une variable d'état caractérisant une quantité environnementale (par exemple, pression, température, taille d'une population; *u* peut être scalaire ou vectorielle) dans un espace physique à une, deux ou trois dimensions. *A(u)* est un ensemble d'opérateurs différentiels non linéaires; *f* est une fonction connue de sources et de puits, *g* est un terme inconnu de sources et de puits. En dynamique des fluides, l'équation bien connue de Navier-Stokes en est un exemple. Plus simple, l'équation de réaction-diffusion de Fisher, connue sous d'autres noms (ex. Ludwig, en halieutique): $\partial u/\partial t + D.\partial^2 u/\partial x^2 = r.u(1 - u)$, en est aussi un cas particulier. Elle exprime la croissance ponctuelle d'une population (croissance logistique du second membre) qui diffuse dans le milieu (terme de diffusion dans le premier membre).
À propos de cette formulation générale, on soulignera l'extraordinaire concision du langage mathématique et sa puissance pour exprimer simplement des modèles génériques (ou, selon J. L. Lions, « chimériques », dans le sens où ils sont susceptibles de tout représenter, mais que, concrètement, il n'est pas possible de les expliciter complètement; néanmoins on peut en tirer des indications générales). Évidemment, il faut apprendre à les lire, à les écrire et à les décliner, puis à les intégrer dans le discours scientifique (Bouleau, 1999) [157]. Mais cet apprentissage ne devrait-il pas être à la base de toute culture scientifique? Il est dommage que les modèles spéculatifs globaux, que nous avons cités, ne se réfèrent pas à ces travaux. Le lecteur n'a pas besoin de comprendre le formalisme, il lui suffit de savoir qu'il existe pour relativiser ces spéculations plus générales.

et la réalité: une forêt simulée n'est pas une forêt, pas plus qu'une intelligence artificielle n'est une intelligence humaine!

Ces questions et quelques autres ont été exposées lors d'un colloque organisé conjointement par le CNRS et l'Académie des technologies en décembre 2016, intitulé: « Modélisation, succès et limites », qui a connu un grand succès [154].

## *Taxonomie et phylogénie : que peut nous dire la « Pythie modélisation » ?*

Ces deux concepts, et les méthodes associées, sont importants pour ceux qui s'intéressent à la biodiversité. Rappelons que la taxonomie biologique consiste à décrire le monde vivant de façon statique en définissant des catégories, dans lesquelles on range des objets ayant une certaine ressemblance (*cf.* figure 3.1). Ces catégories ont même une traduction physique : les tiroirs des collections dans lesquels on range des spécimens. La plus commune et connue est la catégorie « espèce », dont on parle depuis le début de cet ouvrage. Elle est censée représenter un ensemble, présent ou passé, d'individus ayant un grand nombre de caractéristiques et de propriétés communes, par exemple d'être interféconds. Avec le temps, la définition des critères d'appartenance peut changer. Les catégories élémentaires peuvent être regroupées pour donner lieu à de nouvelles classes, plus vastes, par exemple, les genres, puis les familles, etc. On aboutit ainsi à un *modèle* d'organisation hiérarchique du monde vivant.

Il faut retenir que la définition des catégories est totalement arbitraire : celle d'Aristote est différente de celle de Linné, elle-même différente de celles qu'on obtient avec la phylogénie, c'est-à-dire l'étude des « parentés » entre organismes et ensembles d'organismes. Ces parentés représentent des sortes des « cousinages », descendances d'ancêtres communs. Des arbres généalogiques peuvent alors être constitués, ils représentent ces phylogénies.

La phylogénie moderne s'appuie sur l'étude des séquences génomiques. Ainsi peut-on analyser les parentés entre êtres vivants avec une grande finesse. C'est ce qui a permis de reconstituer une histoire de la vie sur la Terre, jusqu'au génome de cet organisme hypothétique qu'est LUCA. Très généralement, l'utilisation des données génomiques est devenue courante, par exemple pour l'évaluation de la biodiversité dans des écosystèmes.

Les différentes classifications sont des *modèles d'organisation* du monde vivant. Pour construire la vision actuelle fondée sur l'analyse des séquences du génome, nous utilisons d'autres modèles, des modèles statistiques. Ils sont conçus et efficaces pour analyser le passé, en revanche ils ne permettent pas de prédire les évolutions, les nouvelles spéciations, donc la biodiversité de demain. La question d'une phylogénie prédictive se pose quand même. Quelques tentatives ont été faites sur les données dont nous disposons, par exemple en imaginant un paléontologue ou un phylogénéticien du passé, qui, à partir d'un extrait de données éliminant les évolutions récentes, essaye de les reconstituer et de voir jusqu'à quel degré de détail on peut aller : des grandes tendances jusqu'à des caractéristiques infimes. Les résultats sont intéressants, par exemple sur les caractères morphologiques. Mais comme intuitivement on peut s'y attendre, ils restent très modestes (*cf.* par exemple [158]). Par ailleurs, *a posteriori*, on peut penser que la diminution de la diversité morphologique des Trilobites, traduisant probablement une diminution de la diversité globale de ce groupe, était un signe précurseur de son extinction [159]. Cette perte aurait pu résulter, tout aussi probablement, de la diminution d'efficacité des processus produisant de la diversité, à savoir un « ralentissement » de leurs « roulettes biologiques ».

Une question peut alors être posée : « Si nous pouvions rejouer le jeu de la vie depuis le début, aboutirions-nous au même résultat ? » C'est l'un des principaux objectifs de la LTEE, et les résultats obtenus nous incitent plutôt à dire « non ».

Mais au fait, peut-on réfléchir, plus généralement, à ce qui est plus ou moins prédictible, voire à ce qui est résolument imprédictible et à quelle échelle de temps et d'espace ? Pour examiner cette question, sans prétention d'y répondre complètement, il est nécessaire de faire un petit détour en examinant des aspects très fondamentaux. Ce sera l'objet du dernier chapitre.

### *Déterminisme et prédictibilité : incertitude intrinsèque ?*

Pour prédire l'état futur d'un système en fonction de l'état observé à un moment *donné*, voire en plus de son passé, on peut tenter de s'appuyer sur des modèles. Dès le début se pose la question de la confiance à accorder à cette prédiction, ou de l'incertitude liée à celle-ci (*cf.* par exemple [160]). Le risque que nous encourrons est de croire qu'un calcul livre une valeur exacte. En effet, elle l'est mathématiquement, mais pas nécessairement physiquement ou biologiquement pour de multiples raisons qui sont régulièrement évoquées lors des enseignements scientifiques. Il n'empêche que dans de nombreux cas, ça marche plutôt bien. Cependant, il existe beaucoup de situations où la valeur obtenue, si elle est très approximative, reste néanmoins utile.

Par exemple, on peut se poser la question suivante : quelle sera la taille de la population d'un pays ou de l'ensemble de la planète dans cinquante ans ? Hervé le Bras a reconstitué des prévisions historiques et a montré qu'on s'est régulièrement trompé [161]. Et pourtant, s'il est un domaine où des efforts méthodologiques ont été faits, c'est bien dans celui-là.

Alors que peut-on dire sur la biodiversité, mesurée en nombre d'espèces ou en abondance, d'un écosystème donné, ou plus largement sur la planète, laissé à sa propre dynamique dans quelques mois, dans dix ans, dans cent ans, etc. ? J'oserais faire cette prévision très hérétique : si on laisse les êtres vivants exprimer leur propre dynamique, elle sera supérieure globalement à ce qu'elle est aujourd'hui. Le lecteur pourra s'en convaincre en relisant ce qui précède. En revanche, il est difficile de prévoir dans le détail et à très long terme.

Faisons à nouveau un détour par la météorologie. Les prévisions à quelques jours sont assez fiables, grâce aux modèles qui ont été développés à cette fin. En revanche, il existe un « mur » de prévisibilité : en gros et actuellement, rien ne peut être dit au-delà d'un horizon supérieur à trois semaines. Et la situation se dégrade très vite quand on arrive au voisinage de ce « mur ». La cause en est la nature des modèles et des phénomènes, très chaotiques, qu'ils représentent. Certes on peut améliorer les modèles, mais même un modèle parfait aura une limite de prévisibilité[96] et augmenter les puissances de calcul ne permettra pas de progresser significativement.

On peut alors se poser la question d'une *incertitude intrinsèque* liée aux processus ayant, par exemple, des régimes chaotiques. Ils se traduisent par une variabilité plus ou moins grande, mais toujours par une variabilité de ce que l'on observe. Il n'en demeure pas moins que tout n'est pas perdu et que l'on peut souvent faire des prédictions « en moyenne » et associer un « intervalle de confiance » à cette moyenne. On reconnaît là le langage du calcul des probabilités et de la statistique. On pourrait s'en étonner car ce qui concerne les systèmes dynamiques et leurs mathématiques, d'une part, et, d'autre part, celles du calcul des probabilités et de la statistique, apparaissent disjointes. Rassurons-nous, nous verrons dans le dernier chapitre que ce n'est pas vraiment le cas. Avant cela, précisons ce que nous entendons par intrinsèque. Ce mot désigne l'essence même des processus (par exemple, le pile ou face avec un lancer « correct » est un processus intrinsèquement imprédictible), alors que nous utilisons le terme endogène pour ce qui est produit à l'intérieur d'un système donné, par exemple une cellule vivante. Ainsi, la répartition aléatoire des chromosomes lors d'une division cellulaire est due à un processus endogène et vraisemblablement intrinsèquement chaotique. Examinons encore quelques cas concrets pour discuter de la notion de prédictibilité dans le champ qui nous concerne, celui du vivant.

*Que dire des prévisions concernant la biodiversité ?*

La figure 5.5 est une illustration des limites de la prédictibilité dans le monde bien réel des forestiers. D'une part, il faut être très prudent dans ce qui est annoncé, d'autre part, un tel résultat n'invalide aucunement l'utilisation de modèles, bien au contraire, si cette utilisation est raisonnée et raisonnable. Ce type d'expérience incite à l'évaluation de l'incertitude liée aux résultats des calculs, des simulations. Elle dépend de la qualité des données qui ont permis de caler le modèle, c'est-à-dire d'attribuer des valeurs à ses paramètres, la précision de ces valeurs étant aussi estimée. L'incertitude est aussi relative au modèle lui-même qui est de toute façon une simplification de la réalité. C'est ce qui est évalué, entre autres, dans l'exemple du hêtre en comparant les résultats obtenus avec divers modèles. Elle peut être bien plus profonde car il arrive qu'un même modèle puisse admettre une grande diversité de solutions selon sa « complexité[97] ».

On peut comprendre que le système météorologique est complexe, son modèle aussi. Il n'est prévisible qu'à un horizon limité pour des raisons très fondamentales liées aux non linéarités de ce « système », en soulignant que le « système biodiversité », déjà mal défini, est d'un ordre de complexité bien supérieur. Dès lors, on peut soupçonner que les prévisions en ce domaine ne seront possibles que sur le court terme et dans un espace limité. C'est une autre raison « très profonde » qui laisse rêveur lorsqu'on voit des prédictions qui semblent plus relever de la voyance que d'une approche scientifique, le modèle étant alors utilisé comme un jeu de tarot…

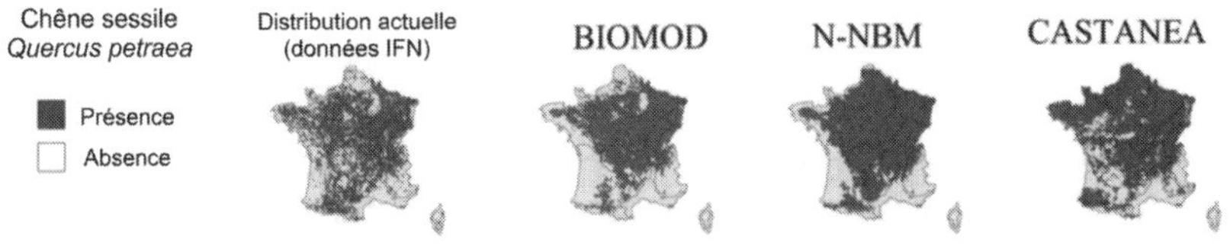


Figure 5.5. Différences entre des résultats obtenus par divers modèles (noms en majuscules) sur le peuplement actuel de chêne sessile. Les simulations ont été obtenues en incluant les données environnementales favorables à cette espèce. L'article dont est issue cette illustration présente aussi des résultats sur les prévisions à 2055 sur plusieurs espèces. On note de grandes différences entre les prévisions faites par les différents modèles [162].

Cela étant, on peut quand même faire une utilisation prudente des modèles. Dans la pratique, ce peut être très utile dans le cadre d'une gestion adaptative de la biodiversité ou de son « ménagement[98] », en adaptant la pratique des ingénieurs pour les procédés industriels : prévision incrémentale, à court terme, comparaison entre prévisions et réalité constatée et mesurée, calage régulier du modèle, voire évolution du modèle lui-même et estimation systématique des incertitudes.

Les spécialistes des sciences forestières ont fortement contribué au développement méthodologique en particulier pour résoudre des problèmes pratiques : évaluation et prévision de la ressource en bois, et plus généralement, gestion optimale des forêts. Dans ce domaine, la biométrie est présente depuis longtemps. Les forêts sont aussi des écosystèmes « modèles » dans la mesure où ils sont plus aisément observables que d'autres, et présentent une diversité de situations permettant des études comparatives.

Par exemple, l'une des questions, posée très tôt en écologie forestière, a été de prévoir la reconstitution spontanée d'un peuplement forestier après une perturbation, naturelle ou non. Les observations de nombreuses situations ont permis de décrire un scénario, celui de la « théorie de la régénération du couvert végétal ». En bref, après un déboisement, une végétation pionnière se développe ; elle assure une couverture pendant une durée relativement courte, protégeant les jeunes pousses de la forte lumière dans les forêts intertropicales. Alors s'installent des arbres à durée de vie longue ; ils constitueront le peuplement forestier. Enfin, les pionniers à durée de vie courte disparaissent. Ainsi, si l'on coupe une parcelle de forêt guyanaise, et qu'on laisse faire la régénération spontanée, on peut annoncer qu'elle va d'abord se couvrir d'arbres du genre *Cecropia* formant un couvert sous lequel les jeunes pousses des arbres, qui constituent le peuplement à long terme, pourront se développer. Les Cecropias disparaissent alors progressivement. On ne peut cependant pas prévoir précisément la biodiversité des arbres qui constitueront ce peuplement, sauf de dire qu'il sera un échantillon d'une biodiversité plus globale, celle de la forêt qui l'entoure. Si l'on coupait une autre parcelle, le peuplement reconstitué ne serait pas identique, mais voisin quand même, traduction d'une variabilité intrinsèque au processus de régénération.

Tout cela est qualitatif, prédictible dans les grandes lignes mais pas dans les détails. Si l'on s'intéresse à des variables classiquement utilisées par les forestiers : densité des tiges (nombre d'arbres par unité de surface), densité relative des espèces, surface terrière (somme des surfaces des tiges à 1,30 mètre), etc., elles présentent aussi une grande variabilité [163].

En résumé, on peut prédire les grandes lignes, mais pas le détail, comme la liste des espèces présentes ou les emplacements des individus.

Citons un autre cas amusant, celui des populations des sardines de Californie. On peut reconstituer l'historique de la dynamique des populations de sardines au large de la Californie parce que les écailles de ces poissons se déposent en couches successives au fond de l'océan et résistent au temps. En faisant un prélèvement dans cette couche sédimentaire on peut à la fois dater les dépôts d'écailles et les compter. En faisant l'hypothèse raisonnable que les densités d'écailles traduisent correctement les densités relatives de leurs populations au cours du temps, on peut reconstituer l'historique de ces densités. Le graphe obtenu a une allure « erratique », caractéristique de ce qu'on appelle un régime intermittent dont on comprend rapidement que les successions de pics et de creux sont imprévisibles (figure 5.6).

Pas plus l'intermittence que le chaos « à doses raisonnables » n'empêchent un système vivant de fonctionner. Par exemple les influx nerveux le long de nos axones ont une allure intermittente et nous vivons bien avec, et sans doute pour cette raison.

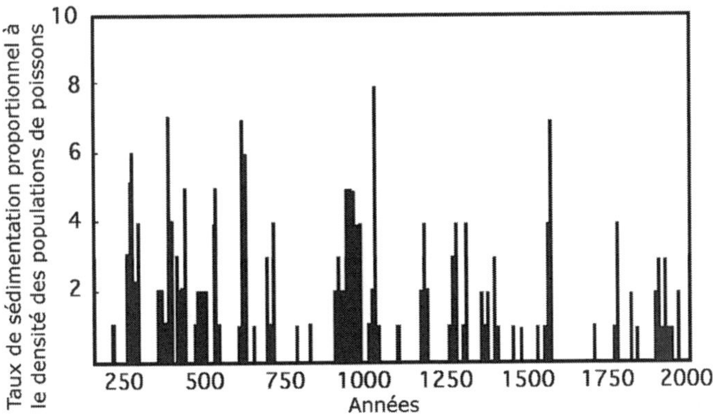


Figure 5.6. Intermittence en dynamique des populations : l'exemple de la dynamique des populations de sardines du Pacifique estimée à partir des dépôts sédimentaires marins au large de la Californie. (Ferrières et Cazelles, 1999 [164].)

Bien évidemment, la dynamique d'une population n'est pas celle d'une communauté constituée de populations différentes. Cependant, on peut penser que, loin d'un immobilisme, tout bouge en permanence de façon plus ou moins erratique. Si l'on observe la biodiversité dans un lieu donné suffisamment grand pour abriter un nombre conséquent d'êtres vivants, et sur un temps suffisant, il y a de fortes chances que l'on constate des changements permanents qui rendent difficiles les prédictions précises.

Sur l'exemple de la régénération forestière, on vient de voir qu'on peut se risquer à prévoir sans pour autant modéliser formellement, sans faire des mathématiques compliquées. C'est ce que font les « experts ». De fait et comme on l'a déjà signalé, leur raisonnement se fonde sur un modèle implicite plus ou moins issu d'une « théorie attendue », c'est-à-dire de la représentation que se fait un expert à partir des connaissances qu'il a acquises le long d'un cursus de formation et de son expérience personnelle. La part de subjectivité peut être importante, c'est particulièrement le cas des experts « autoproclamés » qui fleurissent dans les jardins de nombreuses associations de « protection de la nature ».

Après ce détour méthodologique, bien utile car on parle de plus en plus de modélisation dans les sciences de la vie, revenons à notre biodiversité et aux discours la concernant.

## Conclusion partielle

Si l'on regarde bien, la biodiversité est bien documentée : des millions de spécimens collectés et collectionnés, beaucoup d'ouvrages dont certains sont anciens, des données quantitatives de plus en plus nombreuses grâce aux moyens actuels et l'on peut s'attendre, sinon à un déluge de données, du moins à une augmentation spectaculaire. Le tout est aussi d'avoir de bonnes données, qu'elles soient exploitables, de non moins bonnes idées et des méthodes d'analyse efficaces. À comparer avec d'autres domaines scientifiques, des améliorations sensibles pourraient être espérées et pas très difficiles à obtenir, en particulier que les confusions trop fréquentes n'encombrent pas les discours. Nous en avons déjà signalé plusieurs.

1. Les notions relevant de catégories différentes sont souvent confondues (individu, population, espèce), confondantes (usages fréquents d'anthropomorphismes) ou relèvent d'extrapolations rapides (la durée de vie d'un individu ou d'une population a un sens biologique, celle d'une espèce beaucoup moins), confusion entre protection de la biodiversité et celle d'une espèce protégée, voire celle d'un espace préservé.
2. Des affirmations rapides et péremptoires sont fréquentes, par exemple sur la supposée lenteur de la spéciation alors qu'elle peut être plus rapide. 100 000 ans ont été avancés, voire plus : « l'histoire de l'évolution montre que les spéciations nécessitent généralement plusieurs centaines de milliers d'années, la spéciation est lente, uniforme et graduelle » (Wikipédia, mais cette affirmation peut être trouvée dans diverses autres sources). Cette phrase n'est pas très claire puisque la vitesse n'est pas réellement définie. S'agit-il, comme on peut le croire *a priori*, de l'apparition d'une nouvelle espèce dans la biosphère ou au sein d'un phylum particulier ? Comme je l'ai déjà signalé, la vie est apparue sur la terre il y a environ quatre milliards d'années ($4\,10^9$). Prenons la base « optimiste » de 100 000 ans, soit 1/40 000 de $4\,10^9$, on en déduit qu'il y aurait 40 000 espèces sur la planète en supposant que depuis l'émergence de la vie aucune n'ait disparu. Or, on parle de dizaines de millions d'espèces actuellement. On surestime drastiquement les extinctions et l'on sous-estime, non moins drastiquement, les apparitions, tout en restant souvent fantaisiste sur les estimations globales. Cette critique rejoint la remarque faite sur la cohérence d'échelle, ici il s'agit de l'échelle de temps.
3. L'utilisation des modèles peut laisser à désirer, nous l'avons vu pour la loi aire-espèces, efficace pour estimer

le nombre d'espèces présentes dans un écosystème à partir d'échantillons, mais employée à contresens pour estimer les extinctions. Ce type de biais se trouve aussi dans des extrapolations précipitées, par exemple les taux d'extinction à l'intérieur d'un groupe taxonomique ou d'espaces à grands taux d'endémisme étendu à tous les groupes et à la totalité de la biosphère.

4. Plus généralement, on observe des mélanges d'échelles, par exemple l'utilisation d'échantillonnages à une autre fin que celle initialement prévue. Ainsi les taxonomistes, dont l'objectif est de trouver de nouvelles espèces, en milieux difficiles vont d'abord au plus simple. Par exemple, une carte qu'on peut trouver à l'herbier de Cayenne, au demeurant exceptionnel par l'étendue de sa collection et le soin apporté à son entretien, montre que les botanistes ont d'abord examiné le bord des fleuves, ils ont donc prélevé des spécimens d'une végétation particulière. Il ne faut surtout pas leur en tenir rigueur, leur objectif primordial n'était pas d'estimer la biodiversité mais précisément de trouver de nouvelles espèces. Comme on va le voir ci-après, il faut éviter, à partir de ces échantillons linéaires, d'en tirer des conclusions plus générales sur la biodiversité sur l'ensemble du territoire.
5. On relève également de nombreuses fautes de logique, par exemple l'absence de preuve n'est pas la preuve de l'absence. Pour qu'une espèce soit considérée comme éteinte, il faut que le dernier individu de la dernière population ait disparu. De même, l'identification d'un spécimen d'une espèce dans un lieu donné est bien la preuve de la présence de cette espèce dans un territoire auquel ce lieu appartient. En revanche, l'absence d'un spécimen n'est pas la preuve de son absence aux autres échelles.
6. Un point qui n'a pas été développé est celui de la biomasse : rien ne se perd, rien ne se crée, tout se transforme. Il faut du temps pour remarquer que lorsqu'on s'émeut du rejet dans l'océan d'une partie des captures, ce n'est pas perdu

pour tout le monde : des organismes marins peuvent s'en nourrir. Bien entendu, ce n'est pas une raison pour ne pas faire mieux.

7. On parle de complexité, mais ce mot peut être vidé de son sens et devenir un principe de non-action. Lors d'un séminaire, un collègue, rompu à l'étude des réseaux, nous a alléchés en annonçant : « Je vais vous montrer l'ensemble des interactions dans un écosystème. ». Il a alors affiché un carré noir, il avait bien raison… Ce qui ne veut pas dire qu'on ne peut rien faire, mais en revanche qu'une étude « à plat » n'apporte guère d'information. L'introduction d'hypothèses est alors nécessaire pour trier et organiser l'information et cela d'autant plus que cet ensemble est mouvant, les interactions s'établissant et se défaisant constamment de façon plus ou moins aléatoire. C'est d'ailleurs et en partie pour cette raison que beaucoup d'écosystèmes naturels sont résilients. Le cas du dépérissement des forêts est presque un cas d'école où on peut parler de recherches vertueuses : l'hypothèse de départ est simple et les résultats sont nuancés.
8. Il existe quelques exposés non standard. Nous en avons identifié quelques-uns tirés de la littérature scientifique. De son côté, le livre de Chris Thomas nous propose un panorama synthétique plutôt optimiste et au demeurant solidement argumenté [165]. Citons le premier paragraphe de l'épilogue : « *Surprising as it might seem, it is entirely possible that the long term consequence of the evolution of* Homo sapiens *will be to increase the number of species on the Earth land surface*[99]. » Tout en soulignant les difficultés de prédictions précises, sinon que le pire est loin d'être sûr !
9. Il faut donc prêter attention aux prédictions rapides et aux promesses difficiles à tenir, comme de trouver des médicaments miracles, des richesses cachées de la biodiversité et de l'immensité insondable des savoirs traditionnels. Richesses et savoirs sont bien réels, mais pas infinis.

On pourrait multiplier les exemples, tout cela contraste avec le style péremptoire souvent affiché. Quel autre champ scientifique peut se permettre de telles approximations ?

On a vu l'importance de ce qu'on a appelé des discours. Ceux dont on a parlé sont issus du monde scientifique, qu'en est-il plus généralement ? Par exemple, comment se décline la biodiversité comme objet de droit, comment la société en parle, comment les médias se l'approprient, comment les scientifiques participent aux débats… ? C'est ce que nous allons esquisser dans le chapitre suivant, tout en soulignant le danger du catastrophisme, du discours récurrent sur la grande extinction à venir, sans cesse promise et sans cesse remise, mais prompte à lasser le public, au risque qu'il s'en désintéresse.

# 6

# La biodiversité : comment en parle-t-on ?

*Mal nommer les choses c'est ajouter au malheur du monde.*

ALBERT CAMUS

Le mot « biodiversité » a donc connu un succès sans précédent dans le domaine scientifique ; d'autres composantes de la société l'ont adopté, qu'elles revendiquent ou non une appartenance « écologique », et cela au niveau planétaire. Il s'est progressivement substitué à celui de « nature ». Il s'ensuit un affaiblissement du concept : trop globalisant et médiatique, tout le monde en parle et beaucoup croient le faire de façon pertinente. Devenu un mot-valise, il est surutilisé. Érigé en objet de droit, on légifère beaucoup à son propos, mélangeant parfois les genres. Il est fréquemment employé comme une sorte d'*amen* aux incantations écologistes. On veut protéger et conserver sans toujours savoir ce que cela concerne (organismes, populations, écosystèmes, espèces, etc.). Regardons d'un peu plus près.

## Une histoire édifiante et quelque peu explicative

Dans le deuxième chapitre, nous avons livré quelques éléments historiques. Comme le mot n'a été inventé qu'en 1985 et popularisé en 1988, puis surtout en 1992 à l'occasion de la Conférence de

Rio, l'histoire pourrait se limiter aux trente dernières années. Cependant et comme nous l'avons signalé, le concept existait déjà, on parlait avant de « diversité biologique » ou de « variabilité biologique » ; pour les résultats de la sélection pratiquée par les agriculteurs et éleveurs on utilisait les termes de variétés ou de races. Hors du champ scientifique, on se plongeait dans la magnificence de la création divine, puis, face à la colère des cieux, des êtres ont été choisis et embarqués sur l'arche de Noé. Ces récits restent très vivaces. Ainsi dans un article de *Nature*, il n'y a pas si longtemps, les aires protégées étaient comparées à cette arche [166]. Cet article intitulé « Averting biodiversity collapse in tropical forest protected areas » présente ces aires protégées comme des sortes d'arches (« *tropical reserves will function as "arks" for biodiversity*[100] ») pour sauver la biodiversité des risques de pertes associés aux activités humaines. Et la présentation brève en tête de ce numéro de *Nature* amplifie la référence biblique.

Bien d'autres exemples, sur de multiples registres, pourraient être cités.

Examinons d'autres pratiques et discours. Ainsi, en cas de besoin, le rapport à la nature et aux êtres vivants qui la peuplent a été assez tôt régulé de façon coutumière puis par l'application de règles définies par des textes. C'est ainsi que les forêts ont fait l'objet d'une grande attention, au point que des fonctions spéciales ont été créées pour veiller sur leur état et leur gestion. Ce fut le cas des veneurs, des grands veneurs, des lieutenants de vénerie et des équipages pour les chasses royales et seigneuriales. Selon une histoire publiée par l'association des ingénieurs du génie rural des eaux et des forêts, ces fonctions remontent à 1219 (ordonnance de Gisors, de Philippe Auguste) où l'expression « eaux et forêts » est citée, puis une ordonnance de Philippe le Bel, de 1291, crée une fonction spécialisée. Eaux désignait à l'époque l'eau douce (continentale : cours d'eau, canaux, étangs et lac)[101]. Pour le littoral et le domaine marin, on légifère également, d'abord pour des raisons militaires, mais aussi pour lever l'impôt sur l'activité de pêche maritime et exercer un certain contrôle sur les pêcheurs ; inscrits maritimes, ils doivent être mobilisables en cas de besoin.

Contrairement à ce qui est souvent annoncé, les soucis relatifs à la ressource halieutique sont omniprésents, même à des époques où la pression de pêche était beaucoup plus faible qu'aujourd'hui. En effet, à cause de la dynamique très erratique de la ressource, des diminutions occasionnelles des prises ont été très tôt attribuées à une surpêche (ou mal pêche), au moins localement (cette préoccupation est énoncée très tôt, au moins depuis le XVII^e siècle [37] [38]. Cela a mené dans certaines régions à l'organisation de la profession pour améliorer la gestion de la ressource dans des espaces maritimes « communs ». À ce titre, on peut retenir l'exemple des prudhommeries de Méditerranée [38].

Comme nous l'avons déjà souligné, reconnaître ces faits historiques ne préjuge absolument pas de la réalité actuelle de la pression sur les ressources halieutiques, mais montre la nécessité de tenir compte de ce qui a été dit et fait, et dans quels contextes, au risque de réitérer les erreurs, de réinitialiser de façon permanente et de réinventer sans consolider.

La question des rapports entre les humains et les autres êtres vivants s'est posée d'abord en termes de ressources alimentaires mais aussi médicamenteuses. Ce fut aussi le cas pour les animaux de compagnie ou de service comme le chat, le chien ou le cheval. L'aspect esthétique compte beaucoup avec l'aménagement de parcs d'agrément et de jardins.

Mais pourquoi ces précautions « oratoires » ? Tout simplement pour dire que lorsque l'on construit des discours sur ces êtres vivants qui nous entourent, sur cette biodiversité omniprésente, même dans nos livres, ce fonds culturel nous influence et peut nous mener à des « écarts de langage » qui ne sont pas toujours des figures de style. En effet, discuter du vivant porte souvent une charge émotionnelle qui peut nous éloigner du rationnel et introduire des confusions. Plus généralement, quand il s'agit de l'environnement, objet d'étude complexe s'il en est, et de ses composantes vivantes, les débats ne sont pas toujours simples ni clairs, comme le signale Stephen Budiansky [167] et il n'est pas le seul.

## Analyse contemporaine : la biodiversité oubliée

La façon de voir la biodiversité et d'en parler a fait l'objet d'analyses de type sociologique. On peut citer un travail bibliographique et expérimental publié par Scheuch et Rod en 2011. Cet article illustre la pertinence d'approches sociologiques pour analyser des sujets scientifiques. On a une autre illustration avec : « 100 articles d'écologie qu'il faut avoir lus » (Courchamp et Bradshaw, 2017 [46]). L'expérience a consisté à faire travailler en parallèle des groupes de personnes d'origines différentes pour analyser les discours du public et des médias, y compris scientifiques. Les principales conclusions sont les suivantes :

- Les fondamentaux ont été oubliés : on ne sait plus très bien, si tant est qu'on l'ait su un jour, ce que signifie ce terme de biodiversité en langage biologique et écologique. Cela explique et confirme l'ignorance généralisée de ce que représente ce terme. La connaissance persistante est très superficielle et puisée principalement dans les médias. Le concept est mal ou même pas défini, le mot est à la mode, mais trouvé vide de sens dans de nombreux articles. Il ne fait pas réellement « système ».
- L'effet de bord de la Convention sur la diversité biologique a donné un statut écologique, économique et social à la biodiversité, avec un fort penchant pour les aspects sociaux. La biodiversité est devenue un concept politico-social à travers une forte sensibilité de la société, réelle ou supposée, mais réitérée sans cesse par de nombreux médias.
- L'économie du secteur, via le marché, ne reflète pas la réalité. Par exemple, le prix à l'hectare d'une forêt n'inclut pas les fonctions écologiques : prix de l'$O_2$ produit, du maintien des sols, de régulation des flux hydriques, etc. Le concept de « service de la biodiversité » a été inventé à cette fin, mais n'est pas traduit concrètement. De plus, la terminologie est mauvaise. En effet, ce concept de « service » est

relatif aux activités humaines et sous-entend la présence d'un contrat entre les partenaires, entre fournisseurs de services et clients qui en bénéficient : une forêt ne peut pas passer de contrat, sinon par le biais de son propriétaire ou d'un ayant droit, donc nécessairement des humains.

L'une des conséquences a été une solide mobilisation des sciences sociales sur le sujet, afin de comprendre les discours sur la biodiversité et leurs motivations. Simultanément, les sciences de la vie s'en sont désintéressées en grande partie. L'écologie a eu tendance à dériver, non pas comme interlocutrice d'autres disciplines, mais parfois à s'y substituer. La biodiversité n'est peut-être pas encore morte, mais elle a du plomb dans l'aile ! Ce diagnostic est voisin de celui établi par des scientifiques dans leur domaine [168] [169]. Enfin, l'agitation autour de la biodiversité risque, à la longue, de ne plus mobiliser, alors que le sujet pourrait être favorable à l'élaboration d'un discours constructif sur le vivant.

## Un argument d'autorité dans le dialogue social

Les quelques exemples présentés au début de ce livre illustrent l'utilisation de l'argument d'une biodiversité à valoriser, à protéger, voire à sauver, pour justifier ou contrecarrer des projets d'aménagement et de gestion des territoires, par exemple quand il s'agit de préserver des espaces en utilisant divers statuts : parcs nationaux, régionaux, réserves de la biosphère…, ou au contraire d'empêcher la construction de barrages, d'aéroports, de parcs de loisirs. Il ne faut pas gratter bien fort pour s'apercevoir que les motivations peuvent être tout autres, souvent de contestation d'un ordre établi. Cette contestation peut être compréhensible, voire légitime, mais l'utilisation à tout propos de l'argument-alibi biodiversité, ne fait qu'affaiblir le discours à son propos. D'autant plus qu'on peut souvent associer une gestion de la biodiversité et un aménagement au grand bénéfice de tous. Le cas récent de la gestion de la biodiversité dans des zones aéroportuaires en est une illustration[102].

Plus généralement, le vivant est sacralisé ou du moins diverses contestations à son propos ont émergé ces dernières années sans qu'on puisse réellement comprendre les fondements. Si les bases idéologiques, principalement religieuses, sont claires dans tout ce qui concerne la reproduction humaine, ce n'est pas toujours le cas sur d'autres sujets. Par exemple, comment comprendre l'aversion pour les OGM ? Au début, cette nouvelle technologie a été fort justement contestée à partir d'arguments économiques : les « petits agriculteurs » pouvaient être mis en difficulté face aux multinationales de l'agroalimentaire et aux grands propriétaires terriens. Ces inquiétudes légitimes ont parfois été théâtralisées. C'est ainsi que lors d'une manifestation « Sciences et citoyens » organisée au Brésil, avec le concours du CNRS, on a pu assister à une saynète écrite et interprétée par des lycéens de Rio de Janeiro tout à fait convaincante. À cette occasion, nous avons laissé une large initiative aux jeunes afin qu'ils puissent exprimer leur questionnement sur la « biodiversité ». Ils ont choisi l'intitulé « La biodiversité menacée d'extinction ». Leur présentation a évoqué d'autres questions sur le vivant (OGM, Amazonie, clonage humain, eugénisme, etc.), très prégnantes à l'époque. Cet exemple est illustratif d'une diversité de motivations caractérisant l'emploi du mot-valise « biodiversité », bien restituée par la sensibilité de ces jeunes[103].

Pour les OGM, beaucoup de choses sont oubliées dans les propos de ceux qui en parlent, traduisant souvent une méconnaissance de la biologie, par exemple le fait que les transferts horizontaux de gènes et de séquences génomiques de tailles diverses sont des mécanismes naturels. Les spécialistes de phylogénie moléculaire les ont clairement observés [170]. Comme toujours une technologie ne fait que reprendre un mécanisme spontané, en le maîtrisant et en l'accélérant ou le ralentissant, et c'est là qu'on peut se poser la question des conséquences évolutives : ont-elles quelques raisons, autres que celles induites par la sélection variétale traditionnelle ? Cette technologie a même un avantage, car on sait précisément ce que l'on fait. Il est dit que ce n'est pas sans danger, oui, bien sûr, comme toute technologie.

On peut, par exemple, fabriquer des organismes produisant des substances toxiques comme la toxine botulique. Il peut y avoir des effets indésirables et imprévus, sinon imprévisibles. Il est de la responsabilité des scientifiques et de ceux qui en font usage de les anticiper. Retenons quand même que les oppositions se cristallisent surtout sur les PGM (plantes génétiquement modifiées) et peu sur les OGM utiles pour la santé, par exemple les bactéries produisant des antibiotiques ou mieux encore des virus qui permettent de transférer des gènes à des malades pour guérir des maladies génétiques. Enfin, puisqu'on parle de biodiversité, fabriquer raisonnablement des OGM (ou des OGM raisonnables…), c'est aussi participer à l'accroissement de cette diversité. Cependant une question persiste : en quoi les propriétés évolutives sont-elles préservées ou modifiées ?

Les ressorts peuvent être plus idéologiques que scientifiques et concerner toute « manipulation » du vivant. Si l'on peut s'accorder sur l'inanité du clonage humain, une éventuelle merveilleuse technique pour engendrer des lignées de crétins, en revanche tout ce qui améliore la vie et la rend heureuse peut être développé, comme la PMA (procréation médicalement assistée), avec bien sûr toutes les précautions nécessaires.

Parfois, on se demande si l'on ne jouerait pas à se faire peur. La version amusante étant de créer des « armes de distraction massive » [171]. La version inquiétante est celle des prédicateurs de l'Apocalypse dont on ne sait pas très bien d'où vient la révélation, mais dont les buts sont parfaitement décelables, ceux d'asseoir une domination sur leurs disciples, leurs « croyants ». À cette fin, l'idéologie de la peur marche toujours très bien.

Nous avons aussi signalé que le terme « biodiversité » s'emploie de plus en plus en lieu et place du mot « nature ». Pourquoi pas ? Mais alors que fait-on des entités inanimées qui sont aussi des objets de nature ? N'est-ce pas se donner l'illusion de quantifier, par exemple des nombres d'espèces en danger, pour mieux justifier des actions, des politiques, des normes et des règles. C'est-à-dire se plier à une dictature du nombre, sachant que le nombre en question peut être sujet à caution. Contrairement à ce qui est dit parfois, un nombre peut mentir, ou du moins peut-on le faire mentir.

Au bout du compte, lorsqu'il s'agit de positions idéologiques *a priori*, sur la base de valeurs, parfaitement honorables, mais tout aussi discutables, on peut comprendre les positions, mais il faut alors accepter le débat. En revanche, on constate que l'emploi d'argumentations scientifiques, pour défendre des oppositions à des technologies ou des positions conservationnistes, traduit souvent une méconnaissance du vivant et surtout une mésestimation de nos connaissances sur le vivant. Nous en ignorons encore beaucoup, par exemple sur la plasticité et sur l'expression du génome, sur l'épigénétique, un monde à découvrir, et, à l'autre bout de l'échelle, sur la dynamique des écosystèmes et de la biosphère. Les expressions très à la mode comme « ADN de l'institution » ou « écosystème d'entreprises » (et pourquoi pas de système tout simplement), ne traduisent-elles pas une profonde ignorance de ce que sont ces objets et leur fonctionnement ? N'est-ce pas parfois une sorte de d'écoblanchiment, de *greenwashing* ? Il vaut mieux en sourire que de s'indigner !

## Un objet de droit

Nous avons déjà signalé que beaucoup de facettes de la biodiversité, du statut d'espèces protégées à celui d'aires elles aussi protégées (réserves, parcs, etc.), sont des objets de droit à travers une législation et une réglementation abondantes dont une large partie a été écrite bien avant l'apparition du néologisme. Par exemple, pour préparer une conférence pour une association qui souhaitait revendiquer un statut de parc naturel régional pour le sud du Gâtinais, on a pu dénombrer 29 textes réglementaires sur le sujet, édictés depuis 1967, sans être sûr d'avoir tout recensé.

Le plus souvent ces textes sont rédigés pour réguler les usages et pour pouvoir statuer dans les conflits qu'ils peuvent susciter. Ainsi, dans les zones rurales, les territoires, porteurs de biodiversité, peuvent être laissés à leurs propres dynamiques (friches, réserves de chasse ou de pêche) ou gérés et exploités (forêts, parcs, prairies, pâturages), ou cultivés (activités agricoles) ou encore modifiés pour divers autres usages. En fait, on peut définir un gradient de pression anthropique entre une nature « sauvage » et un espace très artificialisé (incluant d'ailleurs des aménagements comme les haies favorisant la biodiversité). Pour l'essentiel, les problèmes se posent quand il y a changement d'usage ou quand un même territoire ou une même ressource se prête à plusieurs usages simultanés ou successifs, par exemple de culture ou de pâturage, d'agriculture ou d'élevage selon la saison.

Il ne s'agit évidemment pas ici d'examiner cette vaste question du droit de la biodiversité et plus généralement celui de la nature et de l'environnement, juste de souligner quelques points. Ainsi, les exemples que nous avons cités nous ont montré le droit « en action ». La lecture des textes nous fait comprendre qu'ils traduisent une vision fixiste de la nature, voire vitaliste et finaliste. L'idée qu'un écosystème évolue spontanément vers un équilibre est sous-jacente. Ensuite, il est censé se maintenir dans cet état. On notera néanmoins que ce terme d'équilibre devient rare dans les textes récents, par exemple dans la loi « Pour la reconquête de la biodiversité, de la nature et des paysages ». L'idée de la conservation reste cependant omniprésente ; celle d'évolution ou de transformation, beaucoup moins. Ainsi, dans cette loi, trouve-t-on 29 occurrences du mot « conservation », au sens de conservation de la biodiversité, d'une ou de plusieurs espèces ou d'un écosystème ; 8 occurrences des mots « évolution » et « dynamique » dont 2 seulement au sens de l'évolution biologique. Le mot « changement » est utilisé pour désigner le climat et une seule fois pour désigner le changement d'utilisation (des ressources génétiques).

Mais au fait, que fait-on si la biodiversité d'un écosystème augmente ? Devons-nous éliminer les « intrus » ?

Une idée étonnante est apparue début des années 2000 dans la « directive cadre eau » de l'Union européenne, celle de « bon état écologique ». Rappelons que les directives européennes donnent des objectifs à atteindre et se traduisent par des normes et règles et donc des actions à entreprendre pour les atteindre. Nous avons alors été nombreux à l'époque à nous interroger sur la pertinence de cette expression de « bon état écologique » et sur ce que cela implique sur le plan de la décision et de l'action (ou de la non-action). S'agit-il d'une référence à une nature non perturbée (un « état 0 » très hypothétique) ? Mais alors, est-il réellement possible de la reconstituer ou même de la définir ? Quelles sont les propriétés requises ? Enfin, ces propriétés ne dépendent-elles pas des personnes concernées ? La perception qu'un individu (ou un ensemble d'individus) peut avoir d'un bon état écologique est très subjective. De plus, la variabilité naturelle rend difficile une définition claire.

Traduire tout cela en termes juridiques ou réglementaires est évidemment difficile : comment légiférer sur des objets changeant dans l'espace et dans le temps en conservant l'essentiel de ce qu'ils sont ou de ce que nous souhaitons qu'ils soient ?

Reprenons un autre exemple déjà évoqué, celui des loups en France. L'histoire est marquée par la coexistence difficile entre les loups et les humains. Les travaux de Jean-Marc Moriceau en livrent un récit détaillé et argumenté montrant la dangerosité de ces animaux, comme celle de beaucoup d'animaux qualifiés de sauvages[104]. La dernière attaque avant les années 2000 datait de 1918. L'animal avait disparu du territoire métropolitain, si bien que lors de la signature de la convention de Berne sur la protection d'espèces « européennes » dont le loup *Canus lupus*, en 1979, la France a signé cette convention sans trop d'états d'âme. C'était sans compter sur la dynamique de cet animal qui se déplace dans des espaces divers sans se soucier des frontières, espace Schengen ou non ! Toujours présent dans d'autres contrées européennes, notamment en Italie, il est revenu discrètement en France et depuis se répand tranquillement. Nous étions censés protéger un animal absent de notre territoire et maintenant nous nous posons la question : que faire de sa présence qui n'est pas sans conséquences ? Certains éleveurs peuvent en témoigner. De plus, il reste potentiellement dangereux pour l'homme, notamment pour les plus petits… Pour plus de détails sur les contradictions sous-jacentes et les difficultés auxquelles elles nous mènent, on pourra se référer à un site spécialisé sur ce sujet[105].

L'un des problèmes majeurs auquel nous nous heurtons est la dynamique propre des systèmes vivants qui ne cesse pas de nous étonner et dont nous ignorons largement les ressorts pour beaucoup d'entre eux. Comment en tenir compte ? Comment tenir compte des changements, des évolutions, des incertitudes et de notre ignorance dans des textes normatifs qui figent les choses ? Il nous reste le pouvoir des mots et du langage. Nous sommes bien capables de traduire ces subtilités dans nombre de nos œuvres, notamment scientifiques. N'étant pas juriste, la plus grande partie du droit m'échappe, mais il existe peut-être des domaines où ces difficultés ont été surmontées, à savoir exprimer des possibilités de changements en grande partie imprévisibles dans des textes juridiques et réglementaires. Notons que, dans le droit romain, la question de l'héritage est soulevée à propos du statut d'un enfant né après la mort du parent dépositaire du bien. Cette question a été réglée en considérant que toute naissance à venir et reconnue dans les neuf mois suivant le décès serait prise en compte dans la répartition de l'héritage. Ce cas est évidemment « simpliste » en regard des questions d'environnement, mais montre que le droit, même très ancien, a su y faire face.

À propos du langage, parlé et écrit, il n'est pas uniquement un vecteur d'information, un moyen d'exprimer une idée, de décrire des faits, il est essentiel dans la structuration de notre pensée individuelle et collective, pour l'expression et aussi pour la clarification. En ce sens, de mêmes faits, idées ou pensées peuvent être exprimés différemment au cours du temps, en fonction précisément de l'évolution de notre pensée. L'effort d'expression est extrêmement profitable. Déjà, il oblige à réfléchir au sens donné aux mots et à leur agencement, mais aussi il permet ainsi une transmission précise des idées à d'autres, qui l'intégreront dans leur propre cheminement. On comprend alors l'exigence des juristes pour l'expression orale et écrite, voire pour la rhétorique, en veillant à ce que ce langage ne soit pas figé et ne fige pas le monde, surtout s'il est à but prescriptif.

Parmi les divers statuts, celui de réserve de la biosphère est particulièrement attrayant. Il est adapté à la combinaison d'activités humaines, de préservation et d'élaboration de patrimoines construits avec une nature soigneusement gérée, notamment la biodiversité. Le terme biosphère est aujourd'hui tombé, à tort, en désuétude et celui de réserve rencontre une certaine... réserve, notamment en France. La vision est celle d'une forte protection et donc d'un empêchement à maintenir et encore moins à développer des activités diverses. Cette perception ne traduit pas une réalité. On pense souvent à juste titre que l'expression « développement durable » n'est pas très claire, or ces réserves en offrent les moyens. Une autre des qualités est l'accompagnement scientifique, exprimé dans le programme « Man and Biosphère » de l'UNESCO, qui introduit des subtilités dans la conception et la gestion de ces espaces. Les réserves de la biosphère en sont l'expression. Elles sont largement réparties sur la planète[106] et sont organisées en réseau, permettant de croiser et de partager les expériences.

## Des discours parfois équivoques des scientifiques

On a vu que la thématique de la biodiversité a été accaparée par la nébuleuse de l'écologie, des (au moins) six écologies. La figure 2.3 le montre bien. Elle montre aussi que ce sont les dimensions conservationnistes et protectionnistes qui ressortent. C'est un point dont nous avons discuté dans un article sur les introductions d'espèces en soulignant les influences idéologiques fixistes, parfois empreintes de créationnisme [172].

On remarque également le choix de termes et d'expressions imagées, par exemple, celle d'espèce invasive utilisée à tout va, qui induit une interprétation a priori négative. Un groupe d'individus d'une espèce donnée apparaissant spontanément, ou introduite dans un écosystème, ne se répand pas obligatoirement de façon incontrôlée. En outre, quand il le fait, c'est souvent en s'installant dans des habitats inoccupés et ce n'est pas forcément pour l'éternité. C'était par exemple le cas de l'algue *Caulerpa taxifolia*, qu'on trouve dans les fonds marins méditerranéens. Introduite par accident en 1984, après une phase d'extension, elle est en régression. Contrairement à une crainte initiale, elle n'a pas éliminé les herbiers de posidonies, mais la crainte existait, si bien qu'en 1997 un séminaire a été organisé sous les auspices de l'Académie des sciences et du CNRS sur le sujet des espèces invasives, pour réfléchir sur ce cas particulier [173]. La prudence dont nous avons fait preuve dans nos recommandations nous avait été reprochée à l'époque par certains journalistes. Il n'empêche que nous avons aussi fait des propositions de recherche concrètes pour mieux comprendre la dynamique des populations de caulerpes avant de se lancer dans les actions d'éradication coûteuses que certains préconisaient [174]. La suite de l'histoire nous a donné, pour l'instant, raison : la caulerpe est en forte régression depuis 2005. À ce sujet, la débauche de langage a été impressionnante : « espèce invasive » mais aussi « algue tueuse ». En effet, elle synthétise un alcaloïde toxique pour certains vertébrés, nommé fort opportunément *caulerpine*. De quoi faire frémir dans les chaumières. C'est oublier que le nombre d'organismes qui synthétisent des composés toxiques est important, car c'est pour eux un moyen efficace de défense. En revanche, peu de personnes ont noté que la couleur « vert fluo » de cette algue agrémentait quelque peu des fonds marins peu esthétiques avant son arrivée (elle s'est surtout installée sur des fonds sableux peu peuplés par d'autres algues). Cela étant, cet exemple offre un véritable intérêt scientifique, mais point n'est nécessaire d'utiliser des termes alarmistes et peu scientifiques. Cependant les amateurs de sensations fortes peuvent se rassurer : d'autres espèces de caulerpe existent. Et puis *Caulerpa taxifolia* sera peut-être bientôt cataloguée comme une espèce en danger, puis à protéger !

Dans la construction du langage, tout particulièrement du langage scientifique, il faut veiller aux multiples sens et éviter d'utiliser un mot fortement connoté par ailleurs ou que l'image renvoyée brouille le message. De ce point de vue, l'invention du mot « biodiversité » a été bienvenue comme celle, antérieure, d'« écosystème », dont on peut aussi avoir une compréhension naïve ou intuitive. Prendre l'exemple de la forêt pour illustrer le concept d'écosystème, ou celui des collections de papillons (ou de coléoptères, ou de plantes, ou encore de fossiles, etc.) pour la biodiversité permet une approche empirique. En revanche, utiliser l'expression « stratégie démographique » pour caractériser la dynamique d'une population d'animaux n'a pas de sens. « Stratégie » est un mot qui suppose une intention, une finalité et une organisation pour arriver à un but, par exemple gagner une bataille, un match de football, une partie d'échecs, ou des parts de marché. La démographie d'une population naturelle est ce qu'elle est, issue de l'évolution et s'exprimant dans un contexte environnemental donné. Pire, prêter une intention, même si c'est involontaire ou avec une idée de faire « beau », par effet de style, peut entraîner une mauvaise interprétation : à une époque où nous tentons de mettre en avant les processus évolutifs, de nous débarrasser du fixisme, du vitalisme et du finalisme, et même, hélas encore, du créationnisme, voire du dessein intelligent, nous sommes devant une source de confusions, notamment face à nos étudiants. Dans un monde dont on découvre la complexité, il est important d'avoir un langage non ambigu.

Il n'est pas de mon propos ici de lister tous les cas posant problème, tout en soulignant qu'un recensement serait bien utile. Se méfier donc de ce type de langage très anthropocentré où l'expression imagée peut être très esthétique, mais donner de fausses idées scientifiques. Citons néanmoins quelques autres exemples.

Il existerait (fréquemment ?) des espèces « clef de voûte » dont la disparition à l'intérieur d'un écosystème conduirait à l'effondrement de celui-ci. Sous réserve d'inventaire, cette situation est très rare, heureusement. C'est par exemple le cas d'un microécosystème microbien, trouvé dans une niche géologique, ne comportant qu'une seule population d'une seule espèce [175]. Dans ce cas, si l'on supprime la population de l'espèce en question, l'écosystème s'écroule de fait. L'expression, de plus, porte l'image des cathédrales : un écosystème serait-il une cathédrale ? Encore une confusion : ce qui émerge d'un processus naturel peut-il être confondu avec l'un des plus brillantes réalisations humaines ? Sous forme un peu provocatrice, on pourrait parler de l'écologie des cathédrales et de l'écologie des bazars, reprenant et adaptant l'expression de Donald Worster : écologie de l'ordre et du chaos [107], en remarquant que beaucoup d'écosystèmes naturels sont plus des bazars que des édifices bien organisés.

Mais revenons à nos moutons, ceux de la biodiversité et de l'écologie. Ainsi est-il utile d'en dire plus sur la notion de « services des écosystèmes » introduite dans le « Millenium Ecosystem Assessment ». Cette expression fait penser que ces systèmes, plus ou moins naturels, nous offrent des prestations. Ils sont bien bons, ces écosystèmes. Que certaines et nombreuses fonctionnalités, qu'on peut qualifier de bénéfiques, nous soient utiles, nous le savons depuis longtemps, j'oserai dire depuis l'aube de l'humanité (nourriture, matériaux, refuges, etc.). Mais c'est ignorer qu'il existe des fonctionnalités négatives, qu'il est difficile de ranger dans des services. Par exemple les zones humides sont sacralisées depuis la Convention de Ramsar [108], bien qu'elles ne soient pas bonnes par essence. En effet, rappelons que ce sont des lieux propices au développement de vecteurs de maladies infectieuses, notamment de la malaria, et que leur « assainissement » a été un grand progrès sanitaire. De plus, un certain nombre d'entre elles ne sont pas d'origine naturelle mais résultent d'aménagements. C'est le cas par exemple de la Dombes, au nord de Lyon, où les étangs ont été créés au Moyen Âge par les seigneurs locaux pour produire du poisson. La zone a été assainie au XIX^e siècle au bénéfice des habitants touchés par la malaria [109]. Enfin, ces zones sont aussi des lieux de production de méthane…

Une autre légère dérive du langage a été enregistrée récemment, celle faisant état d'une « solidarité écologique ». Le mot « solidaire » est habituellement utilisé pour caractériser des liens sociaux réciproques entre humains : « Relation entre personnes ayant conscience d'une communauté d'intérêts, qui entraîne, pour les unes, l'obligation morale de ne pas desservir les autres et de leur porter assistance » (*Le Petit Robert*). Il est maintenant utilisé pour caractériser l'interdépendance entre les humains et les autres êtres vivants, sauf qu'on sous-entend que cette interdépendance est, encore une fois, considérée a priori comme positive et plutôt univoque, de « la nature » vers les humains et que rompre ce lien serait négatif pour ces derniers. C'est bien sûr vrai dans certains cas, mais pas dans d'autres. Je ne me sens pas particulièrement bien disposé pour les virus pathogènes. Le terme d'interdépendance me semblerait plus neutre et plus approprié, encore que parfois il s'agit d'une dépendance.

Inversement et comme nous l'avons déjà signalé, on peut sourire devant l'emploi d'expressions teintées « éco » ou « bio ». Reprenons « écosystème d'entreprises », qui vise à donner une vision positive de ce qui est la plupart du temps, et au mieux, un système, à savoir un ensemble d'entités en relations. Pourquoi mettre le préfixe « éco » ? Parce que l'écologie a une image positive ? Quand on se réfère à certains écosystèmes, comme la forêt amazonienne, où la répartition des entités, par exemple les arbres, est plutôt erratique, ce n'est sans doute pas la représentation qui est attendue par les entrepreneurs. N'insistons pas sur l'emploi à la mode du sigle ADN ou d'associer le mot bio à un type d'agriculture. Je ne connais pas d'agriculture qui n'implique pas du bio… Tout cela témoigne encore une fois d'une grande ignorance du vivant et des sciences qui en parlent. La communication remplace l'expression rationnelle. Devant la difficulté d'avoir une réelle approche sensée, voire scientifique, de beaucoup de questions, on se cache derrière la magie des mots faute de pouvoir et même de vouloir faire mieux. C'est en fait un aveu d'impuissance et souvent de méconnaissance : un écosystème est censé se débrouiller seul et œuvrer pour le bonheur de tous, pourquoi s'en préoccuper ? C'est dommage car un effort scientifique important a été fait pour formaliser la notion de système. L'ajout du préfixe « éco » ne fait qu'affaiblir ce dont on est censé discuter. Encore qu'on peut y voir une certaine influence idéologique, l'économie dite libérale faisant souvent une analogie avec la nature : des écosystèmes naturels émergent spontanément, pourquoi pas ceux d'entreprises ?

L'emploi de termes inappropriés peut s'expliquer de la part de ceux qui n'ont pas pour métier de faire de la science. En revanche, que des scientifiques se plient à ces dérives, si ce n'est par amusement, est plus difficile à comprendre et, à mon sens, contre-productif. Penser qu'ainsi on peut faire œuvre de pédagogie est une illusion et même un réel danger.

## La biodiversité pourrait-elle être un bien commun ?

La question des « communs », à savoir des biens collectifs et gérés collectivement, fait débat depuis très longtemps. On peut néanmoins s'interroger sur un tel statut à donner à la biodiversité. C'était le sens donné par certains à la CDB (Convention sur la diversité biologique). Une chose certaine est qu'une telle gestion ne peut se faire dans le vide juridique, mais jusqu'à quel point encadrer par des règles et des normes ? On peut même se demander si une telle gestion est tout simplement possible. Là encore le langage pour en parler est important. Parfois, ne passe-t-on pas un peu rapidement de l'image, de l'effet de style, de la métaphore au transfert pur et simple des concepts ? N'incite-t-on pas à faire admettre que des « lois de la nature » s'appliquent à nos sociétés et à leur système économique et alors à croire au *TINA* de Maggy[110] ?

*Est-il utile de légiférer sans cesse ?*

Lors d'un débat sur ce qui était alors le projet de loi déjà évoqué sur « la reconquête de la biodiversité, de la nature et des paysages », il a été annoncé que depuis 1967, il n'y avait pas eu de textes législatifs sur ces sujets. Sur la biodiversité, bien sûr parce que le mot n'existait pas encore. Cependant, les idées sous-jacentes sont bien plus anciennes, par exemple la préservation d'espèces menacées ou de grand intérêt économique ou encore à valeur affective ; elles sont souvent traduites par la mise en protection de territoires. Sur le plan international, les conventions, traités et accords se sont succédé, bien que la Convention de

Rio ait été difficile à ratifier. Cette succession de textes remonte assez loin dans le temps, même si les termes et les motivations ont changé ; elle a conduit à une accumulation difficile à gérer, même par les juristes les plus aguerris.

*Les communs*

Un commun ou un bien commun est une ressource partagée par un groupe humain, voire par l'humanité tout entière, comme l'air (atmosphère), l'eau (hydrosphère) ou le climat. On peut aussi y inclure l'espace physique où vivent ces groupes ainsi que celui qui porte les ressources, ces deux espaces pouvant être confondus, mais pas nécessairement. Ainsi la pêche maritime se pratique souvent loin des territoires où habitent les pêcheurs.

Une même ressource peut faire l'objet d'usages différents. Par exemple, l'eau est utilisée pour la boisson et l'alimentation, pour l'hygiène corporelle, pour les besoins domestiques, agricoles ou encore industriels et même à des fins esthétiques. La question principale est celle de leur gestion par des acteurs divers et relativement à des usages, tout aussi variés, qui peuvent être concurrents. Certaines ressources sont appropriées et gérées individuellement ou par des structures collectives, comme les États, qui définissent également les limites de l'appropriation. Leur statut est défini par le droit. Ainsi en France un particulier ne peut pas posséder de ressources du sous-sol ; ce n'est pas le cas dans d'autres pays, comme les États-Unis. D'autres ressources sont laissées en usage ou accès libres. C'est dans ce cas qu'on est habitué à parler de « communs », ce qui ne veut pas dire qu'elles ne sont pas gérées et là est tout le débat.

Qu'en est-il de la biodiversité ? Peut-on la considérer comme un bien commun ? On aurait tendance à répondre oui, si l'on est un amoureux de la nature. Mais à y regarder de plus près, ce n'est pas si simple. En fait, nous avons vu que le terme recouvre une grande variété de situations et c'est bien ce qui en fait la richesse, mais aussi la faiblesse.

On a déjà compris que nous sommes devant un sujet délicat pouvant se décliner à volonté, ce que d'ailleurs les sociétés humaines ont fait lors de leur histoire et le plus souvent de façon empirique. En simplifiant outrageusement, d'un côté nous avons les partisans de la privatisation, qui pensent qu'une bonne gestion, à savoir celle qui est censée ne pas épuiser les ressources, ne peut être conçue et appliquée que par des individus, à savoir des acteurs économiques élémentaires qui visent à maximiser leurs profits. De l'autre, ceux qui, sans rejeter la propriété individuelle, pensent que certaines ressources, certains espaces peuvent être partagés et se prêter à une gestion collective, d'autant plus si le « multi-usage » est la réalité. Ces ressources et espaces sont appelés des « communs ».

Alors la gestion qualitative et quantitative de ces communs est l'objet d'accords implicites ou explicites entre les usagers qui visent à en user selon leurs besoins réciproques mais en respectant les divers partenaires et leurs intérêts. Cette pratique est très ancienne et a bien assuré des conditions de vie et de développement pour les sociétés humaines. Si les ressources sont illimitées ou bien inaltérables, chacun peut en jouir à satiété, il n'y a donc pas de conflit d'usage. En revanche, comme c'est le plus souvent le cas, il faut réguler ces usages selon des critères adoptés en commun, mais laisser un libre accès à la ressource quand même. Mais alors, et dans une vision pessimiste de l'humanité, ne risque-t-on pas certaines dérives de quelques-uns conduisant à la ruine de ces communs par un abus d'usage ?

### *La tragédie des communs : un discours plus idéologique que scientifique*

En 1968, paraît dans la revue *Science* un article intitulé : « The tragedy of the commons », avec un sous-titre : « The population problem has no technical solution ; it requires a fundamental extension in morality[111] » [177]. Cet article est signé par un biologiste, Garrett Hardin. Précédemment, il a été l'auteur de publications qu'on relierait plutôt à de l'écologie, notamment sur la compétition au sein des populations naturelles et entre populations au sein d'un écosystème [178]. Le problème n'est pas que cet article ait été écrit, fort bien d'ailleurs, mais qu'il ait été publié dans une revue scientifique et pas des moindres, puis qu'il ait ainsi bénéficié d'une énorme audience. On l'aurait mieux vu dans un journal d'opinion. Inversement, les critiques se sont focalisées sur un aspect de l'exposé, mais pas sur l'exposé lui-même. On ne peut que recommander de lire cet article, si l'opportunité se présente. Pour ma part j'ai relevé plusieurs erreurs ou approximations qu'il serait fastidieux de présenter. Un seul exemple : à la première page de son exposé, pour se justifier, Garrett Hardin pose la question de savoir si le critère de Bentham, « *the greatest good for the greatest number*[112] », peut être satisfait. Ainsi, il écrit :

> *No for two reasons, each sufficient by itself. The first is theoretical. It is not possible to maximize for two or more variables. This was clearly stated by von Neumann and Morgenstern but the principle of it is implicit in the theory of partial differential equations, dating back at least to D'Alembert (1717-1783)*[113].

En première lecture on a tendance à comprendre qu'une fonction à deux variables ou plus n'admet pas de maximum, ce qui est évidemment faux. Et cela, parce que le modèle de von Neumann et Morgenstern de la théorie des jeux n'est pas correctement présenté et concerne non pas une fonction mais un ensemble de fonctions arbitraires [179]. Une critique du même type avait déjà été émise par Poincaré à propos des fonctions arbitraires dans les modèles mathématiques de Léon Walras.

Tout d'abord le ton général est celui d'un exposé néomalthusien, pessimiste, imprégné de darwinisme social. On peut citer la référence à une démographie « galopante », liée à une natalité non contrôlée et à une sélection « naturelle » de lignées fécondes, en citant explicitement Charles Galton Darwin, petit-fils de Charles Darwin, l'un des tenants du darwinisme social, et eugéniste reconnu… Ainsi une section de son texte est intitulée : « *Freedom to breed is intolerable* » (la liberté de se reproduire est intolérable). Bien que de la famille de Charles Darwin, il n'avait pas intégré, ou voulu intégrer, que sur le plan évolutif c'est la meilleure solution pour assurer un avenir à l'humanité. L'essentiel de l'argumentation est du type moraliste, au mieux anthropologique. Le procès des « communs » tient en fait en peu de lignes et relève de déclarations *pro domo* et de références historiques rapides et schématiques : un certain nombre d'exemples sont cités sans que ces citations soient justifiées.

En fait, la démonstration consiste en une série d'affirmations, non réellement étayées, avec une issue inévitable : les communs mènent à la ruine… Une solution est proposée : la privatisation des biens. Hardin souligne que, bien qu'elle ne soit pas « juste », elle évite la catastrophe. On ne s'étonnera donc pas que cet article ait été largement utilisé par les ultralibéraux (au sens français) pour défendre une déréglementation et des privatisations à tout va. Le côté malthusien est très nettement affirmé, lorsque la surpopulation est évoquée et les raisons qui mènent à cette surpopulation.

De plus, et ce n'est guère souligné, l'article a bien un sous-titre[114]. Que les problèmes démographiques n'aient pas de « solution technique », on peut être d'accord, encore que pour certains aspects les techniques y contribuent grandement. Cependant, l'adoption de ce type de technique est souvent accompagnée d'une évolution des mentalités.

Que Hardin ait des convictions, on peut l'admettre, mais que celles-ci accèdent à un statut scientifique en est une autre.

Il a fallu développer une énergie considérable pour remonter le courant comme l'a fait avec talent Elinor Ostrom, Prix Nobel d'économie, ainsi que nombre de scientifiques. Mais la partie n'est pas gagnée pour autant.

Hardin dit démontrer que l'usage des communs n'est pas possible car les humains ont trop de défauts (ou pas assez de qualités) pour s'y plier. Il prend l'exemple du partage d'un pâturage par les troupeaux de moutons, et montre que si l'un des bergers ne joue pas le jeu d'une répartition de la ressource, par appât du gain, par cupidité[115], on va vers le surpâturage, conduisant à la disparition de la ressource et à l'effondrement du système. En gros, les bergers sont ruinés. Cet exemple pédagogique peut apparaître convaincant à condition qu'il garde ce statut, comme on a essayé de le faire à propos de la loi aire-espèces.

Cela étant, en 1998, Hardin tente avec honnêteté d'expliquer ce qu'il a écrit trente ans plus tôt, en avançant qu'il s'agissait d'un effort d'exposé interdisciplinaire d'abord à juger sur le critère. Il reconnaît que sa conclusion valait pour des « *unmanaged commons* », des communs non gérés, face à la multiplication des exemples ou tout semblait bien se passer [180].

Hardin a parlé de la « tragédie des communs », mais un autre aspect de cette tragédie, et peut-être le plus important, a été leur suppression en Angleterre à partir du XVIe siècle par la mise en place des enclosures, privant les paysans de moyens de subsistance et conduisant à un désastre social, mais à l'enrichissement des propriétaires et au développement de l'élevage et de l'agriculture capitalistes. Il n'est pas prouvé que cette décision ait amélioré l'économie de l'élevage. En revanche, elle a fait beaucoup de malheureux. Ces événements auraient inspiré Thomas More dans l'écriture de son *Utopie*.

Cela étant, faire de la biodiversité, qu'elle soit spécifique ou ordinaire, un bien commun ne serait-il pas plus efficace que la conservation ? Il n'y a pas de réponse simple. En effet, cela dépend de l'échelle (planétaire, régionale ou locale), du statut des territoires en cause, tout en sachant que la biodiversité ne se réduit pas à celle des territoires. C'est le cas par exemple pour les collections muséographiques ou les ressources génétiques, ou encore les séquences génomiques. En fait, on assiste à un mouvement qui va dans le sens de communs gérés, dont la plupart peuvent échapper à une hypothétique tragédie. Peut-être faut-il aussi éviter l'analogue des enclosures…

### *Des analogies et des raccourcis risqués entre sciences sociales et sciences de la nature*

Cette question a déjà été évoquée à propos de l'adaptation, elle mérite néanmoins quelques compléments.

Quand on reprend les discours de l'écologie (ou de certaines écologies), sur la vision de la structure des écosystèmes notamment, on peut penser qu'en arrière-plan il y a une conception organiciste de la nature, bien visible dans le mythe de Gaïa, à savoir considérer des écosystèmes, des biomes et la biosphère dans son ensemble comme des organismes, et leurs composantes comme des organes nécessaires à leur vie. On trouve, par exemple, le concept d'espèce « clef de voûte » dont la disparition conduirait à l'écroulement de l'ensemble. On peut aussi la voir comme l'équivalent d'un organe, comme le cœur permettant l'irrigation de l'ensemble dont la disparition serait fatale. On a cependant des difficultés à identifier les composantes et à trouver des homogénéités spatiales qui caractériseraient des « organes écosystémiques », ainsi que des processus de régulation sophistiqués, comme on en décrit dans des organismes et dont on parlera dans le chapitre suivant.

En avançant encore, on en arrive à l'ordre social, à une conception également organiciste des sociétés humaines dont la structuration et le fonctionnement résulteraient de lois naturelles. On passe ainsi d'un ordre d'origine divine des sociétés anciennes à un ordre naturel des sociétés actuelles, dites modernes, mais avec le même résultat, celui de légitimer la hiérarchie et les inégalités sociales. C'est ainsi, paradoxalement, qu'une des plus grandes révolutions scientifiques de tous les temps, la théorie darwinienne, a été détournée par certains, pour aboutir au darwinisme social prôné notamment par Herbert Spencer et ses adeptes modernes. C'est un danger permanent. D'une certaine façon les prolongements de la sociobiologie de E. O. Wilson procèdent d'une même logique par des analogies entre sociétés animales et sociétés humaines. Le déterminisme génétique fait aussi partie du vocabulaire, la place dans l'ordre social en serait fortement dépendante. Cette interprétation a été combattue notamment par Richard Lewontin, qui dénonce fort justement les abus de langage qui conduisent à de mauvaises interprétations en biologie et à des métaphores rapides utilisées dans d'autres domaines [181], problème que nous avons déjà évoqué. Très généralement les travaux de Richard Lewontin méritent une attention particulière. Généticien et évolutionniste, il ne s'est pas limité à son domaine d'excellence, mais a élaboré une réflexion critique de son domaine, notamment des « liaisons dangereuses » avec les sciences sociales. Son opposition à Wilson est bien connue, notamment à Harvard, leur université commune. Les visions modernes de la biologie et de l'évolution sont plus proches des positions de Lewontin, que de celles de Wilson.

Ce qu'il y a de curieux, c'est la justification réciproque de l'une par l'autre, qui tient lieu, là aussi, de démonstration : ce qui est démontré d'un côté est admis pour l'autre. Ainsi, un écosystème a des limites identifiables, même si elles sont lointaines. Il existe des échanges avec le milieu physique et d'autres écosystèmes, les individus, composantes élémentaires peuvent se reproduire, cela suffit pour l'assimiler à un organisme. Peu importe qu'il n'y ait pas d'organes identifiables et pas de régulations « physiologiques » évidentes, on s'en contente. Le parallèle avec les sociétés humaines est beaucoup plus critiquable, comme on vient de le voir. Un exemple de plus : on parle d'économie de la nature, mais y en a-t-il une ? L'ordre social ultralibéral est-il un ordre naturel, et inversement ? On pourrait en dire de même pour tout autre ordre qui est d'abord l'expression d'une volonté humaine.

On ne s'étonne plus que l'écologie politique ait émergé, par la confusion entre environnementalisme et écologisme, et qu'inversement la sociologie soit biologisée, naturalisée, par la confusion entre ensembles structurés de groupes animaux, issus presque strictement de l'évolution biologique[116], et des sociétés humaines fruits de la volonté de ces humains, dont les structures peuvent changer rapidement.

Mais qu'en est-il de la biodiversité ? Les conceptions fixistes et organicistes ne correspondent ni à la réalité observée, ni au résultat de la réflexion théorique, c'est ce que nous avons montré au chapitre 3 et illustré avec la figure 3.8. Ainsi, la conception organiciste correspondrait plus à des structures en patchs, dont la biodiversité est plus en danger que pour les structures désordonnées. En fait, la biodiversité ne peut ni se comprendre, ni se développer selon des schémas fixistes et organicistes. Le succès implicite de ces deux idées ne peut s'expliquer que par des raisons idéologiques, peut-être théologiques, et non pas scientifiques.

Enfin, ne pourrait-on pas être plus soucieux du langage en évitant l'emploi de termes et d'expressions racoleurs, qui conduit à faire croire au public qu'il y comprend quelque chose, alors que nous, scientifiques, sommes conscients de l'étendue de notre ignorance sur un sujet aussi difficile, ou plutôt devrait-on l'être, et surtout de montrer les efforts que nous faisons pour en savoir chaque jour un peu plus ? Le public est suffisamment averti pour qu'on évite ce genre de démagogie au bénéfice d'une réelle pédagogie.

## L'exemple du monde rural : sa biodiversité et ses habitants

Quand on parle de biodiversité, on s'émerveille à juste titre de la biodiversité des grands systèmes naturels et l'on s'effarouche, souvent avec juste raison, devant leur transformation plus ou moins grande en espaces agricoles. On admire aussi la vivacité des êtres vivants qui colonisent les systèmes urbains ou qui y sont introduits par les humains pour agrémenter leur cadre de vie. Mais qu'en est-il des territoires ruraux, de leur biodiversité ? Quelle attention portons-nous à celles et à ceux qui les habitent ?

En France métropolitaine, ces espaces représentent 70 % de la superficie du territoire, 2/3 des communes et de l'ordre de 20 % de la population. Cette proportion s'est stabilisée après une diminution importante pendant un siècle. L'essentiel de la biodiversité du territoire s'y retrouve, d'autant plus que des aires protégées y ont été installées. La diversité des habitats est un facteur favorable à l'accroissement de la biodiversité, les espaces soumis à la déprise agricole y contribuent, c'est aussi le cas du maintien ou de la reconstitution des bocages. En revanche, la création de couloirs écologiques, l'homogénéisation des espaces ne jouent pas toujours en sa faveur. De plus, ces évolutions peuvent faciliter la diffusion d'espèces qualifiées d'invasives, même si quelques bémols doivent accompagner ce terme. Parfois, on est amené à s'interroger sur la scientificité de ces discours, et sur les politiques et les actions qui en découlent peut-être un peu rapidement. On note aussi que les résultats qui ne confortent pas les visions pessimistes ne sont guère évoqués. C'est le cas, par exemple, de la biodiversité équivalente entre les exploitations « bio » et conventionnelles [26].

Il n'en demeure pas moins qu'en parcourant la « campagne » française, on est souvent séduit par les paysages, par la tenue des villes et villages. L'agriculture demeure l'activité la plus structurante, même s'il en existe d'autres, par exemple, l'artisanat, le tourisme et l'industrie. Cependant, certaines zones sont de plus en plus difficilement vivables et même simplement accessibles. Les revenus des agriculteurs sont en constante diminution et il arrive aussi que les critiques sur leurs pratiques ajoutent à l'inconfort de leur situation. Inversement, la financiarisation de l'agriculture, la spéculation sur les terres ne sont ni un facteur favorable au monde rural, ni un atout pour sa diversité biologique et sociale.

Des chercheurs consacrent des efforts importants à ces territoires, par exemple des agronomes, des économistes ou des sociologues, ainsi que des écologues. Les géographes en parlent de façon pertinente. Néanmoins, les visions politiques et médiatiques restent très réductrices avec une tendance souvent paternaliste envers les acteurs, notamment les agriculteurs, parfois méprisante ou même accusatrice : les politiques leur veulent du bien, les écologistes souhaitent leur donner des leçons pour le plus grand bien de la biodiversité, beaucoup leur prêtent néanmoins et heureusement une bienveillante attention.

On oublie facilement l'histoire : le monde rural est en transformation rapide depuis les années 1930, avec une accélération après la guerre, au point que des chercheurs travaillant sur ce sujet ont fait évoluer leur propre discipline pour adapter leurs travaux aux évolutions constatées. Un article de Marcel Jollivet, publié en 2003, éclaire très bien la situation [183]. Très sommairement, ce monde est passé d'un ordre de notables, d'exploitations familiales et villageoises (analyse sociologique à dominante anthropologique d'Henri Mendras), à un ordre économique (approche socio-économique, prônée par Marcel Jollivet), dominé par le pouvoir de quelques grands groupes en amont et en aval, mais également subventionné par les pouvoirs publics. Les structures précédentes s'estompent alors qu'il lui est déjà demandé une nouvelle évolution, avec des objectifs environnementaux pas toujours clairs. La contestation de l'ordre économique, notamment par l'écologie politique, mais aussi l'énoncé de concepts nouveaux comme l'agroécologie, ou l'agriculture (dite) biologique, ou encore l'adoption de positions environnementalistes pourraient conduire à un ordre écologique. En revanche, dans les discours et les actes contestataires, on détecte des positions technophobes au grand dam de nombreux scientifiques et technologues. Ces derniers voient rapidement que la critique écologique est faible scientifiquement, mais pas infondée sur d'autres plans, par exemple socialement et économiquement, parfois même techniquement.

Ces réticences, ces critiques sont une forme de résistance à l'ordre imposé par le système économique actuel, à la réorganisation du monde agricole, et donc rural, qui en dérive. Les conséquences en sont l'industrialisation de l'agriculture, une intensification, une concurrence effrénée, la prolétarisation des agriculteurs et divers types de spéculations notamment foncières, ainsi qu'une désaffection d'espaces ruraux. De plus, certaines technologies posent des problèmes sanitaires et environnementaux. Face à la difficulté de s'opposer à l'ordre économique dominant, l'idée émerge alors d'imposer un ordre écologique avec un certain succès, traduit par la part de plus en plus importante de produits « bio », l'utilisation fréquente et pas forcément bien adaptée du mot magique « biodiversité » et la traduction en termes d'aménagement des territoires (parcs naturels régionaux, structures associatives locales comme « Biovallée » dans la Drôme).

Dans ce concert, les oppositions aux technologies du vivant sont fréquentes. Une bonne illustration est le rejet des OGM, principalement des PGM (plantes génétiquement modifiées). Ce rejet a été porté par certains agriculteurs. Certains d'entre eux préfèrent être appelés « paysans », peut-être pour faire référence à la tradition et à une époque où ces technologies n'existaient pas. D'autres catégories sociales se sont aussi mobilisées, comme des intellectuels et des artistes qui ont participé à des mouvements de « faucheurs volontaires » au début des années 2000. Un regret souvent exprimé par les chercheurs, toutes disciplines confondues, est que leurs travaux sur le milieu rural ne soient pas mieux pris en compte, notamment par la sphère politique, mais aussi par le public devenu très sensible aux discours militants[117]. On note quand même que les forestiers ont intégré avec succès une approche écologique, au sens scientifique, au début des années 1990, par exemple avec la création du groupement d'intérêt public ECOFOR (écosystèmes forestiers)[118].

On constate en fait qu'il manque une politique ambitieuse pour le monde rural et ce n'est pas propre à la France. Les espaces sont très largement soumis à leurs dynamiques propres, contraintes par des politiques agricoles, par divers aménagements, largement motivées par des raisons économiques et pas toujours bien pensées. Ainsi, l'affaiblissement calculé des services publics est dommageable. Au total, les populations rurales, et pas seulement agricoles, se sentent souvent isolées et laissées pour compte avec des conséquences politiques de plus en plus affirmées et parfois risquées.

De leur côté les populations urbaines de plus en plus nombreuses s'éloignent du monde rural. Ainsi, dans les parentèles, il faut remonter de plus en plus loin pour trouver des membres des familles habitant « à la campagne ». Cet éloignement est traduit jusque dans les films, comme on l'a évoqué avec l'exemple des dessins animés. Le lien rural-urbain s'affaiblit et le tourisme « vert » n'est qu'un palliatif.

De fait, nous sommes devant un système complexe. Il est de notre responsabilité de prendre en compte cette complexité, de se l'approprier et d'inventer des modes d'aménagement et de ménagement de ces systèmes, de ces territoires ruraux dans leur intégralité. Dans cette optique, l'écologie scientifique a toute sa place, mais doit se garder de toute tentation dominatrice, ce qui fut un peu le cas, il faut le reconnaître, dans certains programmes de recherche.

Il faut aussi éviter que l'évocation de la biodiversité ne devienne qu'une invocation, voire une obsession !

## Diverses écologies et leurs discours

Cette question, non pas d'une écologie mais de plusieurs, a déjà été évoquée. Pour accorder un pluriel, il faut que ces écologies se distinguent les unes des autres, qu'elles aient une certaine autonomie, même si des emprunts réciproques sont possibles et qu'elles soient d'une façon ou d'une autre institutionnalisées. En fait, nous pouvons déjà en distinguer trois et peut-être quatre ou cinq et même six.

Deux sont bien identifiées, elles sont en relation, mais ont aussi leurs logiques propres : l'écologie scientifique et l'écologie politique. L'écologie religieuse existe bien ; elle est définie dans l'article de Lynn White, même si selon lui, elle fait simplement partie des sources d'inspiration de l'écologie scientifique. C'est sans doute plus puisqu'elle a été institutionnalisée en lui attribuant un saint patron, décision de Jean-Paul II, et que le pape François lui a consacré, de fait, une encyclique.

Restent l'écologie des ONG, l'écologie des associations et l'écologie médiatique.

L'écologie des ONG se veut fortement reliée à l'écologie scientifique, voire souhaite la compléter, tout en étant en grande partie autonome et en ayant ses propres institutions ; mais leurs approches ne sont pas soumises à la rigueur de l'évaluation scientifique.

Plus diffuse encore, l'écologie des associations s'exprime parfois de façon péremptoire et même si une scientificité est souvent revendiquée, on reste dubitatif. Il n'en demeure pas moins que certaines peuvent avoir la faveur des politiques qui leur confient parfois des missions scientifiques alors qu'il existe un secteur public de recherche excellent. Ainsi, sous l'initiative du CNRS, une régionalisation de la recherche connaît un franc succès notamment grâce aux « Zones ateliers de recherche sur l'environnement » [185]. Ces structures sont très ouvertes à des partenariats tout en étant soumises à des évaluations scientifiques sérieuses, garantissant la qualité des travaux. Il est dommage que certains territoires, par exemple des régions, passent allègrement à côté et financent non moins allègrement des structures associatives, peu professionnelles. Les objectifs sont le plus souvent de préservation ou de conservation. Il arrive cependant que des édiles soient entraînés par leurs rêves en pensant que la biodiversité peut être valorisée. C'est vrai, mais le chemin est long et coûteux entre la découverte de produits, par exemple de substances biologiquement actives, et leur mise sur le marché sous une forme plus ou moins transformée, mais toujours soigneusement testée. Il est parfois étonnant de constater la permanence dans l'erreur, malgré des explications scientifiques et économiques récurrentes. Sauf quelques cas caricaturaux, il y a peu de biopiraterie, peut-être parce qu'elle est très hasardeuse. Il est facile d'accuser, beaucoup plus de réaliser. Par exemple, le *screening* utilisé à grands frais par certains laboratoires n'a pas donné les résultats espérés. C'est d'ailleurs pour cette raison que nous avons privilégié la « biologie déductive » à ces recherches aléatoires dans le programme Amazonie du CNRS.

Pour l'écologie médiatique, on peut s'interroger sur son existence en tant que telle, à savoir sur le fait qu'elle ait une certaine autonomie et une institutionnalisation. La question est loin d'être tranchée, car il est compréhensible et même très important que les médias parlent d'écologie et plus généralement d'environnement. On note cependant une certaine propension à relayer des messages provenant d'associations ou d'ONG dont ils ne soulignent pas assez le niveau de scientificité souvent faible. Les scientifiques savent bien les difficultés qu'ils rencontrent pour établir des résultats solides, ils restent parfois surpris, voire pantois, par ce qu'ils entendent ou lisent.

Chacune de ces écologies parle bien sûr de biodiversité et on en trouve des exemples multiples dans cet ouvrage. Il ne s'agit pas d'émettre des jugements de valeur, mais de reconnaître l'existence de ces écologies, afin d'identifier d'où les divers acteurs parlent, afin de mieux comprendre les débats. Le moins qu'on puisse dire est que cette multiplicité est propice à engendrer une certaine confusion. En tout cas, mieux étudier ces diverses écologies et la façon dont elles parlent de biodiversité serait très utile. En ce qui nous concerne, nous nous focalisons sur l'écologie scientifique où il y a déjà beaucoup à faire.

Encore une fois, cette précision est (hélas !) nécessaire car le terme écologie désigne bien, par construction, la discipline scientifique, du grec *oikos* « maison » et -logie, suffixe tiré aussi du grec *logia* « théorie », et de *logos* « discours ». Cette construction des mots désignant des disciplines scientifiques a été inaugurée par Lamarck, en 1802, quand il a défini le terme biologie et repris par Haeckel, en 1866, pour proposer le terme écologie. La citation d'Albert Camus au début de ce chapitre prend ici tout son sens !

# 7

# Déconstruire et reconstruire l'écologie scientifique ?

Au stade actuel, nous sommes devant un dilemme, à la fois convaincu de la portée de ce que représente le terme « biodiversité » et réservé face à l'usage qui en est fait. Bien qu'héritier du concept de diversité biologique, la révélation de son importance, hors du cercle des initiés, a été rapide, dès le début des années 1990. Inversement, depuis 2005 une partie de la communauté scientifique s'interroge sur la perte progressive de sa consistance. Ce qui précède présente en grande partie l'argumentation expliquant cette « érosion de l'adhésion ».

On peut retenir, par exemple, les propos du climatologue Édouard Bard[119], expert auprès du GIEC, propos rapportés dans *Libération* du 27 janvier 2007, répondant à une interview du journaliste Sylvestre Huet relative à la dramatisation des effets du changement climatique : « Le vocabulaire catastrophiste n'est généralement pas utilisé par les climatologues. Les slogans un peu simplistes – « Sauvons la planète et les ours polaires » – sont plutôt le fait d'ONG, de militants dont la bonne foi est réelle et qui espèrent ainsi mobiliser l'opinion publique, mais sans toujours se soucier de l'exactitude ou de la rigueur du propos. » Plus préoccupant encore, début mai 2012, une réunion du G-Science, un groupe d'Académies des sciences de 15 pays[120], a adressé une déclaration au G8, qui devait se réunir les 18 et 19 mai de la même année à Camp David (Maryland), demandant de donner plus d'importance à la science et à la technologie pour faire face aux trois plus grands défis actuels au niveau mondial : les besoins en eau et en énergie, la résilience face aux désastres, qu'ils soient naturels ou technologiques, et la réduction des émissions de gaz à effet de serre. La biodiversité, pourtant très médiatique, et, répétons-le, de grande importance, n'est pas citée. Médiatique, sans doute, mais cette déclaration montre implicitement qu'elle n'est pas considérée par les sphères académiques comme un objet de préoccupation majeure et peut-être même ne relevant pas d'une approche scientifique solide. Les réactions sont alors de deux ordres : tout d'abord « nous ne sommes pas compris », ce qui est vrai et compréhensible, ensuite, « les collègues défendent leurs intérêts contre nous, en ignorant la biodiversité », voire en dénigrant la science qui est faite à son propos, ils mettent en avant leurs thématiques pour recueillir les financements nécessaires à leurs propres recherches. Ce type de réaction, même s'il y a une part de vrai, relève de la « cour d'école ». Néanmoins, beaucoup de collègues peuvent témoigner l'avoir entendu. Très curieusement, il y a peu de remise en cause de la communauté de la biodiversité par elle-même, or il est difficile de se passer du soutien des autres scientifiques ou au moins d'une part significative d'entre eux. Cette communauté, très influente sur les plans politiques et médiatiques, semble s'être repliée sur cette position. La conséquence en a été l'affaiblissement du concept déjà fragile au départ.

L'ouvrage *La Biodiversité en question. Enjeux philosophiques, éthiques et scientifiques* [169] en fait une analyse pertinente. Jean Gayon signale dans sa préface : « À première vue, l'ouvrage est critique au sens usuel du terme, c'est-à-dire au sens d'un jugement négatif, tantôt franchement hostile, tantôt sceptique, sur les discours relatifs à la biodiversité. » Nous sommes sensibles à l'érosion annoncée de la biodiversité, n'en est-il pas de même du sujet ? Il manquait une analyse plus profonde, du type de celle exposée dans ce livre, que celle consistant à relever les erreurs pourtant nombreuses, les fréquents mauvais emplois du terme traduisant souvent une ignorance du fait scientifique et des concepts associés. C'est ainsi que la notion d'espèce, au centre des discours sur la biodiversité, est sérieusement discutée.

Déjà Charles Darwin, signalait la difficulté de cette définition, mais que, faute de mieux, on est contraint à l'utiliser. Or depuis cent cinquante ans, les choses ne se sont pas clarifiées et, pire, son emploi à tout va est source de confusion. L'écologie scientifique, de son côté, a placé la biodiversité au centre de ses préoccupations. Cependant, les faiblesses d'une partie des discours de cette discipline sont relevées et soulignent de nombreuses contradictions internes. De son côté, la modélisation n'a pas toujours contribué à éclaircir les débats, mais, comme nous l'avons vu, les choses s'améliorent singulièrement et régulièrement. Enfin les discours des autres écologies, dont certaines revendiquent un statut scientifique, ne facilitent pas les choses.

Les faiblesses sont bien compréhensibles, tant les problèmes sont difficiles. Elles sont antérieures à l'appropriation de la biodiversité, comme sujet central de cette discipline, comme l'ont montré Neff et Corley en 2009 [44], alors que la question de la « diversité biologique » l'a aussi précédé et a constitué de tout temps une difficulté première pour comprendre le vivant. De plus, ce vivant engendre spontanément et continûment de la diversité, des variations lui permettant de s'adapter et d'évoluer. Il est donc difficile de comprendre cette diversité, sans l'intégrer dans une vision évolutive. Souvent les problèmes dits de biodiversité se cristallisent autour de la protection d'espèces symboliques, alors que les communautés locales moins remarquables, la « biodiversité ordinaire », expression chère à Gilles Boeuf, jouent un rôle essentiel dans le fonctionnement des écosystèmes, notamment par le jeu des réseaux d'interactions entre êtres vivants. Cette biodiversité est aussi à même d'assurer l'évolution de ces communautés, elle représente un potentiel évolutif. Mais la biodiversité n'est pas qu'une question biologique et écologique, c'est aussi un objet « social » comme le montre une analyse des valeurs de la biodiversité selon les différents ordres de justifications (ordres inspirés, domestique de l'opinion, marchand et industriel, selon la classification de Boltanski et Thévenot 1991, *cf.* tableau 3). Cette analyse est très utile pour comprendre l'intérêt aussi bien scientifique que social porté à la biodiversité.

Il reste néanmoins à mieux comprendre la « biodiversité-alibi », souvent utilisée comme argument pour contrecarrer des projets divers alors que la réalité est parfois ailleurs, en particulier dans la défense d'intérêts particuliers ou de positions idéologiques. En revanche et pour rester dans ce registre, la création d'espaces « naturels » dans l'organisation des territoires ruraux et même urbains relève de logiques le plus souvent esthétiques et récréatives, voire plus récemment de compensation. De multiples difficultés tant dans le périmètre à accorder au concept que dans les évaluations qu'on peut en faire ainsi que l'« indulgence des scientifiques » à son propos sont soulignées. Enfin, certains termes envahissent notre langage, hors des sciences de la vie, comme le montrent les exemples déjà cités d'« ADN », d'« écosystème » et bien entendu de « biodiversité », mais pour « féconder souvent des usages plus comiques que réellement instructifs », comme le signale Philippe Huneman [186] [121].

« Biodiversité » apparaît alors comme (en vrac) : un mot-valise, une auberge espagnole, un attracteur pour le moins étrange, un concept évanescent, quelquefois gluant, etc., qui remplace de plus en plus le terme de nature et même d'environnement. On ne sait plus bien de quoi on parle. Il est souvent utilisé pour donner une légitimité scientifique aux discours aussi bien conservationnistes, empreints de fixisme, que contestataires.

## Bilan provisoire

Les chapitres précédents et ces dernières observations nous conduisent à faire un bilan.

*Les changements de la biodiversité : une réalité tangible*

La perception de cette réalité est le plus souvent locale, au plus régionale, ne serait-ce que parce que notre pouvoir d'observation immédiat ne va guère au-dessus et au-dessous de ces échelles. Ces changements peuvent être des destructions, des érosions, mais aussi des augmentations ou encore des *statu quo*, à savoir une biodiversité changeant dans les détails, mais statistiquement voisine d'un état précédent. Selon les personnes et les contextes, ces variations sont interprétées positivement ou négativement. Plus globalement, au niveau de larges régions, de continents ou d'océans, le diagnostic individuel est plus difficile à établir. La communauté scientifique est la mieux placée pour aborder ces échelles. La médiatisation joue alors un rôle important et l'interprétation va dépendre du degré de confiance dans la source et le médiateur. On ne peut pas nier que cette confiance reste très largement au bénéfice du monde scientifique. Cela explique notamment que les grandes ONG s'y réfèrent largement, mais parfois se laissent aller à s'y substituer. De son côté la traduction médiatique a tendance à privilégier les aspects spectaculaires, pouvant aller, comme on l'a vu, jusqu'à orienter la présentation des résultats en jouant, volontairement ou involontairement, sur les ambiguïtés du langage ou à cause de ces ambiguïtés.

### *Un affaiblissement du concept, si tant est qu'il ait été fort un certain temps*

Bien qu'il hérite de celui de diversité biologique, très centré sur le vivant en tant que tel, dès le début l'écologie et d'autres disciplines ont adopté le terme. Cette approche interdisciplinaire permet de prendre fort justement en compte les multiples interactions entre les humains en sociétés et les autres êtres vivants de la planète, sans oublier les sensibilités, les perceptions et représentations du vivant et intégrant des dimensions économiques. De fait, ces divers aspects ont été intégrés dès le début, dans le livre édité en 1988 sous la direction de E. O. Wilson. On y parle aussi de perte de biodiversité, des processus de « destruction » et non pas de changement ou de variation. La dimension évolutive est trop discrètement présente. Les autres sciences de la vie sont peu représentées. Plusieurs contributions relatent plus des aventures personnelles que des faits scientifiques. Pour prendre une parabole biblique, très habituelle chez les prêcheurs de l'apocalypse biosphérique, on pourrait dire que c'est le péché originel. On peut aussi remarquer les nombreuses références aux ONG, dont les résultats et positions sont considérés au même titre que ceux obtenus par des scientifiques. Il ne s'agit pas de les mépriser mais de les garder comme des informations précieuses et de les prendre en compte avec discernement. Point n'est utile d'en dire plus car nous verserions dans la pente que nous critiquons. Une succession d'arguments de ce type est définitive et pourrait être à ce titre elle-même très critiquable. Gardons ce concept comme un fait historique d'une très grande importance ou du moins auquel une communauté scientifique a donné cette importance.

### « *From genes to ecosystems: A research agenda for biodiversity* »

D'une certaine façon, ce rapport édité par Otto Solbrig (1991) [187] répond à ces interrogations. On peut le considérer comme fondateur. Il met en avant la notion centrale pour le monde vivant, celle de niveau d'organisation. Cependant et bien qu'il ait été relayé, notamment par l'IUBS à travers son programme « Diversitas », le succès a été mitigé et peu médiatisé. On peut penser que l'introduction, pourtant nécessaire, d'un ordre de complexité difficile à cerner en est la cause principale [189]. En effet, les structures sont emboîtées : individus, populations, communautés, écosystèmes, etc., chacune correspondant à un niveau d'organisation, l'ensemble formant une hiérarchie de systèmes vivants. Les composantes d'un niveau interagissent entre elles (par exemple, une population de prédateurs avec une population de proies), au sein d'un écosystème, mais, plus subtilement, il y a aussi des interactions fonctionnelles entre niveaux, par exemple un individu soumis à une pression populationnelle. *En ce sens, l'écologie est la science des interactions.* L'ouvrage de Solbrig présente bien ces concepts, c'est lui qui devrait être considéré comme fondateur.

### *La biodiversité et l'écologie*

L'appropriation de la biodiversité comme sujet central de l'écologie et, de façon duale, plaçant l'écologie au centre des recherches sur la biodiversité, ainsi que l'intégration tardive d'une dimension évolutive n'ont pas simplifié la situation. En effet, l'écologie fonctionnelle a longtemps prévalu, au point qu'implicitement et sans doute involontairement, c'est une vision quasi fixiste qui prédomine[122]. Il y a donc une contradiction interne : comment parler de la diversité du vivant sans recourir à ce qui explique cette diversité, sans introduire l'idée d'évolution, de changement permanent, c'est-à-dire sans avoir une approche d'écologie évolutive ? Cette contradiction n'a pas été clairement levée. Une parcelle de forêt amazonienne, ne sera pas la même dans cent ans qu'aujourd'hui, même sans intervention humaine. Restaurer à l'identique une parcelle perturbée n'est pas possible et y penser n'a même pas de sens. Enfin, la biodiversité s'exprime aux divers niveaux d'organisation : diversité des individus, diversité des populations, ..., diversité des écosystèmes. Ce fait est le plus souvent oublié.

### *D'utiles collections et collectionneurs, mais dépoussiérés*

Les collections ont été et sont encore des moyens essentiels pour référencer la biodiversité. Un moment, elles ont été raillées par les « nouveaux biologistes », ceux de la biologie moléculaire, comme traduisant une science surannée. On pouvait même entendre parler de « collectionneurs de papillons » à propos des zoologistes ou botanistes à la fin des années 1960. Au début, les écologues ont été recrutés dans ces milieux scientifiques, héritiers eux-mêmes des naturalistes. Pour une part, l'écart entre la biologie moléculaire et l'écologie de la biodiversité est comblé avec la constitution de collections de molécules avec le projet BOL (*Barcoding of Life*), ayant pour objectif de constituer des bases de données de séquences discriminantes et peut-être prochainement de génomes entiers. Pour accéder aux séquences nucléiques et aux génomes, il faut des échantillons, qui peuvent venir d'êtres vivants actuels ou d'organismes naturalisés et conservés dans les grandes collections, notamment celles des muséums d'histoire naturelle. Nous avons bien fait de les conserver.

Il faut néanmoins souligner que l'écologie ne peut pas, de ce fait, se targuer d'accéder au niveau moléculaire, tout juste à une petite partie. En effet, tout ce qui est relatif aux processus moléculaires (et cellulaires), aux mécanismes d'expression, de transformation et de transmission du génome, ainsi que de génération de la variabilité, essentiel pour rendre possible l'adaptation et l'évolution biologique, n'est pas encore pris réellement en compte. En revanche, la dimension phylogénétique, à savoir la reconstitution des parentés entre catégories taxonomiques, notamment entre espèces, introduit une éclairante dimension évolutive. Les collections sont aussi utiles pour évaluer la dynamique passée de la biodiversité. C'est largement en explorant les collections paléontologiques qu'on a pu reconstituer l'histoire de la biodiversité depuis la fin du Vendien. Plus récemment, l'utilisation fine de données qu'on peut tirer des collections de référence, montre qu'on peut évaluer des taux d'extinction pour certains taxons (Régnier *et al.* [101]). Mais il faut interpréter ces évaluations avec précaution et éviter toute généralisation. Les collections et les muséums qui les abritent ne sont pas les uniques dépositaires des archives de la biodiversité. Néanmoins, leur importance, un temps négligée, est à nouveau mise en relief, et nous avons bien fait de les conserver et ainsi de permettre de les valoriser bien au-delà des objectifs taxonomiques initiaux.

### *Difficile évaluation de la biodiversité*

L'évaluation de la biodiversité et de sa dynamique est délicate, sauf dans des conditions précises et limitées, comme les milieux insulaires. Citons deux exemples. On sait que les populations de diverses espèces occupent des espaces spécifiques avec des ressources leur permettant de se développer.

Ces espaces ont une certaine dimension, par exemple une superficie dans laquelle les individus se répartissent de façon plus ou moins aléatoire et occupent des emplacements variables. Intuitivement, on comprend que lors d'un échantillonnage dans un espace constituant un écosystème, plus la superficie explorée est grande, plus on trouve un grand nombre d'espèces représentées. C'est la « loi aire-espèces », dont on peut donner une expression mathématique simple, dont nous avons discuté, mais sur laquelle il est bon de revenir. Elle permet d'abord d'estimer le nombre d'espèces représentées dans un écosystème à partir d'échantillons de diverses superficies, sans explorer l'ensemble de l'écosystème. Cette relation a aussi été utilisée pour estimer les extinctions si l'on détruit une partie d'un écosystème, ou des parties d'écosystèmes distincts. Or, il s'est avéré que cette logique qui marche bien dans un sens (celui de l'estimation du nombre d'espèces) ne marche pas dans l'autre (celui de l'estimation des disparitions d'espèces). Il a fallu alors écrire un modèle adapté. On doit aussi souligner que les approches moléculaires permettent des estimations rapides, maintenant peu coûteuses, via l'analyse de ce qu'on appelle le métagénome, à savoir l'ensemble des brins d'ADN qu'on peut récolter dans l'environnement, notamment dans les sols. Ces approches vont se développer. Si en plus on introduit l'étude de la dynamique des macromolécules dans l'environnement, et de leur rôle, on devrait assister à l'émergence d'une véritable écologie moléculaire.

### *Le manque de théorie*

La biodiversité manque d'une théorie générale, ce qui n'était pas le cas de la diversité biologique, dont les dimensions génétiques en donnaient des bases, ou de la théorie de l'évolution qui en explique largement l'émergence. On peut s'en étonner encore plus car l'écologie a très tôt développé des bases théoriques, comme en témoigne l'ouvrage de Scudo et Ziegler « *The Golden Age of Theoretical Ecology*[123] » [190], mais le mouvement s'est quelque peu essoufflé depuis, nous y reviendrons.

Cette faiblesse a des incidences dans la recherche sur la biodiversité et explique en grande partie la faiblesse du concept et son éparpillement. L'ouvrage *La Biodiversité en question* en fait une excellente analyse. Certes c'est difficile vu la complexité du problème, mais il n'y a toujours pas de volonté d'en construire une : l'ordre marchand ayant envahi la recherche scientifique, des positions antithéorie s'expriment au bénéfice de travaux finalisés, souvent empiriques où la position idéologique imprimée par les secteurs politiques et associatifs l'emporte sur une véritable réflexion scientifique. On ne parle pas du réel et des enseignements qu'il nous inspire, mais de la façon dont on l'imagine. Le pouvoir de lobbying de ces diverses tendances oriente en fait les programmes de recherche. Il arrive aussi que la réglementation précède la connaissance scientifique, par exemple via des directives européennes. Aux scientifiques de se débrouiller avec.

Néanmoins, en faveur de la démarche théorique, signalons les travaux de Stephen Hubbell et de son équipe, même s'ils ne couvrent qu'un aspect limité de la question, très écologique et centré sur la diversité des arbres des forêts tropicales [191] [192]. Ces travaux ont constitué ce que Hubbell a appelé la « théorie neutraliste de la biodiversité ». Cette théorie a été critiquée et c'est normal (*cf.* [193]), notamment parce qu'elle était perçue comme opposée à la théorie de la niche, alors que ces deux théories ne parlent pas vraiment de la même chose. C'est grâce à cet effort que Hubbell, avec Fangliang He, a démontré la mauvaise utilisation de la loi aire-espèces pour évaluer les extinctions. De notre côté, nous avons tenté d'examiner la question à tous les niveaux d'organisation du vivant, mais surtout pour souligner le rôle déterminant du hasard et son origine dans les mécanismes d'émergence, de maintien et de réduction de la biodiversité [62]. Nous savons que la tâche est immense, mais il faut s'y atteler. Les récents articles collectifs (Norden *et al.* [163], et Mouquet *et al.* [194]) en sont une illustration ainsi que le chapitre d'ouvrage (Pavé, 2016 [195]).

Il n'en demeure pas moins que des abus de langage ne facilitent pas la conceptualisation et des approches rigoureuses. Citons par exemple des termes relevés dans la littérature : « menacés d'extinction », « en danger d'extinction », « dette d'extinction », « commis (destiné) à l'extinction ». Des titres de journaux sont suggestifs : « Depuis aujourd'hui, l'humanité vit à crédit » (*Le Monde* du 31 juillet 2018) ; qui nous fait crédit ? La nature ? Comment ? Quels sont les intérêts ? Comment se fait-il que le 1er août, les rayons des supermarchés continuent à être approvisionnés ? Est-ce l'analogue des marchés qui produisent des produits financiers tant que de besoin et à grands risques ? Tout autant de questions qui montrent les limites de l'analogie.

Cela ne veut pas dire qu'il faille se priver d'agir pour avoir une nature telle qu'on la désirerait, c'est d'ailleurs ce que l'on fait, par exemple dans son expression la plus raffinée et synthétique qu'est le jardin à la française. Mais on le fait alors en jouant des « lois de la nature » pour rendre possible ces réalisations, ces écosystèmes de synthèse, en soulignant qu'il faudra être très vigilant pour les maintenir en l'état, tant les processus naturels ont tendance à produire du désordre. Laissés à leurs propres dynamiques les jardins de Villandry perdraient rapidement de leur charme ou bien pourraient en acquérir un tout autre : le charme discret du fruit du hasard, un peu comme celui de l'ENS « lettres » de Lyon.

L'approche expérimentale de la biodiversité est difficile et peu répandue. C'est le cas très généralement en écologie, si bien qu'on est souvent limité à des observations dont l'interprétation est souvent délicate. Soyons néanmoins plus précis : il existe des travaux sur des communautés d'êtres vivants dans des écosystèmes aménagés et gérés, c'est le cas de l'agriculture, de la foresterie, de l'élevage et des diverses formes d'aquaculture. On peut en avoir des approches expérimentales très solides. Pour les agronomes, on peut citer les « plans d'expériences » et leurs applications « au champ » pour traiter rigoureusement de la variabilité et ainsi mettre en œuvre l'interaction efficace modèle-expérience.

Depuis quelques années, des dispositifs expérimentaux à grande échelle sont testés, par exemple, ce qu'on appelle les écotrons et leurs versions actuelles. Il faut également souligner que l'écologie microbienne a été un domaine pionnier où l'approche expérimentale et le couplage avec la modélisation ont été mis en œuvre avec succès et très tôt. Ainsi et comme nous l'avons déjà signalé, Georgyi Frantsevitch Gause a été un précurseur dans les années 1930 en testant expérimentalement des systèmes simples prédateurs-proies et en réalisant des expériences sur la compétition interspécifique. Ses travaux, couplant modélisation mathématique et expérimentation, étaient très novateurs. Ils peuvent encore être considérés comme exemplaires. Plus récemment, ces approches se sont développées dans le cadre d'une véritable écologie de laboratoire, par exemple en milieu sol. Il n'en demeure pas moins que le travail en « milieu naturel », avec ses difficultés d'observation et d'interprétation, est encore le plus répandu. Le premier écueil est de définir le *système* sur lequel porte l'étude, par exemple cerner une population « sauvage » est souvent difficile, l'exhaustivité n'est que rarement assurée. Enfin, des expériences d'évolution en laboratoire relèvent d'une approche expérimentale de la biodiversité. Elles ont été conçues et mises en œuvre dès les années 1930, aux États-Unis et en France. Mais, pourrait-on se dire, l'écologie n'est pas la seule discipline où la démarche expérimentale n'est pas facile à implémenter. C'est aussi le cas de l'astronomie et de l'astrophysique, mais la différence réside dans l'existence d'une théorie solide qui permet de replacer les observations dans un cadre conceptuel strict.

Cela étant, un modèle d'une chose aussi compliquée que la biodiversité est immensément réducteur ; c'est une caricature dans la mesure où il exagère certains traits. Il faut donc être très modeste. Par exemple, l'expérience de pensée autour de la figure 3.9, du modèle géométrique présenté, même si des précautions ont été prises, peut être critiquée au même titre que les affirmations, dénoncées par ailleurs. Le tout est que la critique soit, dès la conception et la présentation, partie intégrante de l'exposé. Somme toute, le schéma « thèse, antithèse, synthèse » n'est pas désuet.

On pourrait continuer une telle liste expliquant la difficulté de l'approche scientifique de la biodiversité. L'une des priorités pourrait être de « durcir » cette approche.

## La biodiversité dans le débat social

L'un des facteurs ayant contribué à l'affaiblissement du concept scientifique est l'usage à de multiples propos du terme biodiversité, nous en avons vu des exemples et nous sommes loin d'en avoir fait le tour. Essayons d'en comprendre les raisons, ou du moins de trouver des explications ou des interprétations. En effet, il est difficile d'admettre que la défense de cette biodiversité est toujours l'objectif principal de certains comportements. C'est possible pour certains, sur des bases idéologiques, ou, et c'est plus courant, de sensibilité individuelle pour la nature et pour quelques êtres vivants « symboliques », par exemple dans des situations flagrantes, comme le massacre inutile ou crapuleux d'animaux ou de destruction d'écosystèmes sans objet.

Que peut-on dire dans d'autres situations ? Bien entendu, il ne s'agit pas de faire une liste mais d'essayer de trouver ce qu'il y a de commun.

Tout d'abord, la biodiversité, répétons-le, est jugée a priori comme positive, sans autre analyse. Bien que ce soit un objet complexe, son évocation se suffit à elle-même, comme l'était celle de la nature. Cette image très positive s'appuie sur une sensibilité que certains pourraient qualifier « de spontanée ou même d'essentielle », mais en grande partie acquise par notre culture dès le plus jeune âge. Ce penchant que nous gardons longtemps est utilisé par les marchands de l'image de la biodiversité. Quelquefois on peut en sourire, comme la découverte au dos d'un produit de consommation de haute technologie, de l'affirmation que je paraphrase : « Qu'est-ce qui rend [nom du produit] encore meilleure ? [...] Pour préserver la biodiversité, les agriculteurs partenaires implantent à proximité de leurs champs de blé des espaces fleuris attractifs pour les abeilles et les papillons. » La biodiversité se vend bien. Néanmoins, cette vision positive n'est pas sans risque : on peut aisément s'empoisonner en consommant des végétaux, se faire agresser par des animaux dangereux (encore une fois, attention aux ours en général et aux polaires en particulier), être infecté par des pathogènes, etc.

À regarder ne serait-ce que l'actualité, on peut penser que c'est aussi l'occasion de manifester des mécontentements, de proposer des dérivatifs, de s'assurer une audience à moindres frais et de là des revenus à partir d'arguments simples, voire simplistes. Par exemple, à propos des mouvements zadistes, on comprend que des citoyens soient déroutés, blessés par une société injuste qui ne cesse d'appauvrir les plus démunis et d'enrichir encore plus les plus dotés et par un monde politique, laissant faire, qui rechigne trop souvent à défendre les plus pauvres et même les « classes moyennes ». Il est plus simple d'utiliser l'argument biodiversité pour manifester son mécontentement, pour revendiquer, que de faire une analyse politique et de construire une argumentation pour contester l'ordre établi. Mais alors la portée de l'engagement est limitée, et possiblement vouée à l'échec. Une question, cependant, déjà énoncée, mais qu'il est utile de répéter en observant les pratiques des uns et des autres : de mauvaises pratiques sociales sont-elles corrélées avec de mauvaises pratiques environnementales ?

Le monde politique manifeste une saine préoccupation à propos de la nature, de la biodiversité et des ressources vivantes, en proposant des normes et des règles. Ce n'est pas nouveau, l'Ancien Régime se préoccupait des forêts et des pêches, des forestiers et des pêcheurs. Les domaines royaux et seigneuriaux étaient des zones protégées, réservées à l'usage du roi et des nobles. Les textes juridiques de protection des espaces et des espèces se sont multipliés à tous les niveaux, national, européen, international. Comme nous l'avons signalé, l'expression juridique est fixiste, presque par nécessité : la nature est un patrimoine menacé qu'il faut protéger, conserver contre des humains prédateurs par essence. La multiplication des textes ne risquerait-elle pas d'être contre-productive ? Cela étant, de plus en plus de juristes sont conscients du problème et tentent de faire évoluer l'expression du droit pour mieux prendre en compte les aspects dynamiques.

Par ailleurs, et nous y avons déjà fait allusion, diverses associations « environnementalistes », dont la cause est honorable, utilisent l'argument biodiversité car il est devenu « magique », avec des discours tellement réducteurs qu'ils ne peuvent, à long terme, que desservir leur cause.

Ces diverses situations ont de commun l'utilisation du terme biodiversité comme palliatif ou comme argument d'autorité grâce à la perception a priori positive qu'on en a. La science a vocation à analyser ces situations pour mieux comprendre certaines dynamiques sociales en général, et, dans le contexte présent, celles qui ont des dimensions environnementales. Il est important que les sciences de l'homme et de la société continuent à s'impliquer dans la compréhension de ces dynamiques. On peut cependant être étonné par le peu de retentissement qu'a pu avoir le modèle HANDY, couplant dynamiques socio-économiques et naturelles, évoqué dans l'introduction de cet ouvrage. Peut-être parce qu'une grande partie de la communauté concernée reste réticente au langage mathématique…

## Quelles sont les valeurs attachées à la biodiversité ?

On peut analyser les rapports entre les humains et les autres êtres vivants de la planète à travers l'importance qu'on leur accorde, qualifiée sous le vocable « valeur », qui n'est pas réductible à la valeur économique, même si certains aimeraient quantifier monétairement cette notion. Comme nous l'avons déjà signalé, c'est d'ailleurs une des critiques faites par Henri Poincaré à Léon Walras, en 1909, concernant l'approche mathématique de l'économie qu'il proposait, comme quoi certaines valeurs à dimensions humaines sont difficilement réductibles à une simple arithmétique[124]. Pour ce qui concerne la biodiversité, Denis Couvet et Jean-Christophe Vandevelde en ont fait une présentation claire, résumée dans le tableau 3 ci-après [196].

Tableau 3

Valeurs des espèces menacées et de la biodiversité ordinaire dans les différents ordres de justification

D'après Boltanski et Thévenot, 1991[198], Lafaye et Thévenot, 1993 [199]., Godard, 2004 [200][1]

| | Ordre inspiré | Ordre domestique | Ordre civique | Ordre de l'opinion | Ordre marchand | Ordre industriel |
|---|---|---|---|---|---|---|
| Espèces menacées | **Grande** : La beauté des espèces menacées et des espaces qui les abritent | **Grande** : les espèces patrimoniales, les espèces qui nous ressemblent (grands mammifères) | **Grande :** très médiatiques | **Petite** : peu démocratiques (nécessite des zones d'exclusion) | **Petite** : peut difficilement faire l'objet de transactions ou indirectement (écotourisme) | **Petite** : espèces protégées peu intégrables dans un aménagement industriel du territoire (même si les choix de conservation obéissent t à des critères rationnels) |
| Biodiversité ordinaire | **Petite** : paysages de la nature ordinaire peu propices à la contemplation | **Grande** : la nature qui nous entoure et participe à notre cadre de vie | **Petite** : peu médiatique | **Grande** : - accessible à tous - outil de justice social : services écosystémiques issus de la biodiversité ordinaire, partagés par tous et pouvant réduire la pauvreté et les inégalités. | **Grande** : - échanges monétaires, paiement pour services environnementaux - échanges non monétaires, mécanismes d'offre et de demande d'actifs naturels | **Grande** : - fonctionnelle et productive (pour les écologues) - utile : fournit des services aux humains - internalisable, par exemple via les valeurs économiques dans les évaluations coûts-bénéfices |

1. Note de l'auteur : ce tableau a été reproduit à quelques détails de forme près. Quelques points mériteraient discussion, mais cela conduirait à des développements qui sortiraient du cadre de cet ouvrage. Ce tableau est cité à titre d'exemple des réflexions actuellement menées.

C'est sur de telles bases que les acteurs sociaux se fondent implicitement ou explicitement pour se positionner face aux discours qu'ils entendent sur la biodiversité. Les sciences de l'homme et de la société jouent évidemment un rôle important pour comprendre les dynamiques sociales qui en découlent. L'intégration des dynamiques écologiques et sociales mène à introduire le concept de socio-écosystème auquel les auteurs cités ont contribué, sachant que la principale contribution est due à Elinor Ostrom [197] qui, comme on l'a déjà mentionné, a apporté beaucoup à la réflexion contemporaine sur les « communs ».

Les valeurs sont changeantes dans le temps, comme la biodiversité. Construire une éthique, des comportements la respectant et de là un ordre social, traduits dans des structures et des règles, c'est-à-dire des invariants temporels, est long, difficile et risqué à cause de leur validité temporaire. Les valeurs, et donc une éthique de la biodiversité, ne seront plus les mêmes dans plusieurs années et les règles que nous édictons, qui se veulent pérennes, ne seront peut-être plus recevables dès leur parution. Ainsi, peut-on soupçonner que beaucoup de celles relatives à la « protection des espèces » sont de ce type, bousculées pas deux dynamiques, humaines et bioécologiques. Il faut donc mettre en place un processus d'évolution de ces règles qui doivent être « temporairement permanentes », sans plus…

La tendance pourrait être de quantifier ces critères, par exemple en leur associant une valeur économique. C'est ce qui est proposé dans l'un des articles fondateurs à ce sujet, signé en premier par Robert Costanza et publié en 1997 dans *Nature* [201][125]. L'idée de monétariser la biodiversité, via les « services » des écosystèmes, a connu et connaît encore un grand succès [201]. La tendance à donner une valeur économique à tout donne l'illusion de pouvoir mieux évaluer, mieux maîtriser. L'idée n'est pas *a priori* mauvaise mais doit être maniée avec beaucoup de précaution comme on vient de le signaler à nouveau, à propos du débat Poincaré-Walras. De plus, cet aspect est bien trop réducteur. C'est une sorte de projection d'une réalité multidimensionnelle sur une seule dimension. Cela crée des débats dans la communauté de la biodiversité. Alors que les climatologues ont su arriver à un consensus, celle de la biodiversité peine à faire de même. Les difficultés de dialogue entre les divers acteurs ont été soulignées dans un numéro de *Nature* paru au moment du bouclage de ce livre, à propos d'une réunion de l'IPBES [203].

On note ici que qu'il s'agit d'utiliser l'économie dans son propre champ scientifique, le domaine d'application étant la biodiversité. D'autres utilisations sont beaucoup plus critiquables, par exemple l'emprunt de mots et de concepts de cette discipline pour désigner des faits et objets écologiques. Il en résulte le plus souvent une grande confusion. L'inverse est aussi vrai.

## L'écologie scientifique à la croisée des chemins

Comme nous l'avons signalé, l'écologie est la discipline qui a placé la biodiversité au centre de son discours. N'est-ce pas un peu risqué, alors que ce concept présente quelques faiblesses que l'écologie n'a pas résolues ? Il serait important de jeter un regard critique sur cette discipline, nous en avons déjà parlé et nous ne relevons ici que quelques traits marquants. Nous en dirons un peu plus dans le cadre de sa reconstruction.

Fondamentalement, l'écologie est l'étude des relations, des interactions, des systèmes vivants entre eux et avec leur milieu. Classiquement, elle s'intéresse aux « niveaux d'organisation » supérieurs du monde vivant : organismes, populations, communautés, écosystèmes… biosphère. À cette fin, elle a développé un corpus théorique, encore à renforcer, et des méthodologies solides. On a même constaté que certains de ses concepts et modèles pouvaient être utiles à d'autres niveaux d'organisation du vivant, par exemple moléculaires. Le cahier des charges est déjà bien rempli.

De plus, la tentation a été forte de traiter sous sa propre étiquette d'autres problèmes, par exemple le rôle direct ou indirect des sociétés humaines sur la dynamique de la biodiversité. Cette extension est passée par une phase de pratique de l'interdisciplinarité. Puis, progressivement, cette discipline est devenue une actrice du débat social.

En cela, l'écologie scientifique a été aidée par l'émergence de l'écologie politique, ainsi que d'une écologie idéologique, voire contemplative. On peut même deviner une écologie institutionnelle et administrative, sous divers intitulés ministériels. Non plus une écologie, mais un écologisme. Elle jouit d'excellents relais médiatiques. Si bien que nombreux sont ceux qui peuvent parler d'écologie, mais de laquelle ?

Pendant un moment, le terme écologie avait disparu des mots-clés du comité national de la recherche scientifique. On dénommait les scientifiques de cette discipline des « écologues » pour les distinguer des écologistes. Puis le terme a de nouveau été introduit. Institutionnellement, il est même dans l'intitulé d'un institut du CNRS (INEE, pour Institut écologie et environnement). De ce fait, l'écologie n'apparaît plus dans celui de biologie (Institut des sciences biologiques). Cependant, nombreux sont les laboratoires qui émargent aux deux instituts. De plus, son statut de discipline scientifique est parfois contesté, même dans un cadre académique. Il arrive un moment où l'on est un peu perdu, avec l'impression que certains écologues sont devenus des « toutologues », comme cela arrive aussi à des économistes [126].

Passons sur cette histoire un peu compliquée, mais qui reste à écrire. Rappelons néanmoins que pour une grande part, les problèmes que la science se pose aujourd'hui et qui lui sont posés, doivent être abordés au sein de collectifs interdisciplinaires. Le CNRS a été l'un des premiers instituts de recherche du monde à s'en préoccuper. Grâce à ces collectifs, les chercheurs apprennent plus ou moins les uns des autres et parfois ils doivent consentir un investissement dans d'autres domaines scientifiques que le leur. Des interfaces peuvent émerger et devenir de véritables disciplines, à l'exemple de la biochimie. Les sciences de l'environnement constituent un des collectifs les plus remarquables. L'écologie y joue un rôle important, mais d'autres aussi. La perte d'originalité en voulant tout englober est un risque scientifique majeur, qui mène parfois à traiter des problèmes qui le seraient mieux par d'autres, et ainsi à réinventer l'eau tiède plutôt que de demander à un spécialiste. À cette difficulté majeure s'ajoute la confusion politique, sociale, religieuse déjà évoquée. L'écologie a déjà disparu un temps du radar scientifique français, le risque est toujours présent. En résumé, ne faudrait-il pas réinventer l'écologie, et alors construire un autre discours, notamment sur la biodiversité ?

Revenons donc à cette biodiversité. L'alternative est simple : ne plus utiliser le terme dans le langage scientifique ou bien le doter d'une réelle consistance ?

Il ne revient à personne de contrôler l'utilisation du mot, sinon de critiquer les emplois qui peuvent prêter à confusion. En revanche, lorsque les résultats scientifiques sont cités et utilisés, ou même volontairement ignorés, il revient aux scientifiques de donner un avis critique.

## La place de la biodiversité dans l'étude scientifique du vivant

Si l'on examine les modèles biologiques sur lesquels l'essentiel des découvertes concernant les mécanismes du vivant a été fait, on dénombre une cinquantaine d'espèces, dont la souris, et maintenant ses diverses formes transgéniques, le rat, la bactérie *Escherichia coli*, la drosophile, le poisson Zèbre, etc. Sur Wikipédia la requête « modèles biologiques » branche sur une rubrique citant 47 espèces. Une exploration un peu plus large permet de recenser quelques espèces de plus, comme le ver à soie, et des organismes d'intérêt agronomique ou vétérinaire. En fait on retrouve très largement les mêmes processus métaboliques, et des structures voisines. C'est ainsi qu'on a pu dans un premier temps distinguer les eucaryotes des procaryotes sur la base de l'observation ou non d'un noyau cellulaire. Cependant, dans le monde des procaryotes, on a identifié récemment deux grands groupes : les bactéries et les archées, en comparant les séquences génomiques (*cf.* figure 4.2). Point n'est besoin de détailler plus. En effet, sur une base fonctionnelle, du génome à l'organisme, on retrouve beaucoup de processus métaboliques communs, ou plutôt un nombre de processus et un nombre de structures internes beaucoup plus petit, et sur un nombre restreint d'espèces, que celui des formes des organismes identifiables. On peut dire, sur ce plan, que l'essentiel des connaissances biologiques a été obtenu sur ces modèles biologiques, une preuve de ce qu'on a appelé l'unicité du vivant. La biodiversité se construit donc sur quelques schémas de base relativement simples, une partition élémentaire à partir de laquelle dérivent des variations quasi infinies. Mais alors pourquoi s'intéresser à cette biodiversité ? Une première réponse se fonde sur une analogie, celle des variations musicales qui ne laissent de nous ravir. Les variations biologiques, notamment morphologiques, sont en première analyse du même type.

Tout d'abord, il faut préciser que le nombre restreint de processus ne couvre pas toutes les variations et que celles-ci, en tant que telles, peuvent présenter des intérêts de divers ordres. Par exemple, des substances spécifiques peuvent avoir des rôles divers. Ainsi certaines sont toxiques, comme les venins, ou constituent des messages chimiques induisant une large gamme de comportements. L'ensemble de ces substances constitue la chimiodiversité du vivant. Elles sont susceptibles d'être utilisées de façon pratique, par exemple dans des pharmacopées. On pourrait parler plus généralement des produits du vivant. Outre l'intérêt pratique, l'étude des mécanismes d'action, parfois en très faibles concentrations, constitue une étape supplémentaire dans la connaissance biologique.

Encore une fois, il n'est pas nécessaire d'aller plus loin sur ce type de justification. Sur le plan scientifique, il en existe au moins deux : (1) la compréhension de la structure et du fonctionnement des communautés d'êtres vivants, réunies dans des écosystèmes, (2) les processus et les produits de l'évolution biologique.

Par exemple, dans le premier cas, on sait déjà que les entités biologiques réunies dans une communauté interagissent entre elles. Après avoir été au centre des préoccupations de l'écologie, l'étude de ces interactions, impliquant divers acteurs et médiateurs, pourrait s'inspirer de ce qui est fait dans d'autres domaines des sciences de la vie à travers les concepts de ou de *connectome*, nous y reviendrons en conclusion. Dans le deuxième cas, un grand progrès a été fait avec la phylogénie moléculaire. Il est évident qu'il faut compléter cette étude, mais au fur et à mesure les résultats nouveaux vont se raréfier et l'on sait déjà que leur connaissance est loin de suffire pour comprendre le vivant. On peut profiter de l'extraordinaire possibilité d'analyses comparatives pour étudier les conséquences des processus évolutifs sur d'autres caractères, par exemple fonctionnels, mais aussi pour mieux comprendre ces processus eux-mêmes.

En tout état de cause, il faut éviter (au moins) deux biais : (1) accumuler des données sans fin, opportunité offerte par l'étude de la biodiversité « à plat », pour elle-même, c'est ce qu'on pourrait appeler l'effet « tonneau des Danaïdes » et (2) céder à la tendance du collectionneur, fort honorable comme occupation, mais dont l'intérêt scientifique s'épuise, c'est ce qu'on pourrait appeler une sorte d'effet « papillon », par référence aux collections de ce groupe d'insectes très prisées par les amateurs éclairés. Bien évidemment, cet « effet papillon » n'a rien à voir avec celui des météorologues qui, lui, relève du chaos dit déterministe et qui est évoqué dans le chapitre suivant.

## Vers une reconstruction ?

Vu l'étendue des problèmes, au moins dans l'ordre scientifique, il serait démesuré, ambitieux, prétentieux, voire vaniteux de prétendre faire cette reconstruction de façon isolée ou même de recommander l'abandon de l'utilisation scientifique du terme « biodiversité ». En revanche, émettre une opinion étayée peut permettre de déblayer le terrain et de le baliser.

*De quoi parle-t-on ? Et qui en parle ?*

Rappelons que les êtres vivants, à savoir les organismes unicellulaires et pluricellulaires, sont les objets centraux de nos discours sur la biodiversité, avec ce qui les caractérise ou comment nous les caractérisons (par exemple, en les identifiant comme appartenant à des taxons comme les espèces ou à des lignées traduisant des héritages et des parentés, et des partages de patrimoines génétiques) avec des biais : on parle plus des animaux, des végétaux, des champignons que des protozoaires, des bactéries ou des archées. De fait, il est utile d'élargir cette vision en parlant des « systèmes vivants », dont les organismes font partie, mais aussi les cellules des métazoaires, les populations, ensembles d'être vivants de même nature (même taxon, échangeant en permanence du matériel génétique), les communautés, ensembles ou sous-ensembles de populations dans un écosystème donné (par exemple, la communauté des arbres de la forêt amazonienne).

Rappelons les faits suivants :

- Les êtres vivants sont le fruit de l'évolution biologique, ils ont leurs propres dynamiques, individuellement et collectivement, qui s'étalent dans l'espace et dans le temps. Ils échangent matière, énergie et informations entre eux et avec leur milieu. Ils ont un pouvoir d'adaptation aux conditions changeantes, dans des limites leur permettant de vivre, de se développer et de se reproduire. Ils évoluent de génération en génération. Ils peuvent aussi modifier leurs milieux. On observe de fait une coévolution entre les êtres vivants et leur environnement.
- Le monde vivant est structuré en « niveaux d'organisation » : organisme, population, communauté... biome, biosphère. À chaque niveau correspondent des propriétés non réductibles à la moyenne des propriétés du niveau inférieur, comme les structures sociales à l'intérieur des populations. On parle d'émergence à ce propos sans avoir

d'explication, le plus souvent, sur les mécanismes engendrant ces propriétés, ces structures et leurs fonctionnements collectifs, les trois étant intriqués. Fréquemment, on associe le concept de complexité à cette émergence et de système complexe aux entités concernées. Par exemple, la théorie cinétique des gaz permet d'expliquer des propriétés macroscopiques de grands ensembles de molécules, comme la température. Dans le monde vivant, nous sommes devant des problèmes beaucoup plus difficiles. Parmi les difficultés, celle de l'évolution spontanée des systèmes concernés. Un gaz, il y a quatre milliards d'années, présentait les mêmes propriétés macroscopiques qu'aujourd'hui, même si nous n'étions pas là pour l'observer. Les premiers êtres vivants étaient loin de ce qu'ils sont maintenant, et la vie elle-même est une propriété émergente de la matière.

– Les humains, leurs populations constituées en sociétés, forment une catégorie particulière de par l'influence directe ou indirecte, immédiate, anticipée ou retardée qu'ils ont sur les autres êtres vivants et plus généralement sur leur environnement, ainsi que de la multiplicité des usages qu'ils en font. Ils peuvent se doter d'une responsabilité dans la mesure où, singularité de la nature, ce sont des êtres munis d'une pensée sophistiquée, néoténiques, capables de se projeter dans l'avenir, d'une certaine façon de jouer avec le temps, de formuler des concepts, d'élever leur progéniture, de transmettre des savoirs, de développer des technologies et des techniques, d'inventer des mondes, etc. S'il est bizarre et désuet de les placer au sommet d'un arbre de l'évolution, les banaliser n'a pas non plus de sens !
– Les êtres vivants peuvent être classés selon divers critères structurels, fonctionnels, génétiques, taxonomiques, phylogénétiques et selon les niveaux d'organisation du vivant. On convient d'appeler écosystème une communauté occupant un espace délimité, et, communément cet espace aussi. Ainsi peut-on parler de l'écosystème

« forêt de Tronçais ». Les écosystèmes peuvent être catégorisés selon des critères, par exemple : écosystème forestier, écosystème de savane, etc. La biosphère est constituée de l'ensemble des êtres vivants répartis dans des écosystèmes, sur la couche superficielle de la planète.

- Le terme « biodiversité » désigne des ensembles d'êtres vivants de même catégorie. Il y a donc autant de biodiversités que de catégories, dont l'espèce est la plus courante. Ce terme de biodiversité devrait donc être systématiquement qualifié, ce qui, évidemment, n'est pas le cas dans son utilisation courante.
- Les discours sur la biodiversité sont conçus et exprimés par des écologies diverses. La plupart revendiquent une certaine scientificité, mais ce n'est pas toujours le cas.
- Et la liste n'est pas exhaustive.

On comprend donc la difficulté de l'exercice quand on prétend étudier et comprendre la « biodiversité » et même simplement en parler. Mais ce n'est pas une raison pour ne pas le faire sérieusement.

*Comment faire ?*

Une idée avancée par Robert Barbault, au début des années 1990, était de construire le concept de biodiversité afin de conduire à un schéma unificateur des sciences de la vie, comme celui de la biologie intégrative. C'était un des principes défendus dans le cadre du programme interdisciplinaire « Dynamique de la biodiversité et environnement » du CNRS, une émanation du programme « Environnement » de ce même organisme. En reprenant cette idée, contenue également dans l'ouvrage d'Otto Solbrig, on traite du même coup des relations entre les niveaux d'organisation et leurs biodiversités internes, c'est-à-dire la multitude des objets caractérisant ces niveaux. Explicitons un peu. Posons les niveaux d'organisation regroupant des systèmes vivants, c'est-à-dire des entités identifiables et fonctionnelles au sens biologique : cellules, organismes, populations, communautés, écosystèmes… biosphère. On comprend que la notion d'espèce est une catégorie taxonomique et non pas un niveau d'organisation ni un être vivant, erreur fréquemment commise. Il en résulte des approximations, comme la notion de durée de vie d'une espèce dont le sens est plus que douteux. On pourrait aussi discuter du statut d'écosystème : est-ce une catégorie de type taxonomique ou fonctionnelle ?

Ces remarques montrent encore plus que la biodiversité manque d'une théorie synthétique, qui intègre plus largement les processus biologiques et évolutifs que dans la théorie neutraliste de Hubbell, qui était déjà en elle-même un grand progrès. C'est vrai aussi, plus généralement, de l'écologie, ce qui n'était pas le cas de la diversité biologique, dont les dimensions génétiques en donnaient des bases. Cela explique en grande partie la faiblesse du concept et son éparpillement sur lesquels nous venons largement de disserter et mis en évidence notamment dans l'ouvrage *La Biodiversité en question*. La conceptualisation et l'élaboration théorique devraient toujours être considérées comme le travail noble de la recherche mais toujours en relation avec la réalité perceptible à travers nos sens et nos instruments, et mises en scène grâce à l'expérimentation. Pondérons néanmoins ces affirmations : dans la liste des « 100 articles que tout écologue devrait lire » [46], un nombre important concerne des démarches théoriques. Cette synthèse présente plusieurs intérêts et mérite d'être lu au-delà de la liste des 100. La méthode choisie est celle d'une enquête basée sur un panel d'écologues reconnus et non pas sur des statistiques « mercantiles » telles que des taux de citations. En fait, la corrélation est faible entre la notoriété déclarée des articles par les experts et les index de citation, aussi bien des articles que des revues dans lesquelles ils ont été publiés. À la fin des années 1990, nous avons procédé de façon analogue dans le domaine des recherches sur l'environnement pour éclairer les choix stratégiques en matière de recherche dans ce domaine complexe, éminemment interdisciplinaire [204] [205].

Une approche collective est déjà à l'œuvre, mais elle est encore limitée et reste très naturaliste. Étant donné l'ampleur du problème, au moins du même ordre que celui du climat, il est nécessaire de promouvoir une action de grande ampleur, interdisciplinaire et internationale. C'est ce qui a été tenté par l'IUBS avec le programme « Diversitas », qui mérite d'être amplifié. Nous avons d'excellents exemples avec ce que les climatologues ont fait et qui inspire le domaine de la biodiversité et des services des écosystèmes. C'est ce qui est tenté par l'IPBES (International Platform on Biodiversity and Ecosystem Services), mais de création trop récente pour qu'on puisse encore évaluer son action et encore trop empreint de positions idéologiques [203]. Cependant, le noyau dur « sciences de la vie » pourrait être renforcé, permettant de concentrer les efforts sur une série de questions à résoudre, comme celle de la dynamique de la biodiversité, du sérieux ou non de l'idée de sixième grande extinction. Ce type d'action collective devrait aussi intégrer, d'une part, une nécessaire réflexion épistémologique et philosophique et, d'autre part, le développement des approches expérimentales à la mesure du problème. Certains pourraient rétorquer que tout cela se fait déjà. Le problème est l'échelle trop réduite[127]. L'approche doit être mondiale, ne pas être restreinte à l'écologie et à ses satellites.

Cet effort serait bien plus efficace que des empilements de contributions individuelles (ou de petits groupes) aussi brillantes soient-elles. Il faut néanmoins reconnaître que l'exercice se heurte aux modes de gestion de la recherche favorisant l'individualisme et la compétition interindividuelle, avec des critères d'évaluation de plus en plus réducteurs qui favorisent la dispersion et l'expression des détails aux dépens de visions plus générales, plus conceptuelles. Des écueils sont donc dans les modes d'évaluation, auxquels il est difficile d'échapper, qui mènent à privilégier le nombre de publications et alors à se cantonner aux courants dominants, laissant de côté l'originalité, et aux études empiriques facilement empilables.

La question de la biodiversité est au moins aussi importante que celle du climat. Il est urgent de la « sauver », principalement en tant que concept, avant qu'elle ne sombre ou végète dans l'indifférence générale.

*Autres rappels et quelques éléments de plus…*

L'approche souvent émotionnelle et passionnelle de la question de la biodiversité avec un brin d'irrationalité, voire de religiosité, même sensible dans des articles de revues scientifiques, ne peut qu'étonner. Par ailleurs, le courroux est perceptible lorsque l'argument d'une biodiversité remarquable est avancé pour contrecarrer des projets, par exemple de changement d'usage de territoires. Parfois la situation est franchement comique, si certaines conséquences n'étaient pas souvent désolantes. Nous en avons parlé abondamment. Le langage adopté par celles et ceux qui utilisent le terme est fréquemment conservationniste ; c'est tout aussi étonnant pour un objet mouvant, changeant, désignant des êtres vivants s'adaptant et évoluant continûment, capable de se déplacer et de s'étaler dans l'espace. Tout cela perturbe une approche scientifique un tant soit peu sereine de la question, au point que l'on peut se demander si celle-là est encore possible sur la base de ce concept qui à force d'être utilisé s'est érodé au moins autant que l'objet lui-même. L'une des illustrations contemporaines en est la motivation de la loi sur la « reconquête de la biodiversité, de la nature et des paysages » présentée au parlement en 2015, où le langage utilisé est très illustratif d'une vision idéalisée de la nature.

Étonnement donc face à ces constatations. Jeter des anathèmes n'aurait aucun sens. Au point où nous en sommes il est plus intéressant d'en comprendre les origines. De fait, cette analyse conduit, avec au moins autant d'étonnement, aux bases mêmes de notre philosophie et de notre culture. En cela, les travaux de Claude Lévi-Strauss et de ceux qui s'inscrivent dans la mouvance d'une « anthropologie de nature », comme Philippe Descola, sont précieux. L'analyse des rapports entre culture et nature au sein des sociétés humaines, notamment amérindiennes, loin de nos références culturelles, peut en retour nous être très utile pour tenter de comprendre le sens de ces rapports dans nos propres sociétés et leurs ancrages historiques et anthropologiques.

Face à ces discours, l'hypothèse la plus plausible est que nous nous heurtons à des visions du monde anciennes et contradictoires, transmises par notre culture gréco-latine, profondément ancrées dans notre inconscient collectif, une des facettes ayant été privilégiée à travers la pensée chrétienne, adoptant à la fois la vision biblique du monde et le cosmos[128] de Parménide, ainsi que le « système » d'Aristote, au détriment de celle d'Héraclite, de Démocrite et d'Épicure. Mieux analyser ces origines et leur évolution au cours du temps permettrait-il de mieux comprendre les débats actuels au sein de l'écologie, et de domaines périphériques à cette discipline, analyse déjà esquissée antérieurement [11].

Mais, me direz-vous, l'écologie et la biodiversité dans tout cela ?

Rappelons que le terme « écologie » a été inventé par le biologiste allemand Ernst Haeckel, évolutionniste, en 1866 et celui d'écosystème par Arthur George Tansley en 1935. Sans entrer dans les détails largement exposés par ailleurs, pour faire court, on peut citer encore une fois Donald Worster, notamment le chapitre de son ouvrage intitulé « Écologie de l'ordre et du chaos » [176], où il montre clairement que l'écologie est partagée en deux mouvements : l'un fondé sur la notion d'équilibre et l'autre sur celui de mouvement permanent. Dans le premier cas et pour un écosystème donné, la communauté d'êtres vivants de cet écosystème tend vers un état d'équilibre, appelé « climax » [206], c'est-à-dire vers un système ordonné dont l'expression ultime serait une sorte de superorganisme[129], c'est une vision organiciste. Dans le second cas, il n'y a pas d'équilibre, au plus un état stationnaire, tout change tout le temps. Dans le prolongement de cette analyse, on peut qualifier de néofixiste la première vision et d'évolutionniste la seconde. Reste le terme d'écosystème, incluant le mot système dont nous avons vu l'origine et qui porte en lui l'idée fixiste. Et pourtant, ce concept est d'une grande pertinence et très efficace. Comment alors allier l'idée évolutive largement admise, celle de changement permanent, avec ce concept d'inspiration fixiste ? Il faut tout simplement se placer dans une échelle de temps pertinente : la structure d'un ensemble composé d'entités interagissant entre elles, examiné pendant une durée limitée, pendant laquelle la structure ne change pas de façon perceptible, peut être décrite en termes de système, analysée et modélisée, voire contrôlée pour les systèmes technologiques, efficacement, pendant cette période. Une évolution de la structure, si elle se produit peut alors donner lieu à une redéfinition du système et à une nouvelle étude scientifique et technologique. Cette position est d'ordre méthodologique et ne présuppose pas que cet ensemble soit un « système » par essence au sens d'Aristote. Une part de la confusion vient dans le mélange des genres : un état de fait *versus* une posture méthodologique, une différence analogue à celle entre essentialisme et nominalisme.

Quand on analyse les discours sur la biodiversité, pour beaucoup, comme on l'a déjà souligné, on constate que l'idée de conservation est omniprésente. Par exemple, dans la loi pour la reconquête de la biodiversité, de la nature et des paysages, déjà citée, on note 29 occurrences, au sens strict, de mots associés à l'idée de conservation, contre deux relatives à celle d'évolution biologique et écologique. Un autre point est à relever, c'est l'extrême sensibilité des défenseurs de la biodiversité. En effet, si une critique est émise sur leurs affirmations, la réaction est vive. Même si c'est une analogie rapide, on peut penser à la psychanalyse où il a été remarqué que ce type de réaction s'observe quand on touche aux profondeurs de l'inconscient, et aux contradictions internes, par exemple entre religiosité refoulée et scientificité assumée, chez un chercheur. Si l'on reprend l'ouvrage de Bertrand Russell *Science et religion*, il cite notamment des émissions de la BBC dans les années 1930 et particulièrement une interview de John Scott Haldane[130], un célèbre physiologiste britannique. Selon B. Russell, on y perçoit une vision panthéiste du monde. Cette vision se retrouve très clairement dans l'image de Gaïa reprise par Lovelock (également organiciste) et dans beaucoup de discours des écologistes, même scientifiques.

Comment concilier les choses ? D'un côté, une réalité, la biodiversité désigne des ensembles de systèmes vivants dont les propriétés fondamentales sont de pouvoir s'adapter et évoluer, c'est-à-dire de changer continûment. D'un autre, deux visions alternatives, la première décrivant, au moins implicitement, ces ensembles comme étant intangibles, toute modification est alors perçue comme une perte, une dégradation. Pour la seconde, ces ensembles changent dans le temps de façon permanente. Cette représentation est plus fidèle à la réalité. La première est de nature fixiste, la seconde est évolutionniste. On comprend alors que les discours tenus dans le premier cas seront plutôt conservateurs, alors que, dans le second, la conservation est vue comme une modalité de gestion de la biodiversité, parmi d'autres, et non comme une finalité. Un autre point de vue est à considérer, celui du droit. Pour une part importante et depuis longtemps, la loi donne des statuts au vivant (par exemple sur les espaces et espèces protégées). Il semble que son écriture et sa pratique ont des difficultés à intégrer la dynamique des systèmes sur lesquels elle se prononce.

À ce stade, le choix est simple, la biodiversité comme enjeu social peut s'accommoder d'une vision fixiste, plus facile à expliquer et à gérer par le droit, mais au prix de réactualisations régulières. La biodiversité comme enjeu scientifique et technologique ne le peut pas, car on est alors confronté à un autre type de « lois », celles de la nature que nous pouvons utiliser intelligemment, mais que nous ne pouvons pas réécrire à notre guise : il faut faire avec.

Enfin, une façon de mieux comprendre les choses est de les catégoriser, de les nommer. C'est ce qu'on propose en distinguant diverses écologies afin de bien identifier ce qu'on appelle l'écologie scientifique qui nous intéresse ici.

### *S'approprier la complexité, vers un concept d'écolome ?*

Nous ne pouvons plus faire l'économie de la complexité, concept évoqué déjà plusieurs fois, et d'une approche scientifique et technologique de cette question ainsi que de sa traduction en termes de systèmes complexes. En ce sens, nous adhérons une nouvelle fois aux réflexions d'Edgar Morin, énoncées clairement dans cette citation :

> Beaucoup ont longtemps cru et peut-être croient encore que le défaut des sciences humaines et sociales est de ne pouvoir se débarrasser de la complexité apparente des phénomènes humains pour s'élever à la dignité des sciences naturelles qui, elles, posaient des lois simples, des principes simples et faisaient régner l'ordre du déterminisme dans leur conception. Or, nous voyons aujourd'hui qu'il y a crise de l'explication simple dans les sciences biologiques et physiques ; dès lors, ce qui semblait être les résidus non scientifiques des sciences humaines, l'incertitude, le désordre, la contradiction, la pluralité, la complication, etc., fait aujourd'hui partie d'une problématique générale de la connaissance scientifique [207].

Une trentaine d'années après, et de nombreuses autres contributions d'Edgar Morin, on se rend compte que nous n'avons pas encore pris toute latitude pour « faire le choix de la complexité » dans nos travaux. Cette appropriation de la « complexité » et l'objectif d'en traiter rigoureusement doivent aller au-delà des mots. Cela étant, le mot lui-même a une histoire, encore une fois nous pouvons nous référer à la base de données de *Nature*, dans les mêmes conditions que pour l'histoire du mot « biodiversité », mais en remontant plus dans le temps, à savoir 1845. On obtient le graphe des fréquences penta-annuelles d'occurrences du mot (figure 7.1).

Il ne s'agit pas d'oublier ce que nous avons acquis et nos approches rodées, notamment d'analyse des systèmes et même l'approche réductionniste, mais de poursuivre la construction d'une méthodologie scientifique d'étude des systèmes complexes. L'écologie et la biodiversité sont des champs d'excellence où ce type d'approche devient nécessaire, sinon le risque est grand de patiner et même d'avancer des considérations parfois contredites par la réalité, par exemple sur la fragilité des grands écosystèmes. C'est le cas aussi en économie où l'on est régulièrement

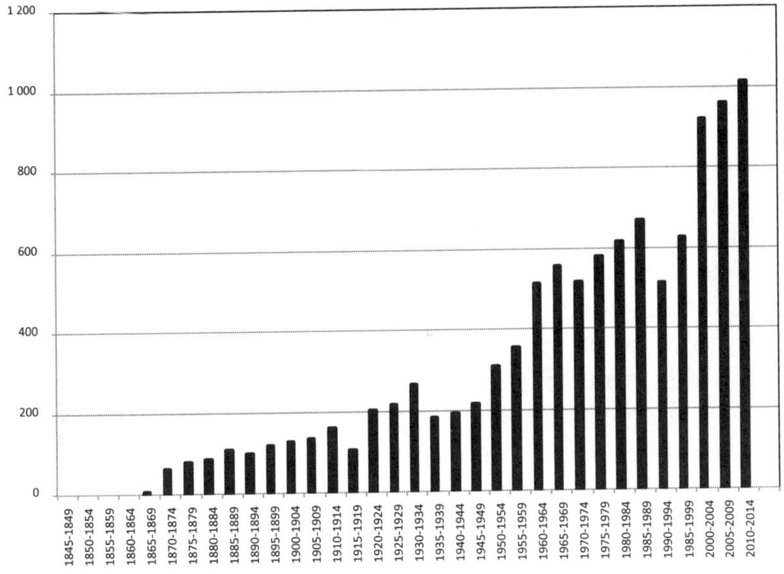


Figure 7.1. Occurrences du mot « complexité » dans la revue *Nature* depuis le début de sa publication, par tranches de 5 années. On observe une croissance régulière de l'emploi du terme, même s'il reste encore mal défini.

étonné par les déclarations des spécialistes de la question, souvent contradictoires, n'étant rigoureuses qu'en apparence. Ce n'est pas une histoire de compétences, c'est la non prise en compte de la complexité : on se contente d'explications simplistes avec l'idée à chaque fois que c'est la bonne. La mauvaise utilisation des modèles, objets efficaces mais réducteurs par nature, n'arrange pas les choses. Et quand il y en a un qui semble pertinent, comme HANDY, on n'en parle pas trop. Prendre en compte la complexité, par exemple celle de notre environnement, la communauté scientifique y a consacré du temps depuis une quarantaine d'années avec notamment la promotion de l'interdisciplinarité.

Une méthodologie rigoureuse s'est progressivement construite. L'interdisciplinarité est opérationnelle et l'évolution vers la transdisciplinarité est en cours. Encore une fois on se demande si l'on ne travaille pas pour rien. Comment peut-on comprendre que le gouvernement d'un pays comme la France soit exercé par des équipes dont les membres sont de formations et de cultures peu diversifiées, c'est-à-dire quasi monodisciplinaires, alors qu'il n'y a pas d'activité plus interdisciplinaire que de « gérer la cité » ? Si le monde politique ne sait pas faire, peut-être qu'il pourrait s'inspirer de l'expérience des scientifiques : la méthodologie est un résultat en soi[131].

Pour la biodiversité, nous sommes devant un sujet d'une grande complexité et ce n'est pas par la comptabilité d'un nombre d'espèces qu'on avancera. Ce n'est qu'un aspect, certes utile, mais d'un effrayant simplisme. Déjà, les dimensions bioécologiques et évolutives sont complexes, mal connues. L'évidence des multiples interactions des êtres vivants entre eux et avec les composantes anthropologiques, sociologiques, technologiques et économiques ajoute à cette complexité. Cela ne veut pas dire qu'on ne peut, ou pire qu'on ne doit, rien faire, mais il faut intégrer dans nos schémas une vision évolutive, au sens de celle de nos pratiques, intégrant constamment les données quantitatives et qualitatives, les progrès dans nos connaissances, pour, encore une fois, promouvoir une approche adaptative de la question et de la « gestion[132] » du vivant.

Enfin, on peut rappeler que les points forts de l'écologie, au moins à ses débuts, étaient centrés sur les interactions entre les êtres vivants, base d'une approche systémique. Par exemple, l'étude et la modélisation de ces interactions dans les années 1930 ont fait que Scudo et Ziegler ont appelé cette époque « l'âge d'or de l'écologie théorique ». Ces points forts ont été placés en second plan par le passage à une approche « centrée objet », plus descriptive que fonctionnelle, c'est le cas notamment de la biodiversité. La problématique des interactions mériterait à nouveau une grande attention d'autant plus que l'on peut possiblement éviter l'effet « tonneau des Danaïdes » du dénombrement des espèces. Par exemple, alors que les sciences de la vie ont inventé les notions de génome, de métabolome, de connectome, ne serait-il pas intéressant d'introduire celle d'écolome (l'ensemble des relations et interactions entre les composantes d'un écosystème)[133] ?

Elle est totalement compatible avec la prise en compte de la complexité, elle est même nécessaire. Reprenons l'exemple des forêts tropicales. Nous avons vu que la répartition plutôt aléatoire d'arbres d'espèces différentes est une explication raisonnable de la résilience du peuplement. On sait par ailleurs qu'il existe des interactions entre individus d'une part et avec le milieu d'autre part (figure 7.2).

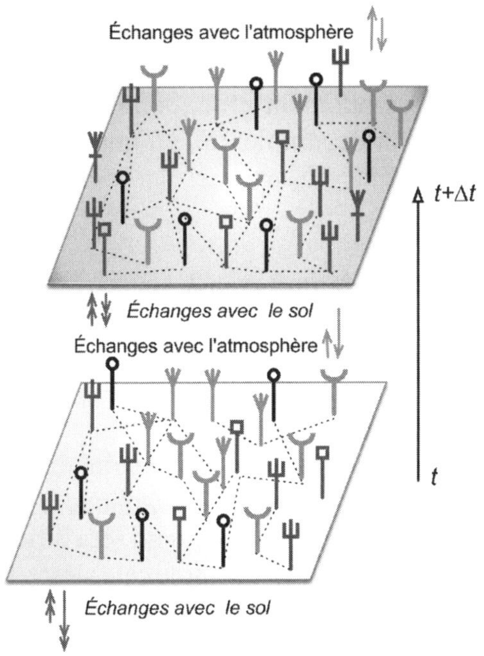


Figure 7.2. Représentation simple de la notion d'écolome. Pour cela, schématisons un écosystème forestier naturel, les arbres sont figurés par des traits verticaux terminés par un rond en haut. Ces divers individus peuvent avoir des interactions entre eux. De plus, ils ont des échanges avec le milieu physique : atmosphère et sol. Ces individus et les diverses interactions peuvent changer dans le temps. De plus, cet écosystème n'est pas constitué que d'arbres, mais d'une multiplicité d'autres êtres vivants : « *an entangled bank* » où les interactions sont en très grand nombre. Par analogie avec les X-omes de la biologie, notamment le connectome des neurobiologistes, on pourrait convenir d'appeler écolome l'ensemble des interactions dans un écosystème. Cet écolome est un élément essentiel de la complexité écologique et nécessaire à une approche systémique rénovée. Cette complexité munit l'écosystème de propriétés globales et joue un rôle important pour assurer sa résilience.

Ces interactions sont souvent assurées par des composés organiques volatils (COV). Par exemple, des arbres agressés par des ravageurs peuvent émettre des substances volatiles qui diffusent dans l'atmosphère, induisant à l'avance des réactions de défense comme la biosynthèse de produits toxiques par d'autres individus de la même espèce non nécessairement proches de l'individu émetteur. Plus généralement, la diversité biochimique est aussi une conséquence de la diversité biologique. Ainsi, en Guyane, avons-nous constitué une base de données de plus de 500 spectres « GC/MS » de tels composés [209].

Ne serait-il pas également utile, comme en neurosciences, d'associer la notion de simplexité, en quelque sorte duale de celle de complexité ?

## Que peut-on penser de tout cela ?

Les débats actuels mènent souvent à poser la question suivante : face aux dangers qui menacent la biodiversité, ou du moins la perception qu'on en a, que faut-il faire ?

S'il s'agit de l'objet, à savoir la diversité du monde vivant, on oserait dire qu'elle a sa propre dynamique, au moins à long terme, en soulignant que celle de demain sera différente de celle d'aujourd'hui, quoiqu'on fasse, comme cela s'est passé dans… le passé et pour très longtemps encore. Il y a néanmoins lieu d'être circonspect, car certains êtres vivants néfastes ne sont peut-être pas nécessaires, et certains autres sont très importants pour les sociétés humaines, pratiquement ou pour créer une espèce d'harmonie dans notre environnement.

S'il s'agit du concept scientifique, il reste difficile à cerner, tant ses facettes sont multiples, à moins de renforcer une approche collective interdisciplinaire et internationale, comme c'est le cas pour le climat. Il faut souligner quand même que les ordres de complexité sont beaucoup plus importants, raison de plus pour être le plus rigoureux possible et surtout pour ne plus hésiter à se confronter à cette complexité.

La recherche doit viser d'abord à mieux comprendre les dynamiques en cause, mais aussi à réfléchir aux modes de gestion de cette biodiversité, qu'ils soient de nature technique ou réglementaire et de promouvoir une approche adaptative avec une forte dimension observationnelle et de modélisation, cohérente avec la nature évolutive des systèmes vivants, l'incomplétude, en partie irréductible, mais évolutive de nos connaissances ainsi que les pouvoirs prescriptifs et prédictifs limités des modèles. C'est-à-dire en prenant en compte les diverses incertitudes métrologiques, calculatoires et cognitives. Une démarche méta-analytique et synthétique, non seulement statistique mais aussi étendue à des modèles dynamiques pourrait compléter notre arsenal, sans oublier le point de vue des experts. Cette démarche est donc nécessairement collective et interdisciplinaire. Il faut aussi insister pour qu'une politique de recherche dans ce domaine ne soit pas réduite à une liste à la Prévert, mais qu'elle soit fortement conceptualisée et structurée, sinon le risque est grand de ne collectionner que des détails, souvent intéressants, voire amusants, mais ne contribuant que peu au progrès du thème et de la discipline.

Soulignons aussi le rôle positif des organes d'information et de communication, qui popularisent les résultats scientifiques sur un sujet très médiatique. Cependant, on peut parfois être réservé quand ces transferts se font de façon simpliste et inutilement spectaculaire…

Enfin, le succès rencontré auprès d'un large public n'est-il pas une expression de la recherche d'un « enchantement du monde » dont nous sommes loin et dont les discours des uns et des autres, les écologues y compris, nous éloignent chaque jour un peu plus ? On nous serine avec la dette[134] et les équilibres budgétaires, avec le chômage tristement persistant, avec la compétitivité présentée comme la panacée, mais qui tarde à le montrer, et même qui exhibe le contraire, avec la non moins indispensable excellence, avec le dérèglement climatique, avec l'effondrement de la biodiversité, avec les météorites qui nous menacent, donc avec le ciel qui nous tombera immanquablement sur la tête. Rien de tout cela ne prête au rêve, à envisager un avenir radieux, ni même un avenir tout court. L'écologie est pessimiste, elle nous promet l'enfer alors qu'elle devrait nous dessiner le paradis. De fait, la biodiversité peut exhiber un côté positif, il faut donc sauver les facettes qui nous font rêver, celles qui sont porteuses d'avenir et de bienfaits : une raison majeure pour s'y intéresser, par exemple en l'érigeant en bien commun géré collectivement. L'écologie, en tant que discipline scientifique, ne peut pas se contenter de compter et de collectionner, elle doit changer en amplifiant les dimensions fonctionnelles et en développant encore plus les aspects évolutifs, très positifs pour l'étude de la biodiversité elle-même et de sa dynamique. De plus ses concepts sont très utiles pour aborder d'autres domaines, bien plus sérieusement que les usages parfois comiques qui en sont faits. C'est le cas dans d'autres domaines des sciences du vivant, comme l'écologie de la santé ou l'agroécologie, et cela même pour certains aspects fondamentaux : la biologie moléculaire éclaire l'écologie, l'écologie peut illuminer les approches cellulaires et moléculaires.

En revanche, comme nous l'avons déjà évoqué, les confusions entre l'écologie et l'économie posent problème, les écologues cherchant parfois des inspirations chez les économistes ou économisant leurs discours, au sens d'introduire de l'économie dans leur discipline. On observe des biais méthodologiques déjà signalés : on passe un peu trop aisément de la métaphore à l'analogie et parfois au pseudo fait scientifique ; la réitération de l'argument faisant alors office de preuve. Par ailleurs, la recherche effrénée d'une mesure unique des valeurs de la biodiversité, conduit à trouver un indicateur économique en termes financiers et c'est extrêmement réducteur : un service de la biodiversité est-il ainsi évaluable ? Déjà, comme nous l'avons déjà remarqué, le terme « service » est contestable. En effet, un service suppose un contrat explicite et implicite entre un prestataire et un bénéficiaire. Les bénéficiaires sont bien identifiés, ce sont les humains, les prestataires sont des objets « naturels » dont on voit mal comment ils peuvent « signer » des contrats, si ce n'est par le biais d'un propriétaire qui l'a acheté ou constitué, ou d'une association qui s'arroge le droit de représenter ces objets naturels, souvent au nom d'un ordre moral. Tout cela mérite débat et à être précisé au risque de tomber dans le biais déjà signalé d'humanisation et donc de conscientisation d'un objet non humain. Peut-être qu'un approfondissement de la notion de commun pourrait éclaircir le débat.

Poursuivons l'approche économisante : les objets et fonctionnalités de la biodiversité peuvent-ils être évalués en termes économiques, notamment monétaires ? À ce sujet, on peut préciser la critique, déjà mentionnée, d'Henri Poincaré faite à Léon Walras à propos de l'approche mathématique de l'économie proposée par ce dernier, par exemple de la mesure de la satisfaction introduite dans ses modèles[135] :

> La satisfaction peut-elle se mesurer ? Je puis dire que telle satisfaction est plus grande que telle autre, puisque je préfère l'une à l'autre. Mais je ne puis dire que telle satisfaction est deux fois ou trois fois plus grande que telle autre. [...] Je puis dire si la satisfaction qu'éprouve un même individu est plus grande dans telle circonstance que dans telle autre ; mais je n'ai aucun moyen de comparer les satisfactions éprouvées par deux individus différents.

L'un des services de la biodiversité est esthétique, par exemple je peux apprécier un paysage montagnard, mais aussi un autre du littoral. Mais je ne puis dire si je préfère deux fois plus l'un que l'autre. Pareillement, je trouve très joli le coq de roche, oiseau d'Amazonie, de même le toucan, mais je ne puis dire si ma satisfaction à voir l'un est deux fois plus grande que de voir l'autre. Poincaré propose de s'en tirer avec des fonctions arbitraires, mais limitant alors drastiquement les conclusions qu'on pourrait tirer du modèle. Ce qui n'est pas fait par Walras, dont la réponse est étonnamment maladroite : répondre en termes mathématiques à l'un des plus grands mathématiciens de tous les temps alors que ce dernier s'exprime clairement et simplement avec des mots.

La biodiversité mérite mieux que cette réduction économique (cette sorte de projection d'un ensemble multidimensionnel de grande faille sur un sous-ensemble de trop petite dimension)et nous devons l'apprécier à travers d'autres filtres, sans pour autant ignorer les dimensions économiques, mais en leur réservant leur place et seulement leur place.

Mais alors que faire avec les discours des autres écologies ? C'est simplement hors de notre propos.

# 8

# Ce que nous dit la biodiversité sur le hasard et le hasard sur la biodiversité

« *Panta rhei* » (παντα ρει)
HÉRACLITE D'ÉPHÈSE[136]

L'expression « S'il y a quelqu'un qui doit tout à Bach, c'est bien Dieu » est attribuée à Emil Michel Cioran [210]. Elle est plus connue sous la forme abrégée « Dieu doit beaucoup à Bach ». Dans la même veine, on pourrait dire que « la vie doit beaucoup au hasard », on peut même montrer que sans hasard, pas d'évolution et même tout simplement pas de vie et, évidemment, pas de biodiversité. « Dieu ne joue pas aux dés », aurait dit Einstein. Il serait peut-être le dé lui-même et pourquoi pas toutes formes de hasard dans une seule entité et on pourrait réinventer une création bien plus aléatoire que le récit biblique... Mais avec une grande différence : en effet on a renoncé fort justement à donner à Dieu une existence physique alors que nous allons voir que ce qu'on appelle hasard peut être engendré par une diversité de processus bien concrets.

En limitant notre propos aux sciences de la vie, on a déjà noté que le hasard est très souvent évoqué, au point que longtemps le calcul des probabilités et la statistique ont été les seules parties des mathématiques enseignées aux étudiants biologistes. Mais une véritable réflexion sur le hasard est peu présente contre l'évidence de son omniprésence dans les discours scientifiques.

Par exemple, si la biométrie apporte de brillantes réponses en proposant des « traitements symptomatologiques » des effets du hasard, en revanche, elle ne dit presque rien sur les causes de ce hasard, d'où il vient, ce qui l'engendre.

Cependant, avec le développement de la modélisation, d'autres objets mathématiques ont été utilisés par les biologistes et écologues avec bonheur. C'est par exemple le cas des « systèmes dynamiques », avec les équations différentielles ordinaires et aux dérivées partielles, ainsi que les équations récurrentes afin de mieux représenter les mécanismes du vivant. De plus, pour tenir compte de la variabilité des données, des méthodes probabilistes et statistiques ont été employées pour ajuster les modèles et pour juger de leur adéquation à la réalité. C'est tout un arsenal méthodologique qui a été développé reliant probabilités et statistiques à d'autres chapitres des mathématiques, et cela pour des raisons pratiques.

Ici, nous allons voir qu'on peut aller plus loin sur le fond, par exemple, en montrant que des modèles différentiels ou récurrents, non probabilistes, peuvent engendrer du hasard. Quand on sait, par ailleurs, que de nombreux phénomènes biologiques et écologiques sont modélisés en termes de systèmes dynamiques, on peut explorer à quelles conditions ces modèles peuvent engendrer de l'aléatoire et, de là, revenir aux phénomènes eux-mêmes, à ces roulettes biologiques que nous avons déjà évoquées. On peut y voir une façon de les rechercher, de les découvrir et de voir comment on peut éventuellement agir sur elles.

Par ailleurs, au-delà du concret, les mathématiciens ont construit des relations formelles entre systèmes dynamiques d'une part, statistique et probabilités d'autre part, justifiant alors des pratiques d'utilisation des probabilités et de la statistique pour analyser des résultats de simulations. Inversement, sachant que les modèles mécanistes sont en général plus difficiles à élaborer que les modèles probabilistes, mais plus précis, on peut choisir en toute connaissance de cause la façon de modéliser, selon l'exigence qu'on a sur la fidélité de la représentation. Pour en être convaincu, il suffit de regarder le simple pile ou face, dont la modélisation probabiliste est relativement facile et ancienne, ce qui n'est pas le cas pour la modélisation mécaniste. Cependant cette deuxième approche, très récente, permet de comprendre à quelles conditions le résultat d'un lancer est imprédictible. Bien entendu seules les références sont données, l'élaboration et l'étude du modèle sortant du cadre de cet ouvrage.

Nous en sommes arrivés là en approfondissant la question de la biodiversité. À son propos et sans doute plus généralement, il nous semble qu'on ne peut plus faire l'économie d'une réflexion sur le hasard. Et cela d'autant plus que, maintenant, nous avons les moyens de le faire avec profit. Mais ce n'est que le début, et même que le début du début !

## Quelques jalons de plus sur le chemin du hasard

Le concept de hasard est très ancien, souvent pour le nier en introduisant une force supérieure dont les motivations nous échappent, créant des événements imprévus, fortuits, forçant la roue de la chance. On cherche donc des causes déterminées même si l'on n'arrive pas à bien les identifier, sinon en les nommant. Et pourtant, depuis très longtemps, nous fabriquons du hasard, à l'image des dés, dé étant d'ailleurs désigné par le mot arabe « الزهر » (Az-zahr).

On aurait pu en rester là, mais nos sociétés ont engendré une variété bizarre d'humains, à savoir d'incorrigibles scientifiques qui cherchent des explications rationnelles, des entités physiques responsables de ce hasard et des moyens de le mathématiser. C'est ainsi que le calcul des probabilités a été inventé. De grands noms y sont attachés, par exemple Blaise Pascal, Pierre de Fermat, Jacques et Daniel Bernoulli. On sait ainsi traiter de ses effets, mais rien n'est réellement dit sur ce qui l'engendre. Un peu plus tard, Pierre Simon Laplace pense qu'il résulte d'un manque de connaissances : si l'on savait tout sur tout, alors les équations traduisant ce savoir permettraient de prévoir précisément le futur de tout et partout avec grande précision [211].

C'est ce qu'on appelle le déterminisme laplacien. Au milieu du XIXe siècle, Antoine-Augustin Cournot, mathématicien, économiste et philosophe, propose une autre explication : un événement fortuit résulte de la rencontre de deux suites non corrélées de causes et d'effets, ce qu'on appelle des chaînes causales indépendantes[137] [212]. Il illustre son propos par de multiples exemples, le plus connu est celui de la tuile qui tombe sur la tête du logicien sortant de son domicile : un couvreur maladroit laisse tomber la tuile qu'il manipule au moment où passe le piéton sur le trottoir (on suppose bien sûr qu'il n'y a aucune intention malveillante). On peut reconstituer la suite des événements ayant mené à cet accident de part et d'autre. On comprend ainsi qu'un petit décalage dans l'une ou l'autre des deux séries causales en question l'aurait évité, mais on ne l'aurait jamais su ! C'est la contingence des historiens : un événement est le fruit d'une histoire, d'une suite d'événements précédents, mais un fruit hasardeux [213]. L'évolution biologique procède d'une façon voisine comme l'a suggéré Zachary Blount, dont nous avons déjà parlé.

## De Poincaré à Spinoza

De son côté, Henri Poincaré, dans l'introduction à son ouvrage *Calcul des probabilités* (1912), part de la vision laplacienne et montre avec des exemples que le manque de connaissance n'est pas suffisant pour expliquer l'origine du hasard. Puis son exposé se fait plus précis, il reprend l'exemple de Cournot, sans aller plus loin, et expose ensuite ce qu'on pourrait appeler le hasard mécanique. Son premier exemple est en quelque sorte une toupie, il illustre la notion de « sensibilité aux conditions initiales » : un cône est en équilibre instable sur la pointe, si on le lâche, il tombe, mais on ne peut pas prévoir exactement la position de l'axe au repos, bien que cette situation puisse être représentée par un modèle mathématique « déterministe » en application des lois de Newton. Il explicite clairement cette situation :

> Il peut arriver que de petites différences dans les conditions initiales en engendrent de très grandes dans les phénomènes finaux ; une petite erreur sur les premières produirait une erreur énorme sur les derniers. La prédiction devient impossible et nous avons le phénomène fortuit [214].

Un autre exemple concerne le brassage d'un jeu de cartes où Poincaré montre simplement que cette manipulation correspond à des permutations successives des cartes dans le jeu. Le nombre de possibilités est tellement grand qu'on ne peut honnêtement pas prévoir la succession des cartes dans le jeu à la fin du brassage. Il parle alors de hasard résultant de la complexité (ou complication) de la situation. Un troisième exemple est celui des décimales de certains nombres transcendants, par exemple du nombre $\pi$, qui se succèdent de façon quasi aléatoire. En gros, on peut retenir que, selon lui, il est possible de regrouper les mécanismes produisant du hasard en deux grands groupes, ceux qui sont sensibles aux conditions initiales, et ceux qui résultent de la complexité des causes et évidemment du mélange des deux. De fait, le hasard de Cournot relève des deux : l'union de séries causales indépendantes peut être qualifiée de complexe et chaque série est sensible aux conditions initiales (et de fait aux petites perturbations en cours de route). Cependant, entre le hasard de Cournot et le hasard mécanique lié à la sensibilité aux conditions initiales, il y a une différence notable. Le second est « calculable », comme nous allons le voir un peu plus loin, le premier ne l'est pas, il ne peut être établi qu'*a posteriori*. Enfin, dans son texte, Poincaré se réfère à Joseph Bertrand, l'un des grands probabilistes du XIXe siècle, connu par ce qu'on nomme le paradoxe de Bertrand, mais aussi parce qu'il introduit la notion de « lois du hasard », associant deux termes apparemment incompatibles : une loi correspondant à un énoncé certain alors que le hasard désigne ce qui est précisément la source de l'incertain. Dans ce texte somme toute assez bref (23 pages), Poincaré nous livre ainsi un exposé extraordinairement « moderne » sur le hasard et les probabilités, exposé surtout lisible par le plus grand nombre.

En termes de logique, on sait qu'usuellement le mot hasard est utilisé pour désigner une absence de causalité, ou du moins des causes non identifiées. Or, on voit déjà qu'il peut être produit, causé par des « mécaniques » précises. Ayant une origine identifiée, on peut alors l'intégrer dans un schéma de causalité. Il ne tombe pas du ciel. Et là, nous revenons sur la pensée de Baruch Spinoza pour lequel, ne pouvant pas s'expliquer par de tels schémas : « causalité » et « tomber du ciel », le hasard ne peut pas exister. Un peu plus de trois siècles plus tard, il peut être intégré dans cette brillante réflexion : le hasard existe bien mais pas comme une entité en tant que telle, plutôt comme conséquence de processus identifiables. Tout cela est compatible avec la vision panthéiste du philosophe, mais en disserter ici nous emmènerait trop loin et le risque serait bien au-delà de nos compétences[138].

Enfin, le hasard quantique n'est pas évoqué, car il était tout juste décelé à l'époque. Poincaré est décédé l'année même de la parution de son dernier ouvrage. On rêve de ce qu'aurait pu être la suite. En fait, cette suite a été brillante, mais beaucoup plus tard. La découverte du « chaos déterministe », au début des années 1960, en est un exemple. Ce chaos est lié à la « sensibilité aux conditions initiales », problème précisément posé par Poincaré (il prend même l'exemple des prévisions météorologiques). Nous en discutons de façon assez détaillée dans la suite parce qu'il nous semble pouvoir être une référence, un modèle générique, pour expliquer la production d'aléas par les systèmes vivants se traduisant par diverses variations erratiques dans ces systèmes. Comme on vient de l'évoquer, l'un des résultats majeurs récents est le lien établi entre la théorie des systèmes dynamiques et le calcul des probabilités, dont on pourra encore noter que ce lien a été pressenti par Poincaré. Entre-temps, à part quelques brillantes individualités, l'école mathématique française avait quelque peu oublié ses travaux, tout en étant très active par ailleurs. Dans d'autres pays, notamment aux États-Unis et en Union soviétique, le relais a été pris et nous revenons dans le jeu, sans doute parce que certains avaient lu Poincaré. C'est sûr pour les travaux les plus connus sur les systèmes dynamiques, beaucoup moins pour sa contribution au calcul des probabilités. Comme cela arrive souvent, il y eut des redécouvertes.

## Les accointances du hasard avec le vivant : des liaisons parfois dangereuses, mais pas toujours

Concrètement, si nous considérons un être vivant et plus généralement un système vivant, on peut distinguer deux catégories de hasards auxquels il est soumis : ceux qui sont produits, d'une part, par des processus exogènes, et d'autre part, par des processus endogènes. Par exemple, une mutation ponctuelle peut résulter de l'incidence d'un rayonnement ionisant provenant de la désintégration d'un atome lointain (origine exogène) ou bien d'une erreur de transcription au moment de la duplication d'un ADN au moment d'une division cellulaire (origine endogène).

Reprenons aussi le cas de la contingence. Ce concept, traduisant l'incertitude historique, est utile pour comprendre, en ce qui nous concerne, l'évolution biologique. On peut alors voir les choses de la façon suivante : l'histoire de la vie sur la Terre est un ensemble de trajectoires d'êtres vivants qui se succèdent, avec quelques incidents dus à des événements fortuits internes, par exemple des mutations lors des duplications de l'ADN, ou des perturbations externes, comme un rayonnement ionisant ou un agent chimique mutagène, qui réorientent ces trajectoires. Ces chaînes causales constituent des parentés plus ou moins indépendantes, qui peuvent se rencontrer, puis fabriquer des phylogénies. Tout cela, depuis le début, constitue un ensemble de processus entremêlés qui se déroulent dans le temps.

Ainsi, la vie elle-même n'est pas apparue un beau matin, à un instant précis, mais résulte de l'accumulation d'acquis, provenant de réactions chimiques immensément nombreuses, se produisant simultanément dans des durées très courtes, et réitérées sur un temps extrêmement long en comparaison. Il ne subsiste que quelques composés, molécules et macromolécules suffisamment stables pour se maintenir et progressivement participer à ce qu'a été le « premier être vivant ».

De fait, la probabilité d'apparition de la vie à un moment donné est nulle, comme celle de la plupart des structures biologiques. Même d'en parler n'a guère de sens. En revanche, elle ne l'est pas si on la considère comme le résultat d'un processus historique, qu'on peut désormais qualifier de darwinien, avec de nombreux essais aléatoires dont la plupart sont des échecs et n'ont donc pas laissé de trace. Les quelques combinaisons qui ont résisté ont constitué les premières pièces du Lego de la vie puis, petit à petit sur le très long terme, l'édifice s'est construit et continue à le faire, largement à « coups d'essais et d'erreurs » pour constituer ce qu'on appelle la biosphère, avec toute sa diversité.

### *La variabilité biologique en question*

Le hasard, ou plutôt des hasards multiples, crée de la variabilité. De nombreuses fois nous avons affirmé que cette variabilité est une caractéristique essentielle de la vie, que l'une de ses traductions est précisément la diversité biologique, elle-même nécessaire à l'évolution.

Cependant la variabilité ne se limite pas à des différences interspécifiques ou plus généralement entre groupes taxonomiques ou phylogénétiques. Ainsi constate-t-on souvent que des mesures d'un même caractère varient d'un individu à l'autre et parfois d'un instant à l'autre pour le même individu. À ce propos, il faut distinguer les changements progressifs (des trajectoires moyennes) des variations autour de ces changements. On sait assez bien traiter les premiers, par exemple en modélisant les trajectoires moyennes. Les secondes sont plus délicates à analyser, si ce n'est statistiquement en les attribuant à un « bruit de fond ». Ce sont ces dernières qui nous préoccupent ici.

En pratique, la variabilité rend difficiles certains calculs. Par exemple, l'ajustement d'une courbe à des données expérimentales. Mais comme elle est toujours présente il a fallu faire avec, et les biométriciens ont proposé des méthodes efficaces pour résoudre ce type de problème. La variabilité est alors considérée de la même façon qu'une erreur de mesure. Or nous avons vu, plus fondamentalement, qu'elle peut être une partie intégrante des processus biologiques, qu'elle est nécessaire à l'évolution et à bien d'autres aspects du fonctionnement des systèmes vivants. Elle peut aussi avoir des aspects négatifs, par exemple en engendrant des mutations létales, ou perturber gravement le métabolisme. Quels que soient les effets de la variabilité, on ne peut plus se limiter à la traiter comme un bruit de fond, de façon générique en associant une loi de probabilité à ce bruit de fond, très utile, mais aujourd'hui incomplète ; il devient de plus en plus d'actualité, sinon urgent, de la considérer comme partie intégrante du fonctionnement des systèmes vivants.

La communauté des biologistes a pensé pendant longtemps que cette variabilité était homogène dans le temps, si bien qu'on pouvait l'introduire dans les modèles comme une composante aléatoire, distribuée selon une loi de probabilité plus ou moins arbitraire, par exemple une loi de Gauss, à paramètres différents entre caractères, mais constants pour un caractère donné (par exemple, un taux de mutation). En fait, on a constaté que cette variabilité peut changer dans le temps, voire être, au moins en partie, régulée. De fait, trop de variabilité peut engendrer des dysfonctionnements, trop peu peut gêner les dynamiques et freiner les adaptations.

Dans ce brouhaha, à la sortie du supermarché de la variabilité biologique, plein de choses peuvent paraître hétéroclites, dont la biodiversité elle-même. Cela posé, deux questions émergent : d'où vient cette variabilité ? Au-delà du terme magique de hasard et des considérations générales : quels sont les processus qui l'engendrent, s'il y en a ?

Rechercher ce qui produit du hasard, sachant, comme on vient de le rappeler, qu'on avait largement omis ou oublié les écrits de Poincaré sur le sujet, et ce qui régule son expression, n'est pas une tâche facile, et la motivation manque parfois : après tout, est-ce si important ? Par exemple, dans les années 1980, plusieurs chercheurs ont essayé de trouver l'une des expressions du hasard, ce qu'on appelle le chaos déterministe, dans des systèmes chimiques, en pensant que c'était une étape pour le rechercher dans les entités vivantes. Ils n'ont guère été suivis et n'ont reçu que peu de soutien[139]. Cependant, il ne faut pas imaginer qu'il y ait un complot, les freins sont aussi dans nos têtes, à titre individuel et collectif. Ainsi, passe-t-on beaucoup de temps à développer des méthodes pour traiter de ses effets et non pas du hasard lui-même et cela marche plutôt bien. Alors pourquoi se casser la tête ? Or de multiples raisons peuvent justifier qu'on s'y intéresse de plus près. Dans le contexte de cet ouvrage on peut en citer au moins deux : d'une part, l'étude des processus évolutifs, sources de la biodiversité et, d'autre part, l'analyse du fonctionnement des grandes forêts naturelles, et plus généralement des grands écosystèmes naturels, où le hasard semble jouer un grand rôle. Bien d'autres phénomènes pourraient être cités, nous y reviendrons. Mais le plus important est qu'en comprenant comment il est engendré, nous pourrions avoir l'opportunité d'en contrôler sa production et son expression.

### *Les variations sont nécessaires à l'évolution*

Le schéma darwinien inclut un ensemble de processus se déroulant plus ou moins simultanément : (1) ceux liés à la reproduction avec variations, (2) d'autres provoquant une sélection naturelle parmi les variants et (3) un changement continu, dénommé dérive génétique. Comme l'a montré la LTEE, la dérive génétique est permanente. Il en est de même pour les interactions entre individus. Cependant, certaines peuvent se stabiliser sur le long terme, comme la coopération entre groupes d'organismes. Charles Darwin avait anticipé cette complexité bien avant, mais sans l'expliciter clairement, car des éléments nécessaires à cette analyse n'étaient pas disponibles à son époque. Les écosystèmes, leurs composantes et les interactions entre ces composantes sont aussi des produits de l'évolution au même titre que les espèces. Et tout cela varie et fluctue au cours du temps.

Selon la vision classique, les variations sont dues au hasard et homogènes dans le temps et dans l'espace, du moins pour une espèce donnée et un caractère précis. Elles ne dépendent donc pas de l'environnement au moment où elles s'expriment.

Dans cet ouvrage, nous centrons notre attention sur une vision biologique et sur l'évolution du monde vivant. Il est souvent utile d'examiner, même sommairement, d'autres situations. C'est ainsi que nous avons consacré du temps à d'autres aspects, de l'univers aux sociétés humaines [216]. Il n'est pas question de les reprendre ici, nous allons nous limiter à l'article déjà cité d'Alain Testart. Un point important de son analyse et de sa critique concerne le transfert simple du concept d'évolution biologique à celui d'évolution sociale. Il souligne le fait que cette dernière peut être la traduction d'une volonté ayant un objectif d'organisation sociale et que ce n'est pas le cas pour l'évolution biologique, pour laquelle il n'y a pas de finalité *a priori.* Elle est supposée mue par des processus imprévisibles dont le rôle ne peut être analysé qu'*a posteriori.* C'est ce qu'a d'ailleurs fait Darwin dans l'étude des populations de pinsons vivant dans des zones distinctes correspondant à des environnements différents, dans l'archipel des Galapagos. En revanche, on peut orienter le résultat *a priori* dans un processus de sélection artificielle très largement décrite et modélisée tant elle est importante en pratique. C'est ainsi que les performances de l'élevage et de l'agriculture ont été augmentées.

Enfin, l'évolution s'inscrit dans une histoire : un événement à un moment donné résulte de la rencontre d'une succession d'événements qui le précèdent, qu'on peut assimiler à une chaîne causale. Une généalogie décrit, par exemple, les filiations. Chacun d'entre nous peut reconstituer la sienne, au moins en partie. Un couple est issu de deux généalogies constituant deux chaînes causales indépendantes (parents-enfants). La rencontre des deux partenaires et l'enfant qui éventuellement en naît sont des événements fortuits, de probabilité quasi nulle à la naissance des parents. De fait, le monde vivant à un moment donné résulte d'une immensité d'embrouillaminis, de rencontres de chaînes causales indépendantes, étalées dans le temps. C'est la contingence fondamentale du vivant dont on peut reconstituer l'histoire, mais dont il est impossible de prévoir le futur dans les détails : même pour un couple, au moment de la conception (naturelle et plaisante !) on ne sait pas si le résultat sera un garçon ou une fille. En revanche, on peut dire que ce sera presque sûrement une petite ou un petit *Homo sapiens*, mais avec des différences avec ses éventuels frères et sœurs, dont le génome n'est pas la moyenne des génomes des parents, mais présente évidemment des parentés avec les génomes des autres individus de la famille biologique.

Ainsi, les moteurs principaux de l'évolution sont ceux qui engendrent des variations, la sélection naturelle arrive à la suite et n'est pas toujours nécessaire[140]. Cette sélection a aussi une dimension aléatoire, correspondant, par exemple, aux fluctuations de l'environnement et aux relations des êtres vivants entre eux. Les variations sont d'origines et de natures multiples et peuvent suffire dans un processus de dérive génétique. En désignant par le terme hasard tout ce qui produit des variations, on peut alors parler de « la nécessité du hasard » pour qu'il y ait évolution.

### *Variations des variations*

Pour certains organismes, les variations peuvent être spontanément modulées, c'est le cas de l'expression des gènes SOS en environnement défavorable. Rappelons que ces gènes produisent des enzymes réparant les erreurs de copie de l'ADN lors de la multiplication cellulaire. Ces erreurs se produisent spontanément et, toutes choses égales par ailleurs, le taux d'erreur peut être considéré comme homogène dans le temps. Le système SOS répare en grande partie ces erreurs et l'on peut toujours penser que le taux de réparation est à peu près constant, au moins en première approximation. Au bout du compte, le taux de variation résultant est sensiblement homogène. En revanche, si le système SOS peut s'exprimer plus ou moins, alors le taux de variation n'est plus homogène, et la proportion d'individus « mutants » peut augmenter. C'est ce qui est observé. Cela étant, ce système est neutre par rapport au choix d'une mutation favorable ou non : l'orientation évolutive dépend de la sélection naturelle, car c'est un facteur sélectif qui déclenche la régulation du système SOS. Il y a alors une augmentation des versions génétiques et donc des solutions possibles. La capacité à faire varier le taux de variation lui-même ouvre de nouveaux horizons : ces variations spontanées résultent de processus cellulaires dont on peut penser qu'ils sont de type chaotique, et d'une forme de contrôle de ce chaos, soit directement en « truquant » le jeu du hasard cellulaire, ce que nous appelons des roulettes biologiques, soit indirectement en jouant sur le résultat de ce jeu de hasard, en réparant plus ou moins les erreurs. C'est ce que font les systèmes SOS ou le croupier malin qui déplace subrepticement la boule d'une ou deux cases.

C'est ainsi que nous avons écrit dans l'ouvrage qui vient d'être cité :

> Les corps biologiques et les entités sociales qui en émergent manifestent des propriétés qu'on ne voit pas en physique ou en chimie. Ces entités présentent des processus générateurs de hasard qui produisent de la diversité. Cette diversité multiplie le nombre de « versions disponibles » à un moment où la population traverse des conditions de l'environnement particulièrement difficiles. C'est le hasard endogène.

Que ce passage ne fasse pas accroire que l'évolution biologique peut être orientée par les modifications des variations, car il ne s'agit pas d'engendrer des « mutations » spécifiques mais seulement le taux global et ainsi de multiplier le nombre de versions disponibles parmi lesquelles seront sélectionnées des mutations favorables.

On parle donc de hasard endogène (produit à l'intérieur du système) ou intrinsèque (appartenant à son essence, aux processus en œuvre) à la fois dans le cadre de l'évolution biologique et pour l'évolution sociale, voire pour l'évolution des systèmes planétaires et galactiques. Bien entendu les processus qui engendrent ce hasard (ou ces hasards) sont de natures différentes, de type physico-chimique pour le hasard intracellulaire, ou résultant d'interactions sociales pour les sociétés humaines, ou encore d'interactions gravitationnelles pour les systèmes planétaires et galactiques.

Néanmoins on peut trouver un langage commun pour en discuter, par exemple celui des mathématiciens, utilisé pour les systèmes dynamiques et le calcul des probabilités. Cette idée a été défendue et mise en pratique, face à des étudiants, sans l'entourer d'un faste et d'un décorum inutiles, sans même leur annoncer explicitement. Il semble que le résultat soit très satisfaisant selon leurs propres témoignages.

## Hasard et mathématiques, ordre et chaos, contingence

Pour mieux imaginer ce qui peut produire du hasard, il est utile de faire un pas de côté. Ainsi, avons-nous des exemples de processus de génération d'aléas, comme ceux, déjà évoqués, que l'on met en œuvre dans les jeux de hasard : pile ou face, jeu de dés, roulette des casinos et autres. Ces jeux ont offert d'excellentes situations expérimentales pour trouver des méthodes mathématiques permettant de traiter d'expériences où les résultats sont imprédictibles en exhibant une variabilité intrinsèque. C'est ainsi que le calcul de probabilités a été inventé au XVIIe siècle et la statistique au XIXe.

Parallèlement, l'analyse des résultats d'autres observations, d'autres expériences, ne nécessitait pas d'introduire cet acteur particulier qu'est le hasard. C'est le cas de la mécanique classique, celle inventée par Isaac Newton à la fin du XVIIe et singulièrement développée ensuite. Dans ce cas, le calcul différentiel a permis d'obtenir des résultats spectaculaires. Les modèles mathématiques donnent des valeurs précises permettant de bonnes prédictions. Il en est de même en astronomie, à une échelle de temps de la vie des humains et même de l'âge des sociétés humaines[141], mais c'est aussi valable pour la mécanique de situations « banales » que nous rencontrons à notre échelle : chute des corps, mouvements de nos engins mécaniques, trajectoires balistiques des projectiles, trajectoire d'une boule de billard, etc. De plus, et c'est quelque part un peu magique, ces formalismes utilisés pour la mécanique, par exemple les équations différentielles et les mathématiques associées, ont été utilisés avec succès dans d'autres domaines, par exemple en chimie et dans les sciences de la vie, en biologie et en écologie. Curieusement, le calcul des probabilités a été développé simultanément pour traiter de ce qui est incertain, les ponts entre ces deux monuments de la science étant de fait récents.

Donc d'un côté nous avions ce qui traitait de l'ordre, ces belles équations, et, d'un autre ce qui s'occupait du désordre ou du chaos, de l'incertain, le subtil calcul des probabilités. Le cas de la contingence est plus délicat à traiter. Des processus historiques relèvent de cette catégorie, mais on ne peut en traiter qu'*a posteriori* et ils ne se prêtent pas au calcul *a priori* (par exemple, la probabilité *a priori* de rencontre d'une tuile qui tombe d'un toit sur la tête d'un passant est quasi nulle ; après cette rencontre elle est de 1 !). C'est pourquoi, nous nous intéresserons plus précisément au hasard « mécanique ».

### *Du côté des mathématiques*

La dernière remarque est en accord avec une idée largement partagée, et quelque part un peu vraie historiquement, qui est que les mathématiques ont isolé l'étude du hasard dans des chapitres spécifiques. C'est du moins la perception que nous laisse l'enseignement qu'on a reçu. Cependant, minisecousse sismique, à la fin du XIX^e^ et au début du XX^e^ siècle, quelques mathématiciens, notamment comme on l'a vu Henri Poincaré, remarquent que ce qu'on appelle maintenant les systèmes dynamiques, modélisés en termes d'équations différentielles, présentent, pour certains d'entre eux, une propriété étonnante. Alors qu'on pensait et qu'on vérifiait souvent que les dynamiques de deux systèmes, décrits avec les mêmes équations, partant de deux états très proches, légèrement différents, restaient voisines, voire convergeaient, il arrivait parfois, qu'au contraire, certaines autres s'écartaient grandement et définitivement les unes des autres.

Pour beaucoup de mathématiciens, il semblait possible que cette propriété, qu'on désigne sous les termes de « sensibilité aux conditions initiales » ou de « dépendance sensitive aux conditions initiales », relève d'une simple curiosité, sauf pour un petit nombre, notamment aux États-Unis et en URSS. Puis au début des années 1960, des physiciens et mathématiciens intégrant numériquement un modèle différentiel simple de météorologie[142] remarquèrent que les solutions présentaient des propriétés étonnantes : le comportement à long terme ne se conformait pas aux attentes et continuait à osciller de façon irrégulière et, plus encore, en partant de deux conditions initiales légèrement différentes les solutions ne convergeaient pas, mais au contraire s'éloignaient l'une de l'autre. De plus, les chroniques (les variations au cours du temps) avaient des allures erratiques et les trajectoires des formes bizarres. C'est sans doute pourquoi le nom de chaos a été donné à cette étrangeté. On lui a associé le terme déterministe parce qu'il est produit par des modèles qui le sont[143]. Ce fut le début d'une nouvelle grande aventure mathématique et une source d'inspiration pour de nombreuses disciplines. De plus, ce « modèle » général permet de mieux interpréter et comprendre beaucoup de phénomènes de la vie de tous les jours, y compris les fluctuations de notre comportement individuel ou collectif.

L'un des avantages de ce « chaos » est qu'il nous donne l'opportunité de réfléchir sur le hasard, sur la façon dont on peut l'engendrer et, puisqu'il est question de biodiversité et d'évolution, comment un hasard interne aux systèmes vivants, largement responsable des deux, peut être engendré. En effet, la pratique scientifique nous montre, comme nous l'avons déjà mentionné, que beaucoup de modèles de phénomènes biologiques peuvent être raisonnablement écrits sous des formes semblables à celles de la mécanique. Alors pourquoi ne pas supposer que certains processus de ce type soient ces générateurs de hasard ? De plus, au milieu des années 1970, un célèbre biomathématicien, Robert May, propose un modèle simple de dynamique des populations, le modèle logistique en temps discret, qui peut exhiber un comportement chaotique. D'autres l'ont fait sur des modèles un peu plus complexes, comme le modèle de Lorenz, s'exprimant sous forme d'équations différentielles, celui précisément dont il vient d'être question pour la météorologie. Ces exemples illustrent le pouvoir heuristique des mathématiques que nous évoquons plus généralement en fin de chapitre : un modèle peut être source d'inspiration même s'il ne correspond pas à des données précises. C'est le cas de celui développé par Robert May, dont nous allons nous servir pour illustrer ce chaos déterministe[144], sans pour autant le considérer comme un modèle opérationnel, ajustable à des données.

À ce stade, nous disposons apparemment de deux corpus théoriques, pour traiter du hasard, de ce qui en découle, c'est-à-dire l'imprédictibilité au moins partielle ou de l'allure erratique de résultats expérimentaux ou d'observations : d'une part la théorie des systèmes dynamiques et, d'autre part, le calcul des probabilités et la statistique. On peut alors se poser la question du choix entre ces cadres théoriques, apparemment indépendants, pour traiter de cas concrets. Eh bien, l'un des résultats mathématiques les plus récents montre la compatibilité des deux et conduit à un cadre théorique cohérent et même à des règles d'usage.

### *Et les jeux de hasard ?*

Devant des étudiants, le calcul des probabilités est fréquemment introduit en utilisant l'exemple des jeux de hasard et en premier celui du pile ou face. Ce fut longtemps mon cas. À partir de cet exemple que l'on abstrait en termes de « schéma de Bernoulli », des modèles probabilistes sont élaborés : loi géométrique, loi binomiale, loi binomiale négative... Puis d'autres « lois » sont établies et étudiées, dont la loi de Gauss. Dans la foulée, on peut construire les bases de la statistique dite inférentielle. Le tout fournit un arsenal de techniques efficaces et assez faciles à mettre en œuvre. Plutôt qu'une prédiction précise, impossible d'ailleurs à avoir si le lancer est « correct », le calcul des probabilités nous fournit la probabilité d'un résultat, sa distribution, une valeur moyenne d'épreuves successives, sa variance, etc.

Réfléchissons un peu : ces jeux de hasard sont en fait fondés sur des mécaniques et peuvent alors être abordés en ces termes. Curieusement, alors que les fondements probabilistes ont été élaborés dès la fin du XVII^e^ siècle, il a fallu attendre 2008 pour disposer d'une modélisation déterministe du simple « pile ou face », en termes de système dynamique, à savoir des équations différentielles. Ce système n'est pas simple à construire, son étude est assez délicate, mais il nous fournit une indication essentielle : les conditions pour lesquelles le résultat est imprédictible, c'est-à-dire suffisamment sensible à ces conditions pour qu'il le soit et, inversement, pour qu'il puisse être prédit [221]. L'équipe ayant réalisé la modélisation du pile ou face a étudié d'autres cas, dont le jeu de dé et la roulette des casinos. Ils ont également tiré des enseignements théoriques de portée générale et en particulier montré qu'on peut relier la dynamique de ces jeux au chaos déterministe [222].

Ce chaos déterministe peut alors être considéré comme un paradigme d'une grande partie de ce qu'on entend sous le mot hasard et les façons d'engendrer ce chaos, comme étant autant de générateurs possibles d'aléas. C'est pour cette raison que nous avons parlé de « roulettes biologiques et écologiques » pour désigner les processus du monde vivant qui engendrent ce hasard intrinsèque évoqué ci-dessus.

Cela étant précisé, les mathématiques mises en œuvre ne sont pas simples. Il est hors de propos de les exposer ici. En revanche, le modèle logistique en temps discret se prête bien à la présentation des principaux concepts et résultats. En se limitant aux grands traits, une connaissance assez élémentaire des techniques mathématiques usuelles, du niveau bac, est suffisante, d'autant plus que l'approche numérique est assez facile, si l'on dispose de connaissances de base dans l'utilisation de certains logiciels comme des tableurs.

### *Bifurcations, singularités, catastrophes... ou l'occurrence de l'inattendu*

On observe parfois qu'un système bascule très rapidement d'un état à un autre, par exemple du Sahara humide au Sahara aride, il y a 4900 ans. Bien sûr rapidement est relatif à une échelle, ici l'échelle historique. Le passage de l'eau liquide à l'eau solide, et inversement, est beaucoup plus rapide ! Ces événements ont été bien décrits, notamment par les physiciens mais aussi par les mathématiciens comme René Thom déjà évoqué [148] [223]. Ces descriptions peuvent servir de référence, de matière à penser.

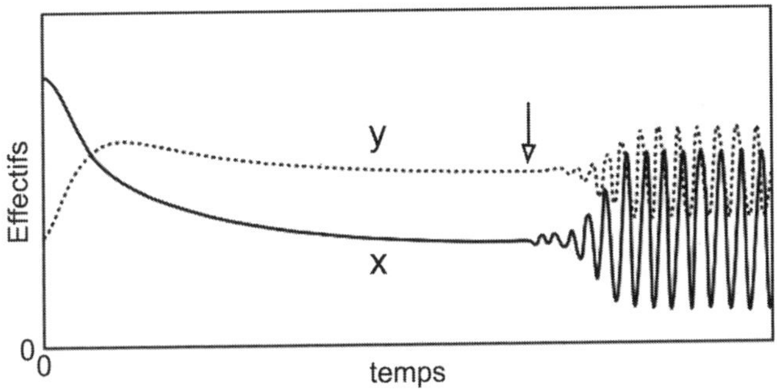


Figure 8.1. Exemple de bifurcation sur un modèle prédateur (x)-proie (y) dépendant d'un paramètre variable (saturation du taux de prédation). On observe le passage d'une phase transitoire, à un équilibre, puis à un régime oscillant pour arriver à une trajectoire périodique, correspondant à un cycle limite dans le plan (x, y) [80].

On pourrait utiliser le terme hasard pour nommer ces transitions brutales, or nous ne le faisons pas en pratique, peut-être parce qu'il n'y a pas permanence de l'inattendu, comme c'est le cas avec le « chaos déterministe ». Nous sommes dans une situation analogue au « hasard de Cournot » : on ne sait pas calculer la probabilité de tels événements, peut-être d'ailleurs parce que cela n'a aucun sens. En revanche, si l'on a un modèle validé de cette dynamique, on peut prévoir l'occurrence de telles singularités comme celle présentée par le graphe de la figure 8.1.

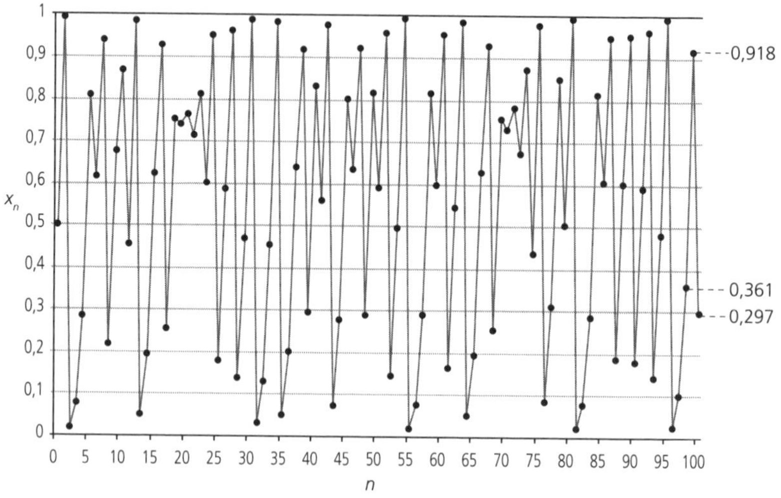


Figure 8.2. Modèle logistique en temps discret :

$$x_n = r\,x_n\,(1 - x_n)$$

où $n = 0, 1, \dots\ 100$ avec $r = 3{,}98$ et $x_0 = 0{,}5$. Si le calcul est arrêté à $n = 99$, on a $x_{99} = 0{,}918$, alors que pour $n = 100$, on a $x_{100} = 0{,}297$. Si l'on se donne pile (P) pour $x_n < 0{,}5$ et face (F) pour $x_n > 0{,}5$, on aurait « face-pile » comme avec une pièce de monnaie. Les valeurs 1 et 0 sont des points fixes, si la variable prend exactement l'une de ces deux valeurs, elle y reste fixée. En pratique, on ne l'observe jamais.

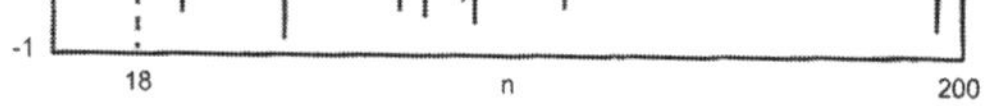


Figure 8.3. Illustration de la sensibilité aux conditions initiales : $z_n = x_n - y_n$ où $x_n$ et $y_n$ sont chaotiques et engendrées par le même modèle, mais avec des conditions initiales un peu différentes :
$x_n = r\,x_n\,(1 - x_n)$, $r = 3{,}98$, $x_0 = 0{,}5000$
$y_n = r\,y_n\,(1 - y_n)$, $r = 3{,}98$, $y_0 = 0{,}5001$
Rapidement, les deux séries divergent et leur différence est elle-même chaotique.

## L'exemple du modèle logistique en temps discret

Nous avons déjà évoqué ce modèle, il est opportun de soulever le voile. Tout d'abord, il s'écrit de la façon suivante :

$$x_{n+1} = r\, x_n\, (1 - x_n)\, ;\, x_0 = x\,(0)\, ;\, n = 0,\, 1,\ldots$$

où $x_n$ représente, par exemple, la taille relative[145] d'une population d'êtres vivants au temps $t = n$, et une condition initiale donnée $x_0$, sa valeur au temps $t = 0$.

Ce modèle, simplissime dans son expression, présente des dynamiques diverses, lisses et monotones, périodiques ou non, et chaotiques selon la valeur de $r$. Prenons, par exemple, une valeur de ce paramètre pour que la dynamique soit chaotique, en l'occurrence $r = 3{,}98$.

La figure 8.2 montre la représentation graphique de la succession des valeurs de $x$. On observe des oscillations irrégulières. Cette irrégularité est l'un des premiers indices du chaos. Un deuxième est la sensibilité aux conditions initiales.

Prenons deux valeurs de $x_0$ : 0,5000 puis 0,5001. Au début les valeurs restent proches, mais examinons ces valeurs pour $n = 21$, 22, 23, 24 et 25, on obtient :

| $n$ | 21 | 22 | 23 | 24 | 25 |
|---|---|---|---|---|---|
| $x_n$ *pour* $x_0 = 0{,}5000$ | 0,766 | 0,713 | 0,813 | 0,603 | 0,952 |
| $x_n$ *pour* $x_0 = 0{,}5001$ | 0,842 | 0,529 | 0,991 | 0,033 | 0,129 |

Les valeurs sont notablement différentes selon les conditions initiales. Cette propriété est illustrée par le graphe de la figure 8.3, sur un plus grand intervalle.

Si l'on reprend les valeurs numériques utilisées pour dessiner le graphe de la figure 8.2, très variables, elles ressemblent à des données aléatoires. On peut alors tenter de changer notre fusil d'épaule dans notre chasse au hasard en les décrivant de façon statistique, par exemple en les regroupant en classes de valeurs : 0-0,1… 0,1-0,2… 0,8-0,9… 0,9-1,0, dans chacune de ces classes, on note le nombre de données appartenant à cette classe. On obtient alors le tableau et la figure 8.4.

| Intervalles | Nombre de données |
|---|---|
| 1 : 0,0-0,1 | 13 |
| 2 : 0,1-0,2 | 11 |
| 3 : 0,2-0,3 | 11 |
| 4 : 0,3-0,4 | 2 |
| 5 : 0,4-0,5 | 6 |
| 6 : 0,5-0,6 | 7 |
| 7 : 0,6-0,7 | 10 |
| 8 : 0,7-0,8 | 7 |
| 9 : 0,8-0,9 | 10 |
| 10 : 0,9-1,0 | 23 |
| Total | 100 |

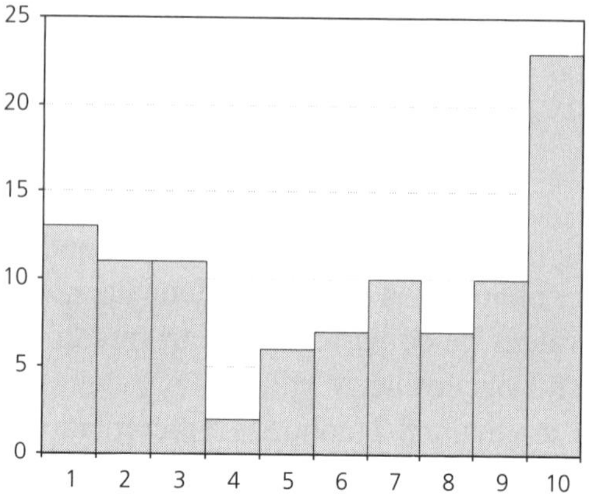


Figure 8.4. Distribution des 100 premières valeurs de la variable $x_n$ de la simulation représentée figure 8.2.

En fait, pour ceux qui ont quelques connaissances élémentaires en calcul des probabilités et en statistique, on peut avoir l'intuition que cette distribution permet de faire le lien avec ces domaines. Pour aller plus loin, il faut élaborer un cadre théorique formel, c'est ce qui a été fait par des mathématiciens avec ce qu'on appelle une mesure SRB, pour Sinaï, Ruelle, Bowen[146]. L'idée de départ vient notamment de ces mathématiciens et également d'Edward Lorenz.

Par ailleurs, et d'un point de vue pratique, les météorologues et les climatologues font des statistiques à partir des données de terrain et des résultats de simulations. Ces simulations sont basées sur un modèle différentiel avec quelques approximations. Les statistiques leur permettent alors de donner des prévisions moyennes en leur associant des probabilités d'occurrences, en gros ce qu'on appelle un intervalle de confiance : un intervalle dans lequel on a une grande probabilité de trouver une valeur observée. Vu de loin on a un peu l'impression d'un bricolage, or les résultats mathématiques qui viennent d'être mentionnés donnent un cadre théorique solide à cette approche quelque peu empirique et permettent de mieux préciser les « conditions d'utilisation ». L'une des idées directrices est alors la suivante : la dépendance sensitive aux conditions initiales limite drastiquement une prévision précise. En revanche, si l'on peut identifier une distribution statistique limite, indépendante des conditions initiales, alors une prévision « en moyenne » est possible. Prenons un seul exemple, toujours à partir du modèle logistique en temps discret, avec deux conditions initiales différentes, beaucoup plus que celles de la figure 8.3, et l'on obtient les résultats résumés dans la figure 8.5 :

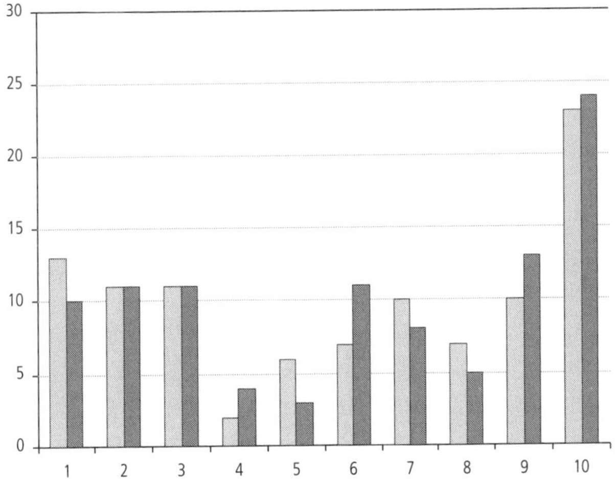


Figure 8.5. Distribution des valeurs de la variable $x_n$ du modèle logistique en temps discret pour deux conditions initiales très différentes : 0,5 (gris clair) et 0,6 (noir), pour $n_{max}$ = 100. On voit que ces distributions sont très voisines. On peut quantifier le degré de différence en calculant la distance du $c^2$, bien connue des statisticiens, entre ces distributions. On obtient 0,495, ce qui est petit. Sans entrer dans le détail, on ne pourrait conclure à une différence significative que pour une valeur supérieure à 16,9. On peut donc considérer que ces deux distributions ne sont pas significativement différentes.

D'autres simulations, sur un nombre de données plus grand (1 000) et avec des conditions initiales très différentes (de 0,1 à 0,9), montrent que l'hypothèse d'une distribution asymptotique indépendante de ces conditions initiales est raisonnable. Il reste néanmoins à le démontrer formellement, ou du moins par des voies statistiques, par exemple en utilisant des tests du $c^2$.

Donc on peut à la fois travailler sur ce modèle en tant que système dynamique ou en avoir une approche statistique et probabiliste. La conséquence immédiate est la prévisibilité « en moyenne », même si elle ne l'est pas avec précision à cause de la dépendance sensitive aux conditions initiales. Cela étant, on peut calculer une valeur moyenne de cette distribution (0,544), mais son asymétrie conduit à un intervalle de confiance approximativement égal à son étendue ! Alors, « c'est foutu ? » Que nenni, on a pu montrer que la distribution marginale de sommes de telles variables chaotiques, sommes elles-mêmes chaotiques, tend assez rapidement vers une loi de Gauss. C'est une application « originale » d'un théorème bien connu des statisticiens : le théorème central limite, application complétée par quelques simulations [225]. On trouve alors les résultats de la figure 8.6.

Avant de terminer, il est bon de préciser quelles sont les conditions formelles pour pouvoir observer un comportement chaotique.

- D'une part, l'équation doit comporter des non-linéarités, à savoir qu'elle ne soit pas réduite à une relation linéaire entre les variables. C'est le cas pour le modèle logistique en temps discret puisqu'en développant la partie droite, on a un terme linéaire : $rx_n$ et surtout un terme non linéaire, à savoir un carré : $-rx_n^2$.
- D'autre part, il faut que le nombre de variables, c'est-à-dire la dimension du système d'équations, soit suffisant. Pour des équations récurrentes, en « temps discret », comme le modèle logistique de May, une seule variable suffit, en revanche, pour les équations différentielles, en temps

continu, il faut au moins 3 variables (dimension égale ou supérieure à 3). C'est le cas du modèle de Lorenz.

Notons cependant que ces conditions sont nécessaires mais pas suffisantes.

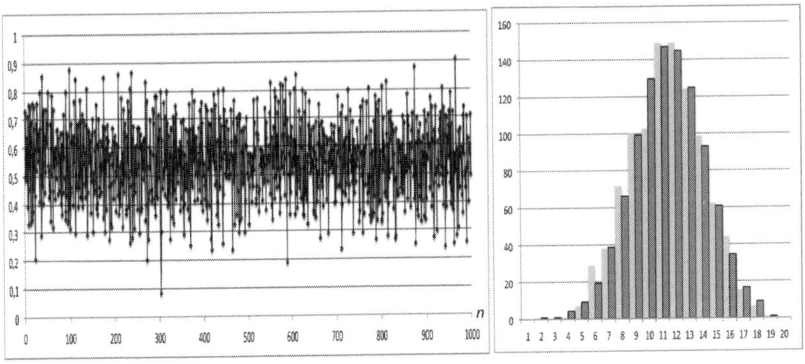

Figure 8.6. Simulation de la moyenne de 9 variables chaotiques, avec $r$ = 3,98 et les conditions initiales de 0,1 à 0,9. À gauche les variations au cours du temps $n$ (de 0 à 1 000), à droite la distribution des valeurs, entre 0 et 1, en gris clair les données simulées, en gris foncé la distribution de Gauss de même moyenne et de même variance, par intervalle de largeur 0,05. La moyenne est de 0,5455 et la variance de 0,0177. Le $c^2$ est de 0,209, valeur très faible, les deux distributions ne sont pas significativement différentes.

Nous pouvons encourager le lecteur à faire des expériences numériques, ce n'est pas très difficile et... c'est même amusant.

Sans aller plus loin, il suffit de retenir, que par ce biais, on peut faire le lien entre théorie des systèmes dynamiques et théorie des probabilités. On peut même construire un cadre théorique global[147].

Les conséquences pratiques sont considérables. L'approche probabiliste et statistique est plus simple que l'approche par les systèmes dynamiques, moins précise certes, mais souvent suffisante. Ainsi, plutôt que des valeurs précises on peut se contenter de valeurs moyennes auxquelles on associe des intervalles de confiance. En revanche, il peut être nécessaire de passer par une modélisation en termes de systèmes dynamiques pour mieux représenter la « mécanique du système », afin de pouvoir mieux comprendre, voire de réguler l'expression du chaos. Ainsi, si dans le modèle logistique en temps discret on modifie la valeur de *r*, on observe des dynamiques très différentes, évoluant, par exemple, vers un point d'équilibre ou des oscillations périodiques.

On se plaît alors à imaginer que dans un système complexe, par exemple un système vivant, dont le modèle, si nous l'écrivions, serait de dimension bien supérieure à 3 et comporterait des non-linéarités, des parties de ce système pourraient avoir des composantes chaotiques s'exprimant pendant des périodes plus ou moins longues « tant que de besoin ». C'est vraisemblablement le cas de la régulation de l'expression des gènes SOS chez les bactéries. Cependant et dans certains cas, il se peut que le chaos devienne prédominant au point de devenir néfaste, d'où la nécessité d'une régulation. En bref, l'expression du chaos dépend du système et du moment.

Nous allons développer certains de ces points ci-après. Mais avant, il faut souligner que la théorie du chaos a eu un certain succès au début, par exemple en écologie. Toutefois, les difficultés, tant mathématiques qu'expérimentales ont freiné la mise en œuvre pratique. Cependant, les conditions nécessaires à l'existence du chaos sont bien réunies dans les systèmes vivants (non-linéarités et grandes dimension), on peut alors supposer que des processus l'engendrant soient bien présents. Ceux que nous envisageons ici peuvent se révéler d'excellents modèles de générateurs de hasard endogène aux systèmes vivants, ces roulettes biologiques et écologiques qu'il reste à mieux identifier et à étudier. Mais nous avons des pistes (*cf.* encadré ci-après).

Par ailleurs, le véritable effort pédagogique sur la question fait par les mathématiciens, dans le cadre général de la théorie des systèmes dynamiques, est propice à populariser et à intégrer des concepts efficaces en science, mais pas seulement[148]. Il faut insister sur le fait que les mathématiques ne se résument pas à des calculs fastidieux et à des raisonnements ardus, mais qu'elle offre un support de pensée précieux, notamment pour traduire et représenter certains concepts, comme celui, par exemple, de bifurcation. Ici encore le modèle logistique en temps discret est intéressant comme le montre la figure 8.7.

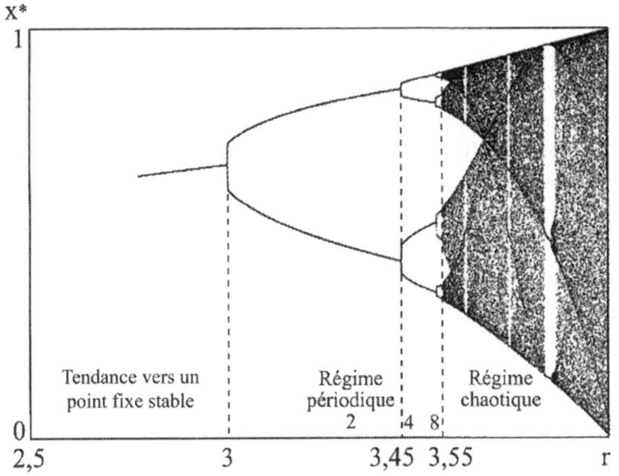


Figure 8.7. Diagramme de bifurcation du modèle logistique en temps discret. Selon la valeur de *r* on passe d'une croissance jusqu'à un point d'équilibre $x^*$ ($1 < r < 3$), ensuite le régime stationnaire est oscillant avec des périodes simples (2, 4, 8) puis multiples, pour $r > 3{,}55$, le régime est chaotique et ce chaos est d'autant plus « désordonné » qu'on s'approche de 4. C'est pour cette raison que nous avons choisi 3,98 pour les calculs qui précèdent. Si *r* varie au cours du temps, on peut trouver des successions de ces divers régimes.

## Un cadre théorique puissant

Toutes les considérations sur le déterminisme, sur la prédictibilité, sur la sensibilité aux conditions initiales, sur le chaos déterministe doivent beaucoup, rappelons-le encore une fois, à Henri Poincaré et aussi à l'un de ses contemporains Jacques Hadamard. De fait, ces apports complètent, voire relativisent, la vision du déterminisme « absolu » de Pierre Simon Laplace. Plus récemment, on peut encore rappeler les noms d'Andreï Kolmogorov, de Stephen Smale, d'Edward Lorenz, de Yakov Sinaï, qui a reçu le prix Abel 2014[149], et, bien sûr, de David Ruelle[150]. Notre expérience personnelle mène à souligner que

**Sur la piste des roulettes biologiques et écologiques, quelques exemples. Multiplicités des hasards**

- Au niveau cellulaire : des systèmes de réactions biochimiques couplées, des molécules brouillant la transcription ou la réplication, mouvements turbulents dans le milieu intracellulaire, voire perturbations quantiques. Ce hasard produit des mutations ponctuelles, des inhibitions locales (dues par exemple à la méthylation), des inhibitions partielles ou totales de chromosomes, mais aussi des remaniements du génome (échange de gènes, échange de morceaux de chromosomes, migration aléatoire des chromosomes appariés, etc.), il produit aussi des erreurs de copie lors des divisions cellulaires. Ces erreurs peuvent ou non être corrigées (exemple des systèmes SOS, de la protéine codée par le gène MutT assurant une bonne transcription) et le processus de correction peut lui-même être régulé.
- Au niveau des organismes : des processus physiologiques, notamment neurologiques, engendrent, par exemple, des comportements aléatoires comme celui d'une proie face à un prédateur, ou le « fourragement » pour la recherche de nourriture ou encore l'exploration pour trouver des conditions favorables de vie.
- Au niveau écologique, par exemple, la dispersion des graines par des processus physiques et biologiques (turbulences, comportement erratique d'animaux), conduisant à des répartitions aléatoires d'individus, comme celle des arbres dans la forêt amazonienne.

Outre les hasards engendrés par ces roulettes biologiques et écologiques, on trouve les rencontres des chaînes causales indépendantes (hasard de Cournot), elles-mêmes pouvant contenir des hasards « mécaniques » et d'autres singularités comme des bifurcations. Au total, les systèmes vivants tiennent plus d'un immense bazar que d'assemblages et de fonctionnements intangibles et réguliers, encore que ce bazar doit être contenu dans une structure stable et bornée dans son expression, au risque de déborder ou même d'exploser. C'est peut-être pour ces raisons qu'ils sont très résilients.

les discours des mathématiciens ne sont pas toujours ésotériques et parsemés de formules difficilement compréhensibles, mais que leurs réflexions peuvent avoir une portée beaucoup plus générale que mathématique. L'exemple de la « théorie des catastrophes» de René Thom en est une illustration, mais qu'il faut manipuler avec précaution: un modèle «imaginaire» n'est pas toujours la traduction d'une réalité. Il reste néanmoins un moyen précieux de spéculation au sens noble du terme, celle de la spéculation intellectuelle, mais qui doit être confrontée à la réalité. Beaucoup de ce que je sais sur les mathématiques, je le dois à des discussions parfois longues avec des collègues de la discipline, notamment Claude Lobry et Claudine Schmidt-Lainé.

En tout état de cause, l'élaboration théorique en continuelle référence au réel, utilisant la prédiction explicative, est un des meilleurs moyens pour atteindre des objectifs de prédiction anticipative, pour reprendre des termes utilisés par les auteurs d'un article déjà évoqué sur la question (Mouquet *et al.*, 2015 [194]) ainsi que pour concevoir des modes de gestion, d'entretien de systèmes réels, par exemple naturels, et aussi imaginer, si besoin, des interventions efficaces. Très généralement, ces détours, s'inspirant des autres disciplines, sont très utiles. Ils peuvent notamment éviter de réitérer des erreurs dans le raisonnement scientifique lors de l'étude de situations complexes, comme c'est parfois le cas pour la biodiversité. Mais il faut faire très attention.

Enfin, une question sémantique reste à évoquer. Les variables et les paramètres des systèmes dynamiques ont une forte signification dans le monde réel, par exemple biologique en ce qui nous concerne, comme la taille ou la densité d'une population, la concentration d'une espèce chimique pour les variables ou un taux de croissance ou de mortalité pour des paramètres. Les relations entre les variables ont aussi un sens, par exemple multiplicatives, traduisant des interactions. Cela fait qu'un modèle donné, comme le modèle logistique s'applique à un nombre limité de situations réelles. En revanche, les modèles de la statistique sont beaucoup plus indépendants de la signification des variables étudiées et peuvent être appliqués à des données de nature très différente, biologiques, écologiques, sociologiques ou économiques. Ce sont les propriétés statistiques qui conditionnent le choix d'un modèle et non pas la nature des variables et de leurs interactions ou interdépendances. Le sens n'est pas absent, mais il n'est introduit que dans l'interprétation des résultats ou pour choisir le modèle selon les propriétés statistiques des données. Prenons un exemple : un modèle mécaniste peut être comparé à une image du réel, ou plutôt pouvant engendrer cette image, un modèle statistique est plaqué sur une image pour pouvoir la lire plus aisément. Enfin, le lien entre théorie des systèmes dynamiques et théorie des probabilités et de la statistique permet en fait de mieux comprendre comment les propriétés statistiques des valeurs prises par les variables « émergent » des dynamiques étudiées, représentées et simulées.

## Quelques conséquences

Avec un peu de recul, il s'avère que ces considérations sur le « hasard endogène » aux systèmes vivants, sur les roulettes biologiques pouvant l'engendrer et sur le paradigme associé du chaos déterministe, permettent d'avoir une lecture nouvelle du fonctionnement et de la structure de systèmes biologiques et écologiques. Au-delà d'analogies rapides et de transferts maladroits, on peut également en profiter pour utiliser et prolonger ces résultats afin d'analyser des systèmes sociaux, voire des comportements humains, avec toutes les précautions nécessaires, en évitant notamment de se poser en « donneur de leçon », tendance que peuvent avoir certains scientifiques des sciences de la nature envers leurs collègues des sciences humaines et sociales, comme on l'a déjà noté à propos de l'adaptation. Enfin, il n'est pas non plus inintéressant de prendre en compte ces aspects pour la conception de systèmes technologiques, notamment quand ceux-ci concernent le vivant. C'est, par exemple, le cas de la biologie de synthèse.

### *L'écologie de l'ordre et du chaos*

Dans son ouvrage « La santé de la nature, histoire environnementale et imagination écologique », déjà évoqué [176], Donald

Worster oppose, dans le chapitre XIII, l'écologie de l'ordre à l'écologie du chaos en remarquant que l'idée de climax, d'un état d'équilibre vers lequel doit tendre un écosystème, ne résiste pas à l'analyse. Les écosystèmes naturels sont en perpétuel renouvellement et sont constamment soumis à des perturbations. De plus le désordre ne leur nuit pas forcément. Par exemple, comme nous l'avons signalé, une structure spatiale erratique joue en faveur d'une meilleure résilience qu'une structure ordonnée. Ce désordre est maintenu par des processus divers, notamment de dispersion des graines par les animaux, des sortes de « roulettes écologiques ». C'est un cas pratique où il n'est pas possible de faire des prédictions précises de la structure écologique. En revanche, comme nous l'avons remarqué à propos de forêts naturelles, une prédiction « en moyenne » l'est, comme c'est proposé dans l'article de Nathalia Norden [163] mais sans référence théorique au chaos déterministe. En effet, le modèle utilisé dans cet article est un système différentiel stochastique incluant une partie déterministe qu'on peut noter $D$, et une autre stochastique $S$, le modèle est schématiquement écrit $D + S$. La partie $D$ est une combinaison des variables qui sont étudiées, comme ce que nous avons vu dans la section intitulée « un peu de mathématiques ça peut pas faire de mal ». La partie $S$ inclut un « bruit blanc gaussien », engendré par un algorithme standard et ne correspondant aucunement à une « roulette écologique », à un chaos intrinsèque. Cette partie stochastique produit la distribution statistique des résultats affichée dans l'article, d'ailleurs gaussienne aussi. À l'inverse le chaos déterministe est engendré par une expression déterministe censée représenter un mécanisme biologique ou écologique et nous n'avons pas besoin d'ajouter un « bruit » blanc gaussien ou non, pour expliquer les variations. Elles sont engendrées par la « mécanique » du modèle elle-même produisant un chaos « écologique ». C'est beaucoup plus puissant car on comprend mieux l'origine des aléas, mais c'est peut-être plus difficile. Si l'on examine la situation d'un peu plus près, une équation différentielle stochastique contient donc une partie déterministe $D$ et une autre stochastique $S$. En fait, les valeurs de cette dernière sont engendrées par un algorithme, elle est donc aussi de nature déterministe. Quelle est alors la différence ? Elle est simple : la partie *D* représente les mécanismes en jeu, ce n'est pas le cas de *S* qui est choisie sur la base de ses propriétés statistiques. Le hasard reste évanescent, alors que dans un modèle créant du chaos l'ensemble de l'expression traduit ces mécanismes ; le modèle ne contient qu'une partie *D*, l'origine du hasard est alors incluse dans *D*, c'est un hasard intrinsèque (ou endogène).

Enfin, on a pu croire que des populations ayant des dynamiques chaotiques, avec des variations importantes des effectifs, étaient en grand risque d'extinction. En fait, Allen, Schaffer et Rosks ont montré que ce n'était pas le cas [105]. Il n'empêche qu'il y a lieu d'examiner la tendance moyenne et de détecter une tendance éventuellement décroissante si l'on souhaite préserver cette population.

*L'évolution est-elle prédictible ?*

Nous avons déjà évoqué cette question et les tentatives de prédiction ont donné des résultats modestes. Ce n'est pas étonnant, car les aléas auxquels sont soumis les êtres vivants et ceux qu'ils produisent eux-mêmes, via les roulettes biologiques, rendent imprédictible dans le détail l'apparition de telle ou telle espèce. En revanche, on sait que les nouvelles espèces seront cohérentes avec la branche de l'arbre phylogénétique dont elles seront le prolongement et cela malgré les transferts horizontaux de gènes, qui existent bien, mais qui restent limités [151]. Par analogie avec ce que l'on vient d'exposer, en environnement non perturbé de façon catastrophique (produit par un hasard exogène, comme la chute d'une météorite géante), la lignée qui va conduire à de nouvelles espèces a une trajectoire plutôt chaotique, imprédictible précisément, mais prédictible « en moyenne ». Ainsi, certains caractères seront toujours présents, des invariants, ou peu changés, dont une part importante du code génétique, et du génome, par exemple les gènes homéotiques responsables de la morphogenèse.

D'autres, en moindre mesure, seront des variants. Les variations assurent une sorte de flux évolutif, résultant largement de chaos intrinsèques et suivant statistiquement des distributions asymptotiques, comme c'est le cas pour le modèle logistique en temps discret qui peut être considéré comme une sorte de paradigme, au sens d'exemple-type.

Cela étant, les discussions autour de la LTEE (*cf.* chapitre 4) nous mènent à penser que si l'on rejouait le jeu de l'évolution nous obtiendrions des résultats différents.

### *Quid de la biodiversité, de sa plasticité et de son potentiel évolutif ?*

Déjà et ce n'est pas souvent fait, il faut distinguer la biodiversité naturelle, qui se déploie de façon spontanée de la biodiversité contrôlée. N'ayons pas peur des mots, on peut qualifier la première de sauvage et la seconde de domestiquée. En fait, la distinction n'est pas toujours simple, comme l'exemple du jardin de l'École normale supérieure de Lyon nous le rappelle. Quand on pense contrôler, on s'aperçoit vite que la dynamique spontanée des systèmes vivants nous rattrape : même un champ de blé copieusement arrosé d'herbicides peut contenir des plantes non désirées, des « adventices » (jadis on parlait de mauvaises herbes). On s'est très tôt aperçu que la sélection variétale a des limites. Un malade traité par un antibiotique pour une infection n'est pas à l'abri de voir se développer, dans l'intimité de son organisme, une souche résistante. Un autre traité par un anticancéreux, n'est malheureusement pas non plus à l'abri de voir émerger des lignées de cellules cancéreuses résistantes. Quel que soit le point de vue, il n'est pas ridicule de mieux comprendre les phénomènes sous-jacents pour mieux les contrôler. Comme nous l'avons déjà souligné, ils sont d'ordre évolutif. Le contrôle passe donc par ce processus en deux étapes : (1) reproduction avec variations, (2) sélection[152]. On a déjà bien examiné la seconde, puisqu'on a longtemps considéré que c'était la plus importante. En revanche, la première a été investiguée principalement du côté des conséquences de ce hasard endogène, à savoir les variations observées, la biodiversité engendrée, plus que sur les mécanismes qui le produisent et que sur ceux qui contrôlent son ampleur. Or, c'est précisément l'expression de ce hasard, de cette sorte de chaos interne, qui est à l'origine du reste. Autant maîtriser, domestiquer la source, plutôt que de tenter d'intervenir quand le courant s'est installé.

Maintenant regardons la biodiversité « ordinaire », celle de la friche, ou symbolique, celle de l'être vivant spécifique auquel on est sensible, le panda, par exemple. La première est plutôt spontanée, « sauvage », que peut-on en dire ? On peut d'abord supposer qu'elle sera proche statistiquement de celle qui l'entoure et encore, les êtres vivants, graines et gamètes sont transportés de diverses façons. En aval de ce « chaos » du transport, et de l'émergence d'individus, de lignées et d'espèces, on peut penser qu'il existe une distribution statistique limite. Elle ne sera jamais atteinte, mais c'est une référence. Faut-il contrôler au non, par exemple en éradiquant les « intrus » ? C'est un choix souvent plus idéologique que pratique. On peut néanmoins s'intéresser à tout ce qui crée cette diversité plutôt que d'avoir recours à de la sélection brutale. Pour les espèces symboliques, il y a en revanche grand intérêt à étudier ces mécanismes : une population sans diversité a peu de chance de subsister longtemps, sinon de compenser par une reproduction intense en « activant la libido », c'est ce qu'on essaye de faire, par exemple, avec le panda, dont on dit qu'il n'est guère actif sur le plan sexuel. Pour les espèces, elles deviennent symboliques et prisées parce que leurs populations se réduisent drastiquement : ce qui est rare est cher, cher au sens affectif et parfois commercial. Il y a donc grand intérêt à examiner les processus de diversification et donc ce qui les compose, d'activer la reproduction et de limiter la sélection. C'est-à-dire que la protection, qui limite la sélection, n'est pas suffisante du moins à long terme et n'est peut-être pas souhaitable totalement, si les autres mécanismes ne sont pas touchés, sinon on peut avoir des populations indigènes qui deviennent envahissantes, comme dans le cas du cormoran. Il est donc bien nécessaire d'intégrer tous ces processus dans un plan de gestion des populations. Les émigrés ne sont pas responsables de tous nos maux, ces derniers peuvent être d'origine interne, et des immigrés peuvent jouer un rôle très positif...

On peut constater que le schéma darwinien est une référence continuelle. Il ne s'applique pas uniquement à longue échelle de temps mais aussi à la biologie et à l'écologie de tous les jours pour expliquer la dynamique de la biodiversité. Dire que cette biodiversité est une réserve évolutive est une banalité quand on examine la phylogénèse : l'arborescence buissonnante laisse présager une structure fractale qui va se perpétuer et cela en dépit d'éventuelles catastrophes. Cette évolution peut être influencée par l'action volontaire ou involontaire des humains et aux effets de bord de ces actions. La biodiversité locale et à courte échelle de temps est gouvernée faiblement, mais pas seulement, par ce type de changement évolutif. En revanche, les transformations écologiques sont aussi permanentes, mais plus rapides et dépendent des processus démographiques autonomes, de leur environnement et des actions des humains. En effet, les communautés d'êtres vivants sont caractérisées par une grande plasticité, elles sont en mouvement permanent : *Panta Rhei* !

### *La biologie de synthèse : faut-il préserver une part de hasard ?*

L'expression biologie de synthèse est récente et désigne la conception et la réalisation de voies métaboliques artificielles. Dans une version plus audacieuse, on peut envisager d'aboutir à un être vivant synthétique, capable de se reproduire et d'évoluer. On comprend immédiatement qu'il existe un saut qualitatif et quantitatif énorme entre une chaîne métabolique synthétique, éventuellement couplée à d'autres, et un organisme totalement nouveau. À cet égard, les résultats obtenus par Craig Venter et ses équipes de synthèse d'un génome bactérien, son injection dans une cellule privée de son génome et la création ainsi d'une bactérie « synthétique » sont un pas important, à cela près que le génome de synthèse est celui de la même bactérie obtenu par synthèse chimique[153]. L'expérience est intéressante, mais ne démontre en fait qu'une chose, à savoir que la « force vitale » n'existe pas, ce dont nous sommes persuadés depuis quelque temps.

Cela étant dit, les progrès sont impressionnants, et l'on peut s'attendre à une suite d'intermédiaires allant de la conception de chaînes métaboliques à celle du codage nécessaire pour que ces chaînes puissent se mettre en place dans une cellule artificielle. La route est encore longue, mais reste possible. On peut envisager que cette bactérie puisse se reproduire, mais pourrait-elle évoluer ? Il faut alors imaginer que les mécanismes pouvant produire des variations existent, ainsi que leur contrôle ou celui de leurs effets et donc soient d'abord identifiés et implantés si besoin. Pourquoi « si besoin » ? Tout simplement parce que des processus peuvent être présents indépendamment d'un mécanisme biophysique « codé », c'est le cas par exemple des turbulences spontanées du milieu intracellulaire ou d'éventuelles interactions quantiques. La capacité d'évoluer, qui caractérise les êtres vivants, dépend de ces mécanismes engendrant des variations, sinon on ne pourra pas réellement parler d'organisme vivant synthétique. Mais alors, cette étape franchie, quelles seront les capacités d'interactions avec les autres cellules du même type, et avec d'autres êtres vivants, c'est-à-dire les « propriétés écologiques », et quels en seront les résultats à long terme ? Des questions importantes et beaucoup de travail pour les scientifiques et d'objets de réactions sociales, notamment de la part des technophobes impénitents…

### *Et chez les humains ?*

Ce passage est risqué, mais tant pis, prenons quelques risques mesurés. En effet étant très critique quant aux analogies rapides et aux transferts de concepts à d'autres situations que celle de notre objet d'étude qui reste très biologique, en tirer des conséquences sur le fonctionnement humain et social ne fait souvent qu'ajouter à la confusion, ou même tout simplement la créer (*cf.* l'encart sur l'adaptation). Cependant au niveau des individus on peut identifier des comportements parfois chaotiques à l'image des proies poursuivies par des prédateurs. Ces comportements, réflexes et inconscients, sont engendrés par notre cerveau dont on découvre de plus en plus les extraordinaires capacités, notamment celles du fonctionnement inconscient. En effet, ce qu'on appelle l'inconscient serait une espèce d'ordinateur neuronal, peut-être quantique, sans doute plus puissant que les plus puissants de ceux que nous fabriquons. Cet ordinateur intégrerait sans cesse des informations et réaliserait en permanence des simulations prédictives, pour anticiper, par exemple, d'éventuels dangers. Il pourrait alors activer des actions réflexes et déclencher, si besoin, une « roulette biologique », engendrant un comportement chaotique, comme cela semble être le cas chez certaines proies. Cet ordinateur, inconscient, ferait aussi émerger au besoin une « prise de conscience » et des actes réfléchis pouvant être aussi plus ou moins chaotiques, créant l'effet de surprise ou d'incompréhension. Cela peut être utile parfois, mais aussi gênant, notamment dans les relations sociales. Il faut donc des mécanismes de régulation.

C'est tout un monde qu'imaginent nos collègues des neurosciences et certains physiciens, comme Roger Penrose et Stuart Hameroff, mais tout cela, bien que séduisant, reste très spéculatif et controversé[154].

Intégrer l'idée de chaos dans le développement et fonctionnement de notre cerveau, ainsi que les conséquences comportementales, pourrait nous éclairer sur nous-mêmes, nos enfants, notamment pendant la phase d'adolescence. Cela pourrait être utile aussi pour mieux comprendre le cheminement de notre pensée, par exemple l'étonnant processus de la « découverte », ou la possibilité d'imaginer des histoires et même des mondes plus ou moins chaotiques…

Bien d'autres choses pourraient être dites et l'ont déjà été, notamment sur l'émergence de désordres sociaux et leur rôle. Sur l'intérêt d'un peu de désordre dans nos organisations, comme l'ont souligné certains auteurs comme Abrahamson et Freedman : *Un peu de désordre = beaucoup de profits* [229]. Mais là il faut s'arrêter et laisser les spécialistes en deviser.

### *Modélisation « déterministe »* versus *modélisation « probabiliste »*

Précisons à nouveau qu'on appelle modèle déterministe un modèle dont l'écriture ne fait pas intervenir explicitement des probabilités, contrairement aux modèles probabilistes. On a cru longtemps qu'un modèle déterministe était prédictif. Il a fallu nous rendre à l'évidence : ce n'est pas toujours le cas. Le recours à des modèles probabilistes nous a permis de traiter de l'incertain et de nous simplifier la vie lorsque l'aléatoire résulte d'une mécanique, mais dont la modélisation est difficile et fastidieuse en termes déterministes. Ils permettent des prédictions « en moyenne ». On y perd en précision, mais on y gagne en facilité. Cependant, il ne faut pas oublier que derrière il y a des hypothèses dont certaines concernent un système réel, physique, biologique, écologique, technologique, social, économique, etc. Ne pas en tenir compte, en se fondant sur la ressemblance entre des courbes ou des analogies rapides, est risqué. Par exemple, prendre un modèle de processus brownien, ou gaussien ou n'importe quel autre, parce qu'on s'intéresse à un signal temporel (ou une structure spatiale) de nature aléatoire (ou chaotique d'ailleurs) qui y ressemble, n'a aucun sens si l'on ne peut le justifier sur une réalité tangible. C'est manifestement l'une des erreurs majeures commises par les « mathématiques financières » qui ont sinon causé, du moins aggravé, la crise de 2008. Il n'y a pas qu'elles, qui sont en cause, il y a aussi et surtout les commanditaires qui n'ont eu aucun regard critique sur la situation[155] et des modélisateurs s'intéressant plus aux mathématiques du modèle qu'à sa capacité à représenter le réel.

Prenons-en de la graine collectivement en rappelant qu'on peut se tromper et non pas tromper. C'est ainsi, que fort honnêtement, en 1986, le président de l'Union internationale de mécanique pure et appliquée, James Lighthill, fit cette déclaration extraordinaire :

> Ici, il me faut m'arrêter et parler au nom de la grande fraternité des praticiens de la mécanique. Nous sommes très conscients, aujourd'hui, de ce que l'enthousiasme que nourrissaient nos prédécesseurs pour la réussite merveilleuse de la mécanique newtonienne les a menés à des généralisations dans le domaine de la prévisibilité […] que nous savons désormais fausses. Nous voulons collectivement présenter nos excuses pour avoir induit en erreur le public cultivé en répandant, à propos du déterminisme des systèmes qui satisfont aux lois newtoniennes du mouvement, des idées qui se sont, après 1960, révélées incorrectes.

Du côté de la biologie et de l'écologie, Robert May a été l'un des premiers à en discuter dès 1974, mais la résonance a été limitée, nous n'en avons pas tiré assez tôt les conclusions qu'il fallait. En effet, d'une part il existe de nombreux cas où des modèles déterministes permettent de bonnes prédictions et, d'autre part, l'utilisation classique des modèles produisant du chaos s'est heurtée à des problèmes méthodologiques : notamment la difficulté de mise en relation avec des données expérimentales d'allure erratique. Par ailleurs, des modèles probabilistes et statistiques sont efficaces pour décrire les données très variables et faire des prédictions « en moyenne » et « préciser » leurs incertitudes. Ces modèles sont également à manier avec précaution, ainsi la confusion entre corrélations et causalités reste fréquente et conduit encore à de graves erreurs d'interprétation.

De toute façon, il faut savoir raison garder et être attentif à la signification du modèle et à son pouvoir de représentation du système réel qui nous intéresse ainsi qu'aux limites de ces représentations. C'est en ce sens qu'il faut distinguer un modélisateur d'un mathématicien : un mathématicien peut développer ses raisonnements indépendamment de toute référence au réel, et beaucoup le font très bien ; en revanche un modélisateur doit être très au fait des formalismes qu'il utilise, mais il doit aussi avoir une bonne connaissance de la réalité qu'il est censé représenter. Il se peut que nous soyons limités dans la formulation d'hypothèses. Par exemple, sous réserve d'inventaire, il n'en existe pas de convaincantes et uniques pour expliquer le maintien d'espèces rares dans un écosystème naturel sur le long terme.

## Éloge des mathématiques

Cet intitulé est emprunté au titre d'un livre écrit par Alain Badiou [231]. Il y analyse les relations entre mathématiques et philosophie. Il critique aussi le rôle donné à cette discipline comme instrument de sélection scolaire et propose qu'elles soient plutôt perçues comme moyen de penser, comme un élément indispensable de culture, notamment scientifique et de retisser ses liens avec la philosophie. C'est l'axe principal du discours, mais bien d'autres points sont abordés.

Un scientifique, au demeurant un modélisateur, utilisateur des mathématiques, ne peut exercer son art que s'il éprouve du plaisir à les employer. De fait, parmi d'autres apports plus fondamentaux, elles sont très opérationnelles, c'est ce qui est souvent mis en avant, mais elles ont aussi un pouvoir heuristique très précieux. En effet, elles offrent un cadre de pensée à la fois très ouvert et très rigoureux permettant de penser la réalité. En ce sens, elles constituent un élément essentiel de culture et pas seulement scientifique. Cependant, il faut faire un réel effort pédagogique en proposant des discours accessibles, étant donné que, dans leurs formes « natives », les textes et exposés des mathématiciens sont difficiles d'accès. On ne peut que se féliciter de l'écrit d'Alain Badiou et de l'extraordinaire effort de Cédric Villani à travers ses prestations et ses écrits.

On voit que la question de la biodiversité en soulève d'autres et que nous sommes amenés à puiser dans d'autres disciplines que la biologie ou l'écologie pour tenter d'y voir plus clair. Ainsi peut-on deviner ce qu'il peut y avoir derrière la brume qui nous cache ce fameux hasard, souvent évoqué mais peu dévoilé, sans qui il n'y aurait pas de variations, pas d'évolution, donc pas de biodiversité. Les mathématiques nous aident en nous offrant une bonne base de réflexion avec le chaos déterministe. Elles nous éclairent du même coup sur les questions de prédictibilité, comme l'une des plus spectaculaires et médiatiques, celle de la sixième grande extinction que nous avons critiquée.

## Éloge de la biodiversité

Après un exposé somme toute critique du concept de biodiversité et de ses usages, en faire l'éloge peut sembler curieux. En vérité, au-delà des crispations et des frustrations, on est amené à constater sa fécondité : il pousse à aller plus loin, plus au fond des choses. Pour les sciences du vivant, peut-être arriverons-nous à ce que la biodiversité nous mène réellement à ce discours unificateur qu'espérait Robert Barbault. On constate aussi que nous sommes conduits à sortir de ce grand secteur scientifique et même de la science tout court tant le concept est devenu un objet socialisé, une notion, certes vague, mais largement partagée. Les débats sur la biodiversité nous disent autant sur les humains eux-mêmes et de leurs relations réciproques que de ces humains avec les autres êtres vivants de la planète.

Pour rester sur le plan scientifique, la diversité des honorables collègues et de leurs spécialités, parlant de biodiversité, illustre son attractivité. Plus spécifiquement, sans ce concept, cet ouvrage et quelques précédents n'auraient pas été écrits. C'est aussi en labourant son champ que l'approfondissement de cette autre notion tout aussi évanescente qu'est le hasard, dont on parle au moins aussi souvent et depuis plus longtemps, est paru nécessaire. Lier les deux, puis intégrer le tout dans une perspective évolutive en découle presque naturellement. On ne peut parler de biodiversité sans référence à l'évolution, puisqu'elle en constitue le résultat visible. Inversement, parler d'évolution biologique sans examiner la diversité du vivant n'aurait aucun sens. Biodiversité, hasard et évolution sont indissociables. Quel que soit le niveau d'organisation considéré, quelle que soit l'échelle d'espace et de temps à laquelle on se place, le changement, souvent chaotique, est la règle. Aussi faut-il évacuer le fixisme et ses avatars en adoptant une lecture résolument dynamique et évolutionniste du monde.

Cependant, ces réflexions sont quelque peu décalées par rapport au courant dominant, essentiellement conservationniste, de nature plutôt fixiste : conserver, c'est fixer arbitrairement et artificiellement et ce n'est pas forcément le meilleur moyen de maintenir la biodiversité, et en tout cas pas de l'augmenter. De plus, la biodiversité a bien d'autres facettes d'un plus grand intérêt que ceux présentés dans les discours de ce courant et de ses adeptes. Par exemple, que peut-on dire de la bio-inspiration, du biomimétisme et de l'innovation technologique ? À ce sujet, il n'est pas hors de propos d'évoquer « *a natural serendipity* », comme nous l'avons déjà fait, tant l'innovation évolutive est grandement le fruit de hasards multiples. S'inspirer des « découvertes spontanées » du vivant est une pratique ancienne, mais elle pourrait être modernisée et systématisée. Un joli programme pour faire ses emplettes dans ce grand bazar de la nature.

La biodiversité et les mathématiques entretiennent de bonnes relations. La mathématisation de certains aspects de la biodiversité nous mène à une meilleure compréhension du sujet. La biodiversité inspire les mathématiques, par exemple, dans son expression la plus visible, celle de la diversité des formes : de la spirale engendrée par la suite de Fibonacci aux géométries fractales. On peut rappeler également les travaux sur le chaos déterministe pour représenter la dynamique de certaines populations.

Oui, on peut faire l'éloge de la biodiversité, si l'on s'écarte des sentiers trop fréquentés, devenus banals et quelque peu ravinés des discours dominants actuels. On peut alors reconstruire une présentation et une approche scientifique solides. Et après tout, pourquoi ne pas faire de la science, jouer au foot, préserver des escargots, en ranger dans des collections, modéliser leur forme et même peut-être en déguster quelques-uns ?

# Annexe

## Quelques travaux des académies : Académie des technologies, Académie d'agriculture, Académie des sciences, Académie des sciences de l'outre-mer

### *Académie des technologies et Académie d'agriculture*

Cet ouvrage n'aurait pas été écrit s'il n'y avait eu une réflexion collective, menée au CNRS depuis de très nombreuses années, mais aussi au sein de l'Académie des technologies. C'était une sorte de défi que d'introduire un thème aussi « écolo » dans cette académie. Le fait que cela a été possible est une preuve, parmi d'autres, de l'ouverture d'esprit de ses membres et je peux certifier que ce n'est pas du *greenwashing* !

La réflexion académique collective a été lancée après la rédaction d'un premier document en 2010, commandé par le ministère chargé à l'époque de l'écologie. Elle a conduit à des débats, à des avis et à des manifestations communes entre l'Académie des technologies et l'Académie d'agriculture. Un ensemble de textes, non encore publiés, a été réuni pour servir de référence. Je m'en suis évidemment inspiré. Cette réflexion collective a été menée au sein d'un groupe de travail intitulé « Biodiversité et aménagement des territoires ». Ce groupe était constitué de membres de ces académies et d'experts extérieurs. De nombreuses consœurs et de nombreux confrères et collègues ont participé aux travaux, il convient de les remercier et de citer tout particulièrement celles et ceux qui ont fait des exposés ou des contributions écrites :

Paul Arnould, Robert Barbault†, Bernard Chevassus-au-Louis, Catherine Cibien, Bernard Delay, Patrice Desmarest, Patrick Duncan, Françoise Gaill, Yanni Gunnell, Pascale Kromarek, Bernard Le Buanec, Christian Lévêque, Ghislain de Marsily, Jean-Claude Mounolou, Julia Seitre, Roland Seitre, Bernard Tramier, Carole Zakine.

Avec le concours de : Cyrille Costa et Marie-Pierre Quessette, secrétaires scientifiques.

Si les textes de référence n'ont pas encore été publiés, un avis a été émis par l'Académie des technologies sur le sujet : www.academie-technologies.fr/blog/categories/avis-et-recommandations/posts/biodiversite-et-amenagement-des-territoires

*Académie des sciences*

- Académie des sciences, « Libres points de vue d'Académiciens sur la biodiversité », Dominique Meyer (dir.), 2010.
- De nombreux articles dans les *Comptes rendus biologies*.

*Académie des sciences de l'outre-mer*

- Mondes et cultures, « Compte rendu annuel des travaux de l'Académie des sciences de l'outre-mer », t. LXXIII, consacré à la biodiversité, 2013, vol. 1, 2015, p. 406-420.

# Remerciements

Lors de la rédaction d'un ouvrage, les sources et les influences sont multiples. Les plus importantes sont citées explicitement, notamment de celles et ceux qui ont participé à la réflexion collective des académies et ces institutions, en tant que telles, qui ont montré un intérêt pour le sujet. Il en manque sans doute, tant il est difficile de les référencer toutes. Certaines personnes ont accepté de relire tout ou partie du texte. Cela a été le cas de mon relecteur fidèle et critique, Marc Pavé, *as usual* oserais-je dire. Le nombre de traits rouges et de commentaires dans la version imprimée qu'il a relue souligne une fois de plus l'attention qu'il y a portée. J'ai même eu droit à un compliment, à savoir que j'étais de moins en moins ignare en sciences humaines. Cet ouvrage a aussi été lu attentivement par un collègue, Jean-Claude Prudhomme, biologiste moléculaire, mais aussi excellent naturaliste et qui continue à œuvrer dans ce registre. Ses remarques ont été très précieuses. Jean-Luc Chassé, avec qui j'ai écrit mon premier livre, a toujours été d'un précieux conseil, c'est toujours le cas et j'espère encore pour longtemps. Claudine Schmidt-Lainé est, depuis près de trente ans, une collègue avec laquelle j'ai beaucoup travaillé, collaboré et publié, nos discussions ont été une source d'inspiration. Sa relecture attentive et critique a beaucoup contribué à l'amélioration et à la finalisation du texte. Sa contribution renforce l'idée qu'une formation et une culture solides en mathématiques et en physique sont des ingrédients utiles et peut-être nécessaires à tout scientifique, même aux écologues ! Gaëlle Fornet m'a fait l'amitié de lire le texte.

Faisant preuve, une fois de plus, d'une conception intelligente de son métier de « communicante », les idées principales qu'elle en a tiré traduisent une compréhension profonde du sujet et des intentions de l'auteur. Cet effort est très utile pour concevoir des présentations synthétiques de ce livre à divers publics.

Un petit retour en arrière me semble nécessaire. Après avoir brièvement discuté avec mon historien de fils des idées que je brassais à l'époque, un premier texte intitulé « Hasard, nécessité et biodiversité » a été rédigé et envoyé à Jean-Claude Mounolou, un collègue faisant autorité dans les sciences de la vie. Son retour a été très positif, nous en avons parlé à l'époque avec Robert Barbault et Talal Younès. Jean-Claude Mounolou a évoqué cette réflexion lors de l'allocution qu'il a prononcée à la séance plénière de janvier 2006 de l'Académie d'agriculture, après son élection en tant que président. Je n'oublie pas non plus deux autres de mes complices en la matière, Jacques Weber, anthropologue et économiste, ainsi que ses disciples et Christian Lévêque avec qui je partage un point de vue « non standard » sur le sujet. Ainsi, fort de ces soutiens et de plusieurs autres, j'ai poursuivi mes réflexions dans le cadre favorable de la Guyane, l'Amazonie française, où j'étais missionné par le CNRS. C'est alors que j'ai apprécié l'extraordinaire fécondité du concept, mais aussi évalué les dégâts de nombreux discours approximatifs sur le sujet.

Merci à l'éditeur de ce livre pour la confiance qu'il m'a accordée. Jean-Marc Lévy-Leblond et Sophie Lhuillier ont été très attentifs à la réalisation de cet ouvrage en faisant preuve de beaucoup de patience. Je leur en sais gré. Enfin, j'ai appris beaucoup en travaillant avec Charles Olivero qui a largement contribué à l'amélioration du texte tant dans la forme que sur le fond. Nos échanges ont été très cordiaux et d'une rare efficacité, qu'il en soit vivement remercié. Ce fut aussi le cas avec Pablo Durán.

Je remercie aussi par avance les lecteurs, que j'espère nombreux, qui liront ce livre et d'autant plus s'ils l'ont acheté !

# Références bibliographiques


[1] Anderson J., « Why ecology needs natural history », *American Scientist*, 107, 2017, p. 290-297.

[2] Éloge de Théodore Tronchin par Condorcet, *Histoire de l'Académie royale des sciences*, 1784, p. 103-114. Repris *in* Caritat M. L. S. *et al.* (dir.), *Œuvres complètes de Condorcet*, 1804, p. 217.

[3] Perino L., *Pour une médecine évolutionniste. Une nouvelle vision de la santé*, Seuil, 2017.

[4] Dobzhansky T., *In The American Biology Teacher*, 35, 1973, p. 125-129.

[5] Le Buanec B., « Évolution de la diversité génétique des variétés commercialisées chez différentes espèces de grande culture », *Le Sélectionneur français*, 61, 2010, p. 7-14.

[6] Sabbagh C., *Agriculture et biodiversité. Valoriser les synergies*, ESCO INRA, 2008.

[7] Arnould P., Le Lay Y. F., Dodane C. et Méliani I., « La nature en ville. L'improbable biodiversité », *Géo., Éco., Soc.*, 13, 2011, p. 39-62.

[8] Rosenzweig M. L., *Win-Win Ecology. How the Earth's Species Can Survive in the Midst of Human Enterprise*, Oxford University Press, 2003.

[9] Motesharrei S., Rivas J. et Kalnay E., « Human and nature dynamics (HANDY). Modeling inequality and use of resources in the collapse or sustainability of societies », *Ecological Economics*, 101, 2014, p. 90-102.

[10] Roberts A., « Are scientists wrong to talk about "luck" ? », *The Guardian*, 18 janvier 2015 ; www.theguardian.com.

[11] Pavé A., *Les Cailloux du Petit Poucet. Du laboratoire à*

*l'Amazonie, à propos du vivant et des sciences qui en parlent*, EDP Sciences, 2015.

[12] Masood E., « The battle for the soul of biodiversity », *Nature*, 560, 2018, p. 423-425.

[13] Ioannidis J. P. A., « Why most published research findings are false », *PLOS Medicine*, 2 (8), 2005, e124.

[14] Lebreton J.-D. et Gerdeaux D., « Gestion des populations de Grand Cormoran Phalacrocorax carbo séjournant en France », rapport pour le ministère chargé de l'Environnement, 1996, www.naturessonne.fr/telechargements/Cormorans-1996.pdf

[15] Devillard S., Santin-Hamin H., Say L. et Pontier D., « Linking genetic diversity and temporal fluctuations in population abundance of the introduced feral cat (Felis silvestris catus) on the Kerguelen archipelago », *Molecular Ecology*, 20, 2011, p. 5141-5153.

[16] Pavé A., « French environmental labs may get "big science" funds » (interview), *Nature*, 403, 2000, p. 822.

[17] Houël E., « Étude de substances bioactives issues de la flore amazonienne – analyse de préparations phytothérapeutiques à base de Quassia amara l. (simaroubaceae) et Psidium acutangulum dc. (myrtaceae) utilisées en Guyane française pour une indication antipaludique – identification et analyse métabolomique d'huiles essentielles à activité antifongique », thèse de doctorat des Antilles et de la Guyane, Cayenne, 1er juillet 2011.

[18] Stien D. et Houël E., « Chimie des substances naturelles en Guyane », *in* Pavé A. et Fornet G. (dir.), *Amazonie, une aventure scientifique et humaine du CNRS*, Paris, Galaade, 2010, p. 116-118.

[19] « Blood groups and racial relationships », *Nature*, 132, 30 septembre 1933, p. 524.

[20] Ruggles Gates R. et Darby G. E., « Blood groups and physiognomy of British Columbia coastal Indians », *The Journal of the Royal Anthropological Institute of Great Britain and Ireland*, 64, janvier-juin 1934, p. 23-44 ; www.jstor.org.

[21] Roosevelt A. C., « Twelve thousand years of human-environment interaction in the Amazon floodplain », *Advances in Economic Botany*, New York Botanical Garden, 13, 1999, p. 371-392.

[22] Dugoujon, J.-M., Larrouy G., Mazières S., Brucato N., Sevin A., Cassar O. et Gessain A., « Histoire et dynamique du peuplement humain en Amazonie. L'exemple de la Guyane », *in* Pavé A. et Fornet G. (dir.), *Amazonie, une aventure scientifique et humaine du CNRS*, *op. cit.*, p. 128-131.

[23] Reich D. *et al.*, « Reconstructing native American population history », *Nature*, 488, 2012, p. 370-375.

[24] Prugnolle F., Manica A. et Balloux F., « Geography predicts neutral genetics diversity of human populations », *Curr. Biology*, 15 (5), 2005, R159, R160.

[25] Leconte D., « Biodiversité et réversibilité de la friche », *Dossier de l'environnement de l'INRA*, 2001, 21, p. 151-160. Et plus généralement l'ensemble de ce numéro 21 : « Agriculture et biodiversité des plantes », www7.inra.fr/dpenv/do21.htm.

[26] www.toulouse.inra.fr/Toutes-les-actualites/Communique-de-presse-projet-Biobio. Schneider M. K. *et al.*, « Gains to species diversity in organically farmed fields are not propagated at the farm level », *Nature Communications*, 2014, 5, 4151 ; www.nature.com.

[27] Arnould P., « Un jardin dans la ville. Quelle biodiversité urbaine pour demain ? L'exemple du jardin de Gilles Clément à l'ENS de Lyon », *Territoire en mouvement, revue de géographie et d'aménagement*, décembre 2012, p. 18-29 ; tem.revues.org/1436.

[28] Tilman D., Wedin D. et Knops J., « Productivity and sustainability infuenced by biodiversity in grassland ecosytems », *Nature*, 379, 1996, p. 718-720.

[29] Fourier J., « Mémoire sur les températures du globe terrestre et des espaces planétaires », Académie royale des sciences, t. VII, 1827, p. 570-604.

[30] Pickett S. T. A et White P. S., *The Ecology of Natural Disturbances, Random and Patch Dynamics*, New York, Academic Press, 1985.

[31] Will Steffen W. *et al.*, « Trajectories of the Earth system in the Anthropocene », *PNAS*, 2018, p. 1-8 ; www.pnas.org. A. D. Barnosky, un des auteurs de cet article, a publié en 2012, dans *Nature*, avec plusieurs autres chercheurs un article sur l'effondrement possible de la biosphère [147].

[32] Guillou M. et Pavé A. (dir.), « Les technologies et le changement climatique, des solutions pour l'atténuation et l'adaptation »,

Paris, Académie des technologies, 2016, 103 p. Avec la collaboration de Lucie Goueslain.

[33] Prévot-Julliard A. C., Julliard R. et Clayton S., « Historical evidence for nature disconnection in a 70-year time series of Disney animated films », *Public Understanding of Science*, 24 (6), 2015, p. 672-680.

[34] Darwin, C. M. A., *On the Origin of Species by Means of Natural Selection. Or the Preservation of Favoured Races in the Struggle for Life*, « Fellow of the Royal, Geological, Linnaean Society; author of Journal of Researches During H.M.S. Beagle's Voyage Round the World », Londres, John Murray, Albemarle Street, 1859. Éditions contemporaines en français : *L'Origine des espèces*, trad. de Thierry Hoquet, Paris, Seuil, « Sources du savoir », 2013 ; *id.*, Paris, GF-Flammarion, 1992 et *id.*, Paris, Jean de Bonnot, 1982, 2 tomes.

[35] Piveteau J., « Le débat entre Cuvier et Geoffroy Saint-Hilaire sur l'unité de plan et de composition », *Revue d'histoire des sciences et de leurs applications*, 1950, 3 (4), p. 343-363.

[36] Mendel G., *Versuche über Pflanzen Hybriden*, Brünn, Im Verlag des Vereines, 1866.

[37] Pavé M., « France's Atlantic coastal fisheries, c.1600-1850 », *in* Starkey D., Thor Th. J. et Heidbrink I. (dir.), *A History of the North Atlantic Fisheries*, vol. 1, « From early times to the mid-nineteenth century », Bremerhaven, North Atlantic Fisheries History Association/Deutsches Shiffahrtmuseum, 2009, p. 208-228.

[38] Pavé M., *La Pêche côtière en France (1715-1850). Approche sociale et environnementale*, préface d'Andrée Corvol-Dessert, Paris, L'Harmattan, 2013.

[39] White L., « The historical roots of our ecologic crisis », *Science*, 155, 1967, p. 1203-1207.

[40] Ruelle D., *Hasard et chaos*, Paris, Odile Jacob, 2010 [1991].

[41] Malthus T., « Essai sur le principe de population » (1798). Le texte est accessible en ligne : classiques.uqac.ca.

[42] Verhulst P.-F., « Recherche mathématique sur la loi d'accroissement de la population », Compte rendu de l'Académie royale de Belgique, t. XVIII, 1844, p. 1-32.

[43] Wilson E. O. (dir.), *Biodiversity*, Washington D.C, National Academic Press, 1988.

[44] NEFF M. W. et CORLEY E. A., « 35 years and 160,000 articles : A bibliometric exploration of the evolution of ecology », *Scientometrics*, 80 (3), 2009, p. 657-682.

[45] MASQUILIEZ M. L. et CUXAC P., « Cartographie de l'écologie scientifique et analyse diachronique », hal.archives-ouvertes.fr.

[46] COURCHAMP F. et BRADSHAW C. J. A., « 100 articles every ecologist should read », *Nature Ecology & Evolution*, 2017.

[47] Fondation pour la recherche sur la biodiversité, « Rapport d'activité 2010-2011 », Paris, 2012, p. 37.

[48] VERNADSKY V. I., *Biosfera*, Leningrad, Nauchno-techn. Izd., 1926. *La Biosphère*, Paris, Librairie Félix Alcan, 1929 ; rééd. par Jean-Paul Deléage, Paris, Seuil, « Points Sciences », 2002.

[49] LOVELOCK J., *Gaia : A New Look at Life on Earth*, Oxford University Press, 1979.

[50] WIENER N., *Cybernétique et société*, Paris, Seuil, « Points Sciences », 2014.

[51] WIENER N., *Cybernetics of Control and Communication in the Animal and in the Machine*, The MIT Press, 1965.

[52] LÉVÊQUE C., *L'Écologie est-elle encore scientifique ?*, Paris, éditions Quæ, 2013.

[53] STEWART L., EVANS N., BEXON K. J., VAN DER MEER D. J. et WILLIAMS G. A., « Differentiating between monozygotic twins through DNA methylation-specific high-resolution melt curve analysis », *Anal. Biochem.*, 476, 1er mai 2015, p. 36-39 ; doi : 10.1016/j.ab.2015.02.001. Voir « ADN : on peut désormais différencier deux vrais jumeaux », www.sciencesetavenir.fr.

[54] RABY M., « The colonial origins of tropical field stations », *American Scientist*, 105, 2017, p. 216-223.

[55] LECOINTRE G. et LE GUYADER H., *Classification phylogénétique du vivant*, 2e édition, Paris, Belin, 2002, p. 39.

[56] GOURLÉ-FLEURY S., GUEHL J. M. et LAROUSSINIE O., *Ecology and Management of a Neotropical Forest. Lessons Drawn from Paracou, a Long-term Experimental Research Site in French Guiana*, Elsevier, 2004.

[57] CROWTHER T. W. *et al.*, « Mapping tree density at a global scale », *Nature*, 525, 2015, p. 201-205.

[58] On pourra, par exemple, consulter l'ouvrage : ANDRÉ MONACO et PATRICK POUZET (dir.), *Tools for Oceanography and Ecosystem Modeling*, ISTE/Wiley, 2016.

[59] uicn.fr/wp-content/uploads/2016/06/UICN_2012_Categories_et_criteres_Liste_rouge.pdf.

[60] Sepkoski J. J., « A compendium of fossil marine families. Milwauk », *Public Mus., Contrib. Biol. Geol.*, 51, 1982, p. 1-125. Ce premier article est suivi par des mises à jour régulières et de nombreux travaux d'analyse de ces données, notamment : strata.geology.wisc.edu/jack/.

[61] Benton M. J., « Diversification and extinction in the history of life », *Science*, 268, 1995, p. 52-58.

[62] Pavé A., *On the Origins and Dynamics of Biodiversity : The Role of Chance*, New York, Springer, 2010.

[63] Arnould P., « Biodiversité, la confusion des chiffres et des territoires », *Annales de géographie*, 651, 2006, p. 528-549.

[64] Costello M. J., May R. M. et Stork N. E., « Can we name Earth's species before they go extinct ? », *Science*, 339, 2013, p. 413-416.

[65] Lewinsohn T. M. et Prado P. I., « How many species are there in Brazil ? », *Conserv. Biology*, 19, 2005, p. 619-624.

[66] Odum E. P., *Fundamentals of Ecology*, W. B. Saunders, 1959.

[67] Odum E. P. et Barrett G. W., *Fundamentals of Ecology*, 5e édition, Belmont (CA), Thompson Brooks/Cole, 2005.

[68] Gause G. F., *Vérifications expérimentales de la théorie mathématique de la lutte pour la vie*, Paris, Hermann, 1935.

[69] inpn.mnhn.fr/informations/biodiversite/france

[70] Hoorn C. et Wesselingh F. (dir.), *Amazonia Lanscape and Evolution. A Look Into the Past*, Oxford, Whiley-Blackwell, 2010.

[71] Hoorn C. *et al.*, « Amazonia through time : Andean uplift, climate change, landscape evolution, and biodiversity », *Science*, 230, 2010, p. 927-931.

[72] ter Steege H. *et al.*, « Hyperdominance in the Amazonia tree flora », *Science*, 342, 2013.

[73] Hubbell S. P. *et al.*, « How many tree species are there in the Amazon and how many of them will go extinct ? », *PNAS*, 105 (suppl. 1), 2008, p. 11498-11504.

[74] Rostain S., « L'Amazonie, une Terre promise pour l'archéologie », *Pour la Science*, 453, mai 2016, p. 62-69.

[75] Wang X. *et al.*, « Hydroclimate changes across the Amazon lowlands over the past 45,000 years », *Nature*, 541, 2017, p. 204-207.

[76] GARGAUD M., MARTIN H., LOPÈZ-GARCIA P., MONTMERLE T. et PASCAL R., *Le Soleil, la Terre et… la Vie*, Paris, Belin, 2009.

[77] MATTHEW S. *et al.*, « Little evidence for early life in Earth's oldest hydrothermal vent precipitates », *Nature*, 543, 2017, p. 60-64.

[78] PAVÉ A., HERVÉ J. C. et SCHMIDT-LAINÉ C., « Mass extinctions, biodiversity explosions and ecological niches », *C.R. Biologies*, 325 (7), 2002, p. 755-765.

[79] COURTILLOT V. et GAUDEMER Y., « Effects of mass extinctions on biodiversity », *Nature*, 381, 1996, p. 146-148.

[80] PAVÉ A., *Modélisation des systèmes vivants*, Paris, Hermès/Lavoisier, 2012.

[81] RHODE R. A. et MULLER R. A., « Cycles in fossil diversity », *Nature*, 434, 2005, p. 208-210.

[82] RAMPINO M., « Reexamining Lyell laws », *American Scientist*, 105, 2017, p. 224-231.

[83] LYELL CH., *L'Ancienneté de l'homme prouvée par la géologie et remarques sur les théories relatives à l'origine des espèces par variations*, Elibron Classics, 2006, facsimilé de l'édition de 1864, Paris, J. B. Baillère et Fils, traduit de l'anglais par M. Chaper.

[84] HALLAM A. et WIGNALL P. B., *Mass Extinctions and Their Aftermath*, Oxford University Press, 1997.

[85] EL ALBANI A. *et al.*, « Large colonial organisms with coordinated growth in oxygenated environments 2.1 Gyr », *Nature*, 466, 2010, p. 100-104.

[86] WEBSTER M. A., « Cambrian peak in morphological variations within Trilobite species », *Science*, 317, 2007, p. 499-502.

[87] ALROY J. *et al.*, « Phanerozoic trends in the global diversity of marine Invertebrates », *Science*, 321, 2008, p. 97-100.

[88] PAVÉ A., « Interpretation of population dynamics models by using schematic representations », *Journal of Biological Systems*, 1 (3), 1993, p. 275-309.

[89] TABERLET P. *et al.*, « Soil sampling and isolation of extracellular DNA from large amount of starting material suitable for metabarcoding studies », *Molecular Ecology*, 21 (8), 2012, p. 1816-1820.

[90] YOCCOZ N. *et al.*, « DNA from soil mirrors plant taxonomic and growth form diversity », *Molecular Ecology*, 21 (15), 2012, p. 3647-3655.

[91] Brunet R. (dir.), Ferras R. et Théry H., *Les Mots de la géographie : dictionnaire critique*, Montpellier, Reclus, 1992.

[92] Arrhenius, O., « Species and area », *Journal of Ecology*, 9, 1921, p. 95-99.

[93] Gleason H. A., « On the relation betweeen species and area », *Ecology*, 3 (2), 1922, p. 158-162.

[94] MacArthur R. et Wilson E. O., *Island Biogeography*, Princeton University Press, 1967.

[95] He F. et Hubbell S. P., « Species-area relationships always overestimate extinction rates from habitat loss », *Nature*, 473, 2011, p. 368-371.

[96] Ehrlich, P. R. et Ehrlich, A. H., *The Causes and Consequences of the Disappearance of Species*, New York, Random House, 1981.

[97] Millenium Ecosystem Assessment, *Ecosystems and Human Well-Being. Synthesis report*, Washington D.C., Island Press, 2005.

[98] Pan X., « Fundamental equations for species-area theory », *Nature : Scientific reports*, 2013, 1334, doi : 10 : 1038:srep01334.

[99] Pavé A., « Necessity of chance : Biological roulettes and biodiversity », *C.R. Biologies*, 330, 2007, p. 189-198.

[100] Pavé A. et Fornet G., *Amazonie, une aventure scientifique et humaine du CNRS*, *op. cit.*

[101] Régnier C., Achaz G., Lambert A., Cowle R. H., Bouchet P. et Fontaine B., « Mass extinction in poorly known taxa », *PNAS*, 112, 2015, doi : 10.1073/pnas.1502350112 ; www.pnas.org/content/early/2015/06/03/1502350112.abstract.

[102] www2.cnrs.fr/sites/communique/fichier/cp_museum_sixieme_extinction_pnas.pdf.

[103] de Wever P. et David B., *La Biodiversité de crise en crise*, Paris, Albin Michel, 2015.

[104] Poncy O., Sabatier D., Prévost M. F. et Hardy I., « The lowland high rainforest structure and tree species diversity », *in* Bongers F., Charles-Dominique P., Forget P. M. et Théry M. (dir.), *Nouragues. Dynamics and Plant-Animal Interactions in a Neotropical Rainforest*, Kluwer Academic Publishers, 2001, p. 32-46.

[105] Allen J. C., Schaffer W. M. et Rosks D., « Chaos reduces

species extinction by amplifying local population noise», *Nature*, 364, 1993, p. 229-232.

[106] www.normalesup.org/~agarnier/Rarity.htm.

[107] TESTART A., «Les modèles biologiques sont-ils utiles pour penser l'évolution des sociétés?», *Préhistoires méditerranéennes*, 2, 2011; pm.revues.org/599.

[108] BERTHOZ A., *La Simplexité*, Paris, Odile Jacob, 2009.

[109] NUTMAN A. P., BENNETT V. C., FRIEND C. R. L., VAN KRANENDONK M. J. et CHIVAS A. R., «Rapid emergence of life shown by discovery of 3700 million-year-old microbial structures», *Nature*, 537, 2016, p. 535-538.

[110] CHICUREL M., «Can organisms speed their own evolution?», *Science*, 292, 2001, p. 1824-1827.

[111] SEEHAUSEN O., «Mécanismes d'apparition et de disparition de la diversité spécifique», *Eawag News*, 2010, p. 18-21.

[112] PENNY A. J., LAURENCE H. P. et ANTONY M. C., «DNA repair, genome stability and cancer: A historical perspective», *Nature Reviews/Cancer*, 2015; www.nature.com/articles/nrc.2015.4.

[113] WALTHER V., CRISPIN T. H., SHIBATA D., SWANTON C., TURNER P. E. et MALEY C. C., «Can oncology recapitulate paleontology? Lessons from species extinctions», *Nature Reviews/Clinical Oncology*, 12, 2015, p. 273-285.

[114] NEI M., *Mutation-Driven Evolution*, Oxford University Press, 2013.

[115] LEÓN M., FELSZTYNA I. et HUAIS P. Y., «El papel del azar en el desarrollo de las ideas sobre la evolución biológica», *Revista Facultad de Ciencias Exactas, Físicas y Naturales*, I (2), 2015, p. 103-110.

[116] REZNICK D., «Evolution today: The Mosquitoes of the London Uuderground», in *The «Origin» Then and Now*, Princeton University Press, 2011, chap. XII, p. 205-216; ncse.com/files/pub/evolution/Excerpt--reznick.pdf.

[117] BYRNE K. et RICHARD A., «*Culex pipiens* in London Underground tunnels: Differentiation between surface and subterranean populations», *Heridity*, 82, 1999, p. 7-15.

[118] KASSIM A., WEBB C. E., WANG Q. et RUSSELL R. C., «Australian distribution, genetic status and seasonal abundance of the exotic mosquito *Culex molestus* (Forskal) (Diptera: Culicidae)», *Australian Journal of Entomology*, 52 (3), 2013, p. 185-198.

[119] Grantham R., Gautier C., Mercier R. et Pavé A., « Codon catalog usage and the genome hypothesis », *Nucleic Acids Research*, 8, 1980, p. 49-62.

[120] Marlière P., Patrouix J., Döring V., Herdewijn P., Tricot S., Cruveiller S., Bouzon M. et Mutzel R., « Chemical evolution of a bacterium's genome », *Angew. Chem. Int.*, 50 (31), 2011, p. 7109-7114 ; doi : 10.1002/anie.201100535.

[121] Pascal J. P. et Ramesh B. R., « A field key to the trees and lianas of the evergreen forests of the Western Ghats (India) », Institut français de Pondichéry, 1987.

[122] Zachary D. Blount, « Replaying evolution. Is the living world more a result of happenstance or repeatable processes ? », *American Scientist*, 105 (1), 2017, p. 156-165.

[123] Good B. H., McDonald M. J., Barrick J. E., Lenski R. E. et Desal M. M., « The dynamics of molecular evolution over 60,000 generations », *Nature*, 551, 2017, p. 45-50.

[124] Plotkin J. P., « No escape from the tangled bank », *Nature*, 551, 2017, p. 42-43.

[125] Tomasetti C. et Vogenstein B., « Variations in risk among tissues can be explained by the number of stem cell divisions », *Science*, 347, 2015, p. 78-81.

[126] Tomasetti C., Li L. et Vogelstein B., « Stem cell divisions, somatic mutations, cancer etiology, and cancer prevention », *Science*, 355, 2017, p. 1330-1334.

[127] Nowak M. A. et Waclaw B., « Genes, environment, and "bad luck" », *Science*, 355, 2017, p. 1266-1267.

[128] Kimura M., *Théorie neutraliste de l'évolution*, Paris, Flammarion, 1983.

[129] Jacob F., *Le Jeu des possibles. Essai sur la diversité du vivant*, Paris, Fayard, 1981.

[130] Beck J., « Species-area curves and the estimation of extinction rates », *The International Biogeography Society – Frontiers of Biogeography*, 3 (3), 2011, p. 82-83.

[131] Delord J., *L'Extinction d'espèces, histoire d'un concept et enjeux éthiques*, Paris, Publications scientifiques du Muséum, 2010.

[132] Grimoult C., *Histoire des théories scientifiques de l'extinction des espèces*, Paris, Ellipses, 2014.

[133] Ehrlich P. R., Ehrlich A. et Holdren J., *Ecoscience :*

*Population, Resources, Environment*, San Francisco, Freeman, 1977.
[134] Ehrlich P. R. et Ehrlich A., *Extinction : The Causes and Consequences of the Disappearance of Species*, New York, Random House, 1981.
[135] Ceballos G. *et al.*, « Accelerated modern human-induced species losses : Entering the sixth mass extinction », *Science Advances*, 1 (5), 2015 ; advances.sciencemag.org.
[136] Ceballos G., Ehrlich P. R. et Dirzo R., « Biological annihilation via the ongoing sixth mass extinction signaled by vertebrate population losses and declines », *PNAS*, 2017 ; www.pnas.org.
[137] Leakey R. et Lewin R., *The Sixth Extinction*, Doubleday, 1995.
[138] Barnosky A., *Dodging Extinction – Power, Food, Money and the Future of Life on Earth*, University of California Press, 2014.
[139] Pavé A., « À propos de la conférence internationale "Biodiversité, Science et Gouvernance" : le point de vue d'un biologiste », *Natures, Sciences, Sociétés*, 13 (4), 2005, p. 440-446.
[140] Holdren J. P. et Ehrlich P. R., « Human population and the global environment », *American Scientist*, 62, 1974, p. 282-292.
[141] Choat B. *et al.*, « Global convergence in the vulnerability of forests to drought », *Nature*, 461, 2012, p. 752-755.
[142] Landmann G et Bonneau M., *Forest Decline and Atmospheric Deposition Effects in the French Mountains*, Springer Verlag, 1995.
[143] Arnould P. et Da Lage A., « "Pluies acides" et presse forestière française : 1980-1989, une information sans repères ? », *Annales de géographie*, 102 (572), 1993, p. 397-411.
[144] Corvol A., *La Forêt malade, débats anciens et phénomènes nouveaux* XVII*e*-XX*e* *siècles*, Paris, L'Harmattan, 1994.
[145] Sepkoski Jr., J. J., « A compendium of fossil marine animal genera », *Bulletin of American Paleontology*, 363, 2002, p. 1-560.
[146] Barnosky A. D. *et al.*, « Has the Earth's sixth mass extinction already arrived ? », *Nature*, 471, 2011, p. 51-57.
[147] Barnosky A. D. *et al.*, « Approaching a state shift in Earth's biosphere », *Nature*, 486, 2012, p. 52-58.
[148] Thom R., *Paraboles et catastrophes*, Paris, Flammarion, « Champs sciences », 1999.

[149] Colinvaux P., *Why Big Fierce Animals are Rare : An Ecologist's Perspective*, Princeton University Press, 1978.

[150] Gurevitch J., Koricheva J., Nakagawa S. et Stewart G., « Meta-analysis and the science of research synthesis », *Nature*, 555, 2018, p. 175-182.

[151] Dornelas M., Gotelli N. J., McGill B., Shimadzu, H., Moyes, F., Sievers, C. et Magurran, A. E., « Assemblage time series reveal biodiversity change but not systematic loss », *Science*, 344, 2014, p. 296-299.

[152] Vellend M., « The biodiversity conservation paradox », *American Scientist*, 105, 2017, p. 94-101.

[153] Crowther T. W. *et al.*, « Mapping tree density at a global scale », *Nature*, 525, 2015, p. 201-205.

[154] Beuve M., « Du bon usage des ordinateurs et du cerveau des chercheurs », *Actes du colloque « Modélisation : succès et limites »*, CNRS/Académie des technologies, 2016.

[155] Schmidt-Lainé Cl. et Pavé A., « Environnement : modélisation et modèles pour comprendre, agir et décider dans un contexte interdisciplinaire », *Natures, Sciences, Sociétés : Sciences pour l'ingénierie de l'environnement*, 10, s. 1, 2002, p. 5-25.

[156] Lions J. L., « Modélisation mathématique et environnement. Quelques remarques », *in* Blasco F. (dir.), *Tendances nouvelles en modélisation pour l'environnement*, Paris, Elsevier, 1997, p. 79-90.

[157] Bouleau N., *Philosophies des mathématiques et de la modélisation*, Paris, L'Harmattan, 1999.

[158] Zhuravlev A. V., « Morphological and histological trends in late devonian conodont lineages », *in* Ivanov A. et Yound G. (dir.), « Middle Palaeozoic Vertebrates of Laurussia : Relationships with Siberia, Kazakhstan, Asia and Gondwana », *Ichthyolith issues special publication*, 9, 2005, p. 49-52.

[159] Webster M. A., « Cambrian peak in morphological variations within Trilobite species », *Science*, 317, 2007, p. 499-502.

[160] Heywood V. H., Mace G. M. et May R. M., « Uncertainities in extinction rates », *Nature*, 368, 1994, p. 105.

[161] Le Bras H., « 9,3 milliards d'humains en 2050 ? », *La Recherche*, 457, 2011.

[162] Cheaib A. *et al.*, « Climate change impacts on tree ranges :

Model intercomparison facilitates understanding and quantification of uncertainty », *Ecology Letters*, 15 (6), 2012, p. 533-544.

[163] NORDEN N. *et al.*, « Successional dynamics in neotropical forests are as uncertain as they are predictable », *PNAS*, 112, 2015, p. 8013-8018.

[164] FERRIÈRE R. et CAZELLES B., « Universal power laws govern intermittent rarity in communities of interacting species », *Ecology*, 80 (5), 1999, p. 1505-1521.

[165] THOMAS C. D., *Inheritors of the Earth : How Nature Is Thriving in an Age of Extinction*, Allen Lane/Penguin Random House, 2017.

[166] LAURANCE W. F. *et al.*, « Averting biodiversity collapse in tropical forest protected areas », *Nature*, 489, 2012, p. 290-294.

[167] BUDIANSKY S., « Diversionary tactics in environmental debates », *Nature*, 415, 2002, p. 364.

[168] SCHEUCH, M. et ROD, M., « Getötete Biodiversität : Der Wert eines Opfers – Von Biologie, Werten und Zeitungsartikeln », *in* Hösch-Schagar G., Karre B. et Mayerhofer E. (dir.), *Ernte und Aussaat : Spiritualität und Nachhaltigkeit – Überlegungen und Handlungsimpulse*, Berlin, Münster, Vienne, Zurich, Londres, LIT Verlag, 2011, p. 12.

[169] CASSETA E. et DELORS J., *La Biodiversité en question. Enjeux philosophiques, éthiques et scientifiques*, Paris, Éditions Matériologiques, 2014.

[170] DAUBIN V. et SZÖLLÕSI G., « Horizontal gene transfert and the history of life », *Cold Spring Harbor in Biology*, 8 (4), 2016.

[171] STOCZKOWSKI W., « Trois vérités sur la fin du monde », *La Recherche*, 470, décembre 2012, p. 62-65.

[172] LÉVÊQUE C., MOUNOLOU J. C., PAVÉ A. et SCHMIDT-LAINÉ CL., « À propos des introductions d'espèces, écologie et idéologies », *Études rurales*, 185, 2010, p. 219-234.

[173] GROS F., CARLTON J. et PAVÉ A., « L'expansion de *Caulerpa taxifolia* en Méditerranée : synthèse et propositions », *in* Académie des sciences, *Dynamique d'espèces marines invasives : application à l'expansion de* Caulerpa taxifolia *en Méditerranée*, Lavoisier, « Tec & Doc », 1997, p. 335-337.

[174] THELLIER M., ECHAUBARD M., KLOAREG B., LAUBIER L. et PAVÉ A., « Proposition d'actions de recherche sur la dynamique

de *Caulerpa taxifolia* », *in* Académie des sciences, *Dynamique d'espèces marines invasives...*, *op. cit.*, p. 338-347

[175] Chivian D. *et al.*, « Environmental genomics reveals a single-species ecosystem deep within the Earth », *Science*, 322, 2008, p. 275-278.

[176] Worster D., *The Wealth of Nature, Environmental History and the Ecological Imagination*, Oxford University Press, 1993.

[177] Hardin G., « The tragedy of the commons », *Science*, 162, 1968, p. 1243-1248.

[178] Hardin G., « The competitive exclusion principle », *Science*, 131, 1960, p. 1292-1297.

[179] von Neumann J. et Morgenstern O., *Theory of Games and Economic Behavior*, Princeton University Press, 1953.

[180] Hardin G., « Extensions of "The tragedy of the commons" », *Science*, 280, 1998, p. 682-683.

[181] Lewontin R. C., *La Triple Hélice. Les gènes, l'organisme, l'environnement*, Seuil, 2003.

[182] Drogoul A. et Ferber J., « Multi-agent simulation as a tool for modeling societies : Application to social differentiation in ant colonies », *Artificial Social Systems*, Berlin, Heidelberg, Springer, 1994, p. 2-23.

[183] Jollivet M., « Comment se fait la sociologie : à propos d'une controverse en sociologie rurale », *Sociétés contemporaines*, Presses de Sciences Po, n° 49-50, 2003/1, p. 43-60.

[184] Pavé A., « Deux programmes de recherche sur l'environnement dans les années 1990-1998 : le programme Environnement, puis le programme Environnement, Vie et Sociétés », *La Revue pour l'Histoire du CNRS*, 4, 2001 ; journals.openedition.org/histoire-cnrs/3132.

[185] Lévêque C., Pavé A., Abbadie L., Weill A. et Vivien F.-D., « Les zones ateliers, des dispositifs pour la recherche sur l'environnement et les anthroposystèmes », *Natures, Sciences, Sociétés*, 4, 2000, p. 44-55.

[186] Huneman Ph., « Diversités théoriques et empiriques de la notion de biodiversité », *in* Casseta E. et Delors J. (dir.), *La Biodiversité en question...*, *op. cit.*, p. 13-28.

[187] Solbrig O. T. (dir.), « From genes to ecosystems : A research agenda for biodiversity », IUBS, 1991.

[188] Solbrig O. T., van Emden H. et First P. (dir.), *Biodiversity and Global Change*, Oxon (UK), CABI, 1994 [1992].

[189] Pavé A., « Hierarchical organization of biological and ecological systems », *in* Pumain D. (dir.), *Hierarchy in Natural and Social Sciences*, Springer, « Methodos series », 2006, p. 39-70.

[190] Scudo F. M. et Ziegler J. R., *The Golden Age of Theoretical Ecology : 1923-1940*, Springer-Verlag, *Lect. Notes in Biomathematics*, 1978.

[191] Hubbell S. P., *The Unified Neutral Theory of Biodiversity and Biogeography*, Princeton University Press, 2001.

[192] Volkov I., Banavar J. R., Hubbell S. P. et Maritan A., « Neutral theory and relative species abundance in ecology », *Nature*, 424, 2003, p. 1035-1037.

[193] Chave J., « Neutral theory and community ecology », *Ecology Letters*, 7, 2004, p. 241-253.

[194] Mouquet N. *et al.*, « Predictive ecology in a changing world », *Journal of Applied Ecology*, 52, 2015, p. 1293-1310.

[195] Pavé A. « Modeling in contemporary sciences, limits and advantages, from disciplinary to interdisciplinary approaches. Examples in marine sciences », *in* Monaco A. et Prouzet P. (dir.), *Tools for Oceanography*, vol. 9, Londres, ISTE, « Sea and Ocean », 2016, chap. viii, p. 313-332.

[196] Couvet D. et Vandevelde J. C., « La biodiversité ordinaire : des enjeux écologiques au consensus social », *in* Casseta E. et Delors J. (dir.), *La Biodiversité en question…*, *op. cit.*, p. 183-208.

[197] Ostrom, E., « A general framework for analyzing sustainability of social-ecological systems », *Science*, 325, 2009, p. 419-422.

[198] Boltanski L. et Thévenot C., *De la justification : les économies de la grandeur*, Paris, Gallimard, 1991.

[199] Lafaye C. et Thévenot C., « Une justification écologique ? Conflits dans l'aménagement de la nature », *Revue française de sociologie*, 34 (4), 1993, p. 495-524.

[200] Godard O., « De la pluralité des ordres. Les problèmes d'environnement et de développement durable à la lumière de la théorie de la justification », *Géographie, économie, société*, 6 (3), 2004, p. 303-330.

[201] Costanza R. *et al.*, « The value of the world's ecosystem services and natural capital », *Nature*, 387, 1997, p. 253-260.

[202] Chevassus-au-Louis B., Salles J. M., Bielsa S., Richard D. et Martin G., Pujol J. L., « Approches économiques de la biodiversité et des services liés aux écosystèmes », Centre d'analyse stratégique, Rapports et documents, Paris, 2009.

[203] « Biodiversity needs more voices », Éditorial, *Nature*, 560, 2018, p. 409.

[204] Pavé A., Courtet C. et Volatier J. L., « Environnement : mille chercheurs hiérarchisent les urgences », *La Recherche*, 306, février 1998, p. 30-31.

[205] Pavé A., Courtet C. et Volatier J. L., « Environnement : comment la communauté scientifique voit les problèmes », *Courrier de l'Environnement*, INRA, 34, 1998, p. 109-114.

[206] Clements F., *Plant Succession*, Washington, Carnegie Institution, 1916.

[207] Morin E., « Le défi de la complexité », *Chimères*, 5-6, 1988 ; www.revue-chimeres.fr/drupal_chimeres/files/05chi05.pdf.

[208] Valdam A. et Rottet K. J. (dir.), *Dictionary of Louisiana French*, Jackson, University Press of Mississippi, 2010.

[209] Chave J., « Dynamique des écosystèmes et de la biodiversité en Amazonie », *in* Pavé A. et Fornet G. (dir.), *Amazonie, une aventure scientifique et humaine du CNRS*, *op. cit.*, p. 104-106.

[210] Cioran E. M., *Syllogismes de l'amertume*, Gallimard, « Folio essais », 1987 [1952].

[211] Picard Ph., *Hasard et probabilités. Histoire, théorie et applications des probabilités*, Paris, Vuibert, 2007.

[212] Cournot A. A., *Matérialisme, vitalisme, rationalisme (études sur l'emploi des données de la science en philosophie)*, IV, § 3, in *Œuvres complètes*, t. V, Paris, Vrin, 1987 [1875].

[213] Lépinat B., « La contingence dans la philosophie d'A. A. Cournot », cours de Quentin Meillassoux, « Les conditions ontologiques de la contingence » ; www.academia.edu/16688272/La_contingence_dans_la_philosophie_dA._A._Cournot.

[214] Poincaré H., *Calcul des probabilités*, Gauthier-Villard, 1912 (réimpression, Jacques Gabay, Paris, 1987). Comme le signale l'auteur, cette introduction est extraite de son ouvrage *Science et méthode*, qu'on peut trouver sur Internet : jubilotheque.upmc.fr.

[215] Vidal C., « Un exemple de chaos déterministe en chimie », *Annales des Télécommunications*, 42 (5), 1987, p. 334-338.

[216] Lecointre G., Gargaud M., Lachièze-Rey M., Longo G. et Pavé A., « Changement, transformation, évolution, historicité », *in* Gargaud M. et Lecointre G. (dir.), *Évolution, des galaxies aux sociétés, objets et concepts*, Paris, Éditions Matériologiques, 2015, p. 23-40.

[217] Laskar J., « Le Système solaire est-il stable ? », séminaire Poincaré, XIV, 2010, p. 221-246 ; www.bourbaphy.fr/laskar.pdf.

[218] May R. M., « Biological populations with nonoverlapping generations : Stable points, stable cycles, and chaos », *Science*, n° 186, 1974, p. 645-647.

[219] May R. M., « Biological populations obeying difference equations : Stable points, stable cycles, and chaos », *Journal of Theoretical Biology*, 51, 1975, p. 511-524.

[220] May R. M., « Simple mathematical model with very complicated dynamics », *Nature*, 261, 1976, p. 459-467.

[221] Strzałko J., Grabski J., Stefański A., Perlikowski P. et Kapitaniak T., « Dynamics of coin tossing is predictable », *Physics Reports*, 469, 2008, p. 59-92.

[222] Strzałko J., Grabski J., Perlikowski P., Stefański A. et Kapitaniak T., « Dynamics of gambling. Origins of randomness in mechanical systems », *Lecture Notes in Physics*, Springer, 792, 2009.

[223] Teissier B., « Travaux de Thom sur les singularités », *Publications mathématiques de l'IHÉS*, t. LXVIII, 1988, p. 19-25.

[224] Blanchet J. P., « Quantum population dynamics : A broad view from an exploration beyond the standard model », *Quantum Physics Letters*, 4 (2), 2015, p. 31-50.

[225] Pavé A., « By way of introduction : Modelling living systems, their diversity and their complexity. Some methodological and theoretical problems », *C. R. Biologies*, « Special issue on Biological Modelling », 329, 2006, p. 3-12.

[226] Charpentier E., Lesne A. et Nikolsky N. (dir.), *L'Héritage de Kolmogorov*, Paris, Belin, 2004.

[227] Leys J., Ghys É. et Alvarez A., avec la participation de Thierry Lhermitte pour la version française (voix), *Chaos*, « Chaos 1. Panta Rhei », « Chaos 2. Champs de vecteurs : la course des Lego », « Chaos 3. Un peu de mécanique : la pomme et la Lune », « Chaos 4. Oscillations : la balançoire », « Chaos 5. Le taureau de Duhem », « Chaos 6. Chaos et le fer à cheval »,

« Chaos 7. Attracteurs étranges : l'effet papillon », « Chaos 8. Statistiques : le moulin de Lorenz », « Chaos 9. La recherche aujourd'hui », 2012.

[228] Gibson D. G. *et al.*, « Creation of a bacterial cell controlled by a chemically synthesized genome », *Science*, 329, 2010, p. 52-56.

[229] Abrahamson E. et Freedman D. H., *Un peu de désordre = beaucoup de profit(s)*, Paris, Flammarion, 2008.

[230] Walter C., « La représentation brownienne du risque : une faute morale collective ? », *Finance et bien commun*, 311 (32), 2008, p. 137-144.

[231] Badiou A. avec Haéri G., *Éloge des mathématiques*, Paris, Flammarion, « Café Voltaire », 2015.

[232] Elahi, R. *et al.*, « Recent trends in local-scale marine biodiversity reflect community structure and human impacts », *Current Biology*, 25, 2015, p. 1938-1943.

[233] Vellend, M. *et al.*, « Global meta-analysis reveals no net change in local-scale plant biodiversity over time », *Proceedings of the National Academy of Sciences of the U.S.A.*, 110, 2013, p. 19456-19459.

# Notes

1. Claude Lévi-Strauss commence ainsi son célèbre ouvrage *Tristes tropiques* par la phrase : « Je hais les explorateurs. »

2. L'écologie a hérité de l'histoire naturelle, très descriptive, qui lui est toujours utile, sinon nécessaire, comme le souligne John Anderson, dans un article intitulé : « Why ecology needs natural history » (Pourquoi l'écologie a besoin de l'histoire naturelle) [1].

3. Expression tirée du traité théologico-politique de Spinoza. Précédemment, Étienne de la Boétie avait fait une constatation voisine dans son *Discours de la servitude volontaire* ; en ligne : www.webdeleuze.com/groupes/2 et www.singulier.eu/textes/reference/texte/pdf/servitude.pdf. L'écologie s'illustre à ce propos : elle est principalement triste, catastrophiste alors qu'elle a tout pour être porteuse d'optimisme.

4. Pour le domaine médical on pourra consulter l'excellent ouvrage de Luc Perino : *Pour une médecine évolutionniste. Une nouvelle vision de la santé* [3].

5. « Rien en biologie n'a de sens sauf à la lumière de l'évolution » [4] (traduction de l'auteur).

6. Ronald A. Fisher, John B. S. Haldane, Sewall Wright, Theodosius Dobzhansky, Julian Huxley, Ernst Mayr, Bernhard Rensch, George Gaylord Simpson et George Ledyard Stebbins. En France, Georges Teissier, Philippe L'Héritier et Gustave Malécot.

7. Le Parisien, « Les escargots taclent le Stade brestois », http://www.leparisien.fr/environnement/les-escargots-taclent-le-stade-brestois-13-12 2012-2404461.php.

8. « Préserver la biodiversité coûte très cher », http://www.slate.fr/story/7049/le-co%C3%BBt-de-la-pr%C3%A9servation-de-la-biodiversit%C3%A9-peut-ser%C3%A9v%C3%A9ler-exorbitant.

9. Alexandre Stobinsky, Libération du 20 septembre 2010, « Le Pique-prune, héros de ces bois », http://www.liberation.fr/societe/01012291095-le-pique-prune-heros-de-ces-bois.

10. occi.free.fr/pages/ITER_LM.html#Le_Pique-prune_menace (Iter : International Thermonuclear Experimental Reactor).

11. www.itercad.org/mesures.php.

12. N'insistons pas sur le fait que l'ours, perdu sur son glaçon, risquerait la noyade. Pas d'inquiétude, c'est un excellent nageur habitué au milieu marin comme le traduit d'ailleurs le nom latin de l'espèce.

13. « Les pizzlys remplaceront bientôt les ours polaires, selon un biologiste », ici.radio-canada.ca. Entre les deux événements, j'avais évoqué cette possibilité lors d'une conférence à l'université du Québec à Montréal. Les collègues de cette université m'ont transmis cette information avec quelque humour ! https://ici.radio-canada.ca/nouvelle/784097/pizzly-ours-grolar-polaires-grizzly-changements-climatiques-climat?depuisRecherche=true.

14. « 10 chiffres alarmants sur la biodiversité en France », http://tempsreel.nouvelobs.com/planete/20150316.OBS4745/10-chiffres-alarmants-sur-la-biodiversite-en-france.html.

15. lejournal.cnrs.fr/articles/ou-sont-passes-les-oiseaux-des-champs.

16. Les zones ateliers sont des dispositifs pour la recherche sur l'environnement mis en place par le CNRS à partir du début des années 2000 à l'échelle de nos territoires régionaux. Ici il s'agit de la zone atelier « Plaine et Val de Sèvre ». L'origine vient de réflexions antérieures sur la nécessité d'organiser des dispositifs de terrain d'observation et d'expérimentation [16].

17. « Vous avez lu partout que l'agriculture était responsable de la disparition des oiseaux de nos campagnes ?... », http://www.atlantico.fr/decryptage/avez-lu-partout-que-agriculture-etait-responsable-disparition-oiseaux-noscampagnes-voila-pourquoi-accusation-est-3347863.html.

18. Comme dans l'émission de France Inter, « Interception » du 13 mai 2018, bien documentée et montrant la complexité de la situation.

19. « Des chercheurs français sur le paludisme accusés de biopiraterie », https://www.mediapart.fr/journal/france/250116/des-chercheurs-francais-sur-le-paludisme-accuses-de-biopiraterie

20. BP, l'abréviation signifiant *before present* (« avant le présent »), est maintenant utilisée pour repérer un événement du passé. L'origine étant placée arbitrairement en 1950, correspondant aux premiers essais de datation avec le carbone 14 ($^{14}C$).

21. L'espèce est une catégorie taxonomique. Les notions de niche, fonctionnelle, et d'habitat, un lieu particulier, sont présentées et détaillées dans le chapitre 3.

22. Il est bon de rappeler que Joseph Fourier a été le premier à poser clairement la question [29].

23. L'Académie des technologies a édité un rapport, très argumenté à ce sujet, à l'occasion de la COP 21 intitulé : « Les technologies et le changement

climatique, des solutions pour l'atténuation et l'adaptation» [32]. Ce rapport a été peu médiatisé. Sans doute n'était-il pas assez «catastrophiste» pour plaire aux médias.

24. Dans son ouvrage *La Biodiversité au quotidien* (Paris, IRD Éditions & éditions Quæ, 2008), Christian Lévêque y consacre un large passage dans le chapitre: «Les relations homme-biodiversité: je t'aime, moi non plus».

25. L'arbre sacré, l'Arbre des Âmes, du film *Avatar* en donne une représentation artistique et poétique moderne.

26. remacle.org/bloodwolf/philosophes/Aristote/tableanimaux.htm.

27. L'évêque d'Oxford, Samuel Wilberforce, antidarwinien, ne connaissait sans doute pas cette référence lorsque dans le célèbre débat de 1860 sur la théorie de l'évolution il aurait demandé à Huxley, défendeur de la cause, si les singes de ses ancêtres étaient de la lignée de son père ou de sa mère (plaisanterie victorienne fort répandue à l'époque), ce à quoi Huxley répondit qu'il préférerait avoir un singe comme ancêtre plutôt qu'un évêque riche, avare et donateur plus par intérêt que par charité. Cette anecdote est rapportée dans l'*Encyclopædia Britannica.*

28. *Cf.* les annales de l'École des mines: annales.org/archives/cofrhigeo/orbigny.html.

29. Usage commun fait loi, nous utilisons le terme «espèce» alors que nous savons qu'il est fondamentalement impropre et que la notion est scientifiquement floue. Quand on parle de conservation ou de préservation, on vise des individus d'une population donnée qu'on a classés dans une catégorie particulière, nommée «espèce», à partir de ressemblance entre des caractères communs. Darwin insiste sur ce point, mais au bout du compte il sacrifie au terme en convenant que c'est faute de mieux. On continue aussi à l'employer par commodité.

30. Cette implication en Amazonie a persisté dans la tradition familiale. Ainsi Anna Roosevelt, son arrière-petite-fille, professeure à l'université de l'Illinois, est une des plus célèbres anthropologues et écologues travaillant sur l'Amazonie [21]. Nous avons fait appel à elle pour participer au conseil scientifique du programme Amazonie du CNRS, conseil présidé par Claudine Schmidt-Lainé.

31. On pourra se référer aux travaux d'Andrée Corvol-Dessert, spécialiste de l'histoire des forêts françaises.

32. Un livre de David Ruelle est clair: même dans des sciences très «dures», faire admettre, du moins considérer des points de vue et des théories «non standard» est au moins aussi difficile que dans des sciences moins théorisées et moins mathématisées [40].

33. Centre for Agriculture and Biosciences International, CABI Publishing, février 1996.

34. « “Biodiversité” est un mot qui a été inventé pour intégrer une variété d’autres concepts [que la diversité biologique] et aussi des normes éthiques […] la biodiversité comme concept de l’écologie marque une des tendances les plus significatives de ce domaine » (traduction de l’auteur).

35. *Cf.* par exemple le livre de Luc Perino [3].

36. Le terme « biosphère » désigne l’ensemble des composantes biologiques à la surface de la planète. Inventé au XIXe siècle, il a été précisé par Vernadsky dans les années 1920 [48]. Ce terme entre dans la classification des sciences de la Terre : atmosphère, hydrosphère, géosphère et biosphère. On utilise aussi le mot « écosphère » pour désigner le grand écosystème planétaire ; ce terme contient implicitement les composantes vivantes mais aussi leurs interactions. Le concept organiciste, quelque peu panthéiste, de Gaïa en est une expression [49].

37. Par exemple on pourra consulter le rapport, déjà cité, de l’Académie des technologies, contribution de cette académie à la COP 21 [32].

38. On pourra consulter une version en français [50] ou une version « historique » en anglais [51].

39. On rappellera à ce propos que le programme interdisciplinaire du CNRS intitulé « Dynamique de la biodiversité et environnement » a été conçu dans la mouvance de la Conférence de Rio de Janeiro (1992).

40. Pour qu’un exposé soit consistant, c’est-à-dire solide, donc difficilement attaquable, il faut qu’il ne contienne aucune incohérence. On peut le prendre comme une évidence, mais lorsque l’exposé porte sur un objet complexe et un sujet délicat, il est difficile d’assurer une telle consistance. C’est l’un des problèmes centraux de disciplines comme l’écologie qui s’intéressent à des systèmes qu’on peut effectivement qualifier de complexes.

41. *Cf.* par exemple les travaux de J. D. Lebreton.

42. L’une des revues les plus complètes est celle réalisée par Éric Marcon, de l’UMR Ecofog (Guyane française) à des fins pédagogiques : « Mesures de la biodiversité », accessible à l’adresse : www.ecofog.gf/IMG/pdf/mesures_de_la_biodiversite.pdf.

43. L’ADN est une molécule assez stable et ses morceaux aussi. Les organismes présents à un endroit laissent des traces de ce genre. Si l’on analyse toutes les traces, par exemple prélevées dans des sols, on peut identifier presque sûrement les espèces auxquelles appartiennent les organismes présents, ou qui ont été présents dans un passé récent. Ces méthodes sont aussi celles utilisées par la police scientifique pour l’identification d’individus qui auraient été présents sur une scène de crime !

44. « La niche écologique d’un organisme dépend non seulement du lieu où il vit, mais aussi de ce qu’il y fait. Par analogie et biologiquement parlant,

on peut dire que l'habitat est l'"adresse" de l'organisme et sa niche est sa "profession" [66] [67] » (traduction de l'auteur).

45. Directive Cadre 92/43/CEE du Conseil du 21 mai 1992 concernant la conservation des habitats naturels ainsi que de la faune et de la flore sauvages.

46. Pour une fois nous versons dans l'emphase : retenir que ces « explosions » sont à l'échelle géologique du million d'années et pas à celle de la microseconde des explosions chimiques. Mais cela n'a d'égal que celles des catastrophistes...

47. Ce type d'« accident » a été bien identifié par plusieurs paléontologues, par une analyse fine des données. C'est le cas de Hallam et Wignall qui font, à notre connaissance, la première grande récapitulation à ce sujet [84].

48. Il faut aussi compter avec le processus assez complexe de fossilisation qui ne touche des organismes morts que de façon exceptionnelle. Comme le disait un collègue paléontologue : « à titre individuel c'est un grand et rare honneur que de finir fossilisé » ! Néanmoins, plus les organismes d'une même espèce sont nombreux, plus grande est la chance d'en avoir au moins un qui soit fossilisé. Enfin, il faut compter avec la chance des paléontologues de trouver ces fossiles, même s'ils connaissent les conditions de milieu propices à en contenir.

49. $N_0$ est une « condition initiale », une valeur fixée, souvent observée, comme c'est le cas ici, permettant de définir une courbe particulière passant par ce point.

50. $r$ peut être négatif, c'est alors un taux de décroissance, traduisant un effet toxique d'éléments du milieu, mais nous nous limitons ici à l'interprétation classique du modèle logistique.

51. Pour tout ce qui concerne la terminologie relative aux espaces géographiques et aux concepts sous-jacents, on peut retenir la référence à l'équipe de Roger Brunet [91].

52. Ce terme vient de la cinétique chimique, on peut écrire ce modèle : $y = N(1 - e^{-\alpha x})$.

53. Les termes « adapté » et « adaptation » sont en fait utilisés dans des contextes différents. Il est apparu important de faire le point à ce sujet (*cf.* encadré du chapitre).

54. On trouve aussi les termes « mêlées » (*tangled*), « enchevêtrées » (*entangled*).

55. Ce n'est pas une litote. En effet, longtemps l'enseignement des sciences de l'évolution était surtout assuré par des spécialistes des sciences de la Terre, qui s'appuyaient sur l'étude des fossiles. Il est fort probable que l'émergence de la phylogénie moléculaire au tournant des années 1980 ait (enfin) convaincu les biologistes de l'importance du sujet pour eux.

56. La plupart des documents concernant les travaux de Charles Darwin sont en accès libre sur le site : darwin-online.org.uk/.

57. Notre laboratoire de Lyon entretenait des relations suivies avec eux, et d'autre part avec Richard Lewontin à Harvard.

58. *Cf.* par exemple collections.umontpellier.fr/images/stories/04-patstec/newsletter/Newsletter_2.pdf.

59. Tiré d'un autre article de Christian Walter : « Le pouvoir démiurgique des mathématiques financières » dans *Libération* du 21 mai 2012. En fait, comme nous l'avons souligné, Henri Poincaré avait soulevé la question, mais l'attention n'avait pas été attirée. Ce n'est qu'à la relecture qu'on a pu le noter.

60. Cette expression a été utilisée, à ma connaissance, pour la première fois lors d'une conférence présentée par l'auteur à Lyon le 29 juin 2017, à l'occasion de « La multilatérale des quatre moteurs de l'Europe » et intitulée : « Biomimetics and related topics »

61. Tiré de l'édition en français *De l'origine des espèces* (trad. E. Barbier, Paris, éd. Jean de Bonnot, 1862).

62. À l'époque, la relation des « caractères » avec des parties de chromosomes (des « loci » portant des allèles de gènes) n'était pas faite. Il a fallu attendre la « théorie chromosomique de l'hérédité » proposée indépendamment par Walter Sutton et Theodor Boverri en 1902 et démontrée par Thomas Hunt Morgan en 1915 sur les drosophiles. La correspondance avec l'ADN, macromolécule connue par les biochimistes depuis les années 1870 et incluse dans les chromosomes (Jean Brachet 1946), a été faite dans les années 1940-1950.

63. On pourra consulter l'article de Marina Chicurel qui fait clairement le point sur le sujet [110].

64. On pourra se référer à la présentation de la généticienne Edith Heard et à la bibliographie associée, dans *La Recherche* : entretien avec Edith Heard, « On ne peut pas tout expliquer avec l'ADN » (propos recueillis par Mathias Germain), janvier 2016, p. 5-8.

65. On pourra consulter avec profit l'article [113] et le livre de Luc Perino [3].

66. L'article [115] présente bien la situation actuelle de la connaissance sur les processus évolutifs.

67. Plus loin, on trouvera des arguments confortant ce point de vue.

68. Charles Lyell, 1864 [83].

69. *Cf.* par exemple www.hominides.com/html/theories/preuve-evolution-lezard.php.

70. en.wikipedia.org/wiki/E._coli_long-term_evolution_experiment.

71. www.theguardian.com/society/2015/jan/18/scientists-wrong-luck-cancer-genes-alice-roberts.

72. « Oui, les scientifiques ont tort quand ils parlent de chance et… de hasard, mais nous devons nous battre contre, encore et encore » (traduction de l'auteur).

73. lejournal.cnrs.fr/articles/une-approche-darwinienne-du-cancer; lejournal.cnrs.fr/articles/la-medecine-darwinienne-un-autre-regard-sur-la-sante.

74. Dans les espèces sexuées pluricellulaires, on distingue les cellules somatiques, celles qui constituent les tissus de l'organisme, des cellules germinales, qui participent à la reproduction.

75. J'utilise le terme « durée » plutôt que « temps », selon les recommandations de mes collègues physiciens.

76. Par opposition, le transfert vertical désigne celui de parents à enfants, c'est-à-dire le processus de l'hérédité.

77. « Les rumeurs (à propos) de ma mort ont été largement exagérées » (traduction de l'auteur).

78. Il s'agit ici de l'écologie au sens politique. Il n'empêche que ceux qui en relèvent ont parfois une propension à mélanger les genres.

79. « La conservation de la nature ne concerne pas uniquement la science, mais elle est en grande partie politique – et corriger une erreur conduit à une meilleure science, mais pourrait affaiblir le succès politique » (traduction de l'auteur).

80. « Extinction, la cause de la disparition des espèces » (traduction de l'auteur).

81. www.inrees.com/articles/espece-humaine-extinction/ (j'ai laissé l'anglicisme *medicine* tel quel…).

82. « Perte accélérée des espèces induite par l'homme : entrée dans la sixième extinction de masse » et « Les pertes et les déclins des populations de vertébrés sont un signal de l'annihilation biologique due à la sixième extinction de masse en cours » (traduction de l'auteur).

83. On trouve une excellente discussion à ce propos sur le site geoconfluences.ens-lyon.fr/informations-scientifiques/a-la-une/notion-a-la-une/notion-a-la-une-proteger-preserver-ou-conserver-la-nature.

84. Cette histoire est racontée dans le livre d'Anthony Barnosky, *Dodging Extinction – Power, Food, Money and the Future of Life on Earth* [138].

85. L'astronomie, autre science bien connue, est aussi essentiellement fondée sur l'observation, mais la présence de corpus théoriques bien développés permet une interprétation des données très cadrée.

86. *Cf.* www2.nancy.inra.fr/collectif/archorales/bonneau/textes/Inra-Deforpa.pdf et [142] [143].

87. slideplayer.com/slide/6644241/.

88. « L'érosion de la diversité biologique de la planète se poursuit », http://www.lemonde.fr/planete/article/2006/05/22/l-erosion-de-la-diversite-biologique-de-la-planete-sepoursuit_774500_3244.html.

89. Après une exploration des données accessibles et des méthodologies employées, il apparaît hasardeux d'avancer des nombres précis d'espèces disparues, par exemple depuis la date généralement retenue de 1500.

90. Cette estimation est celle proposée par Costello *et al.*, dans l'article déjà cité de 2013 [64].

91. Rapport Planète vivante 2014, « Des hommes, des espèces, des espaces, des écosystèmes », assets.wwf.ch/downloads/lpr2014_resume_vf_web.pdf.

92. aeon.co/magazine/science/why-extinction-is-not-the-problem/.

93. Rappel : superficie du globe = 510 millions de km² (510 067 420) ; océans = 362 millions km² (361,8) ; terres émergées = 148 millions de km² (148,2) ; superficie forestière (2010) = 4,033 milliards d'ha, soit 40,033 millions de km² (27 % des terres émergées) ; estimation du nombre d'arbres, jusqu'à 2013 : 400 milliards, depuis 2015 : 3 040 milliards, dont 390 milliards pour la seule Amazonie.

94. www.fao.org/docrep/013/i1757f/i1757f.pdf, annexe 6, p. 341-348.

95. Calculs effectués à partir des données puisées sur le site de l'ONF (ordres de grandeur) : « Les forêts, fortement sollicitées autrefois », www.onf.fr. On pourra aussi consulter le document (mémoire d'étudiant BTSA « Gestion forestière » de Sylvain Gaudin, 1996) : « Quelques éléments d'histoire forestière et généralités sur la forêt en France et dans le monde », le.mago.pages-perso-orange.fr/Acrobat/Histoire.pdf.

96. www.meteofrance.fr/publications/glossaire/150631-effet-papillon.

97. On ne va pas débattre sur cette notion de complexité qui n'est pas forcément liée au nombre de variables et de paramètres mais également à la nature de ces relations, linéaires ou non linéaires.

98. Pour les populations « naturelles », « ménagement » me semble mieux adapté que « commande » ou « contrôle », mots utilisés par les ingénieurs, ou que « gestion » qui fait penser à la comptabilité. Ce terme a été suggéré par un confrère, Bernard Chevassus-au-Louis.

99. « Aussi surprenant que cela puisse paraître, il est tout à fait possible que la conséquence à long terme de l'évolution de l'*Homo sapiens* soit une augmentation du nombre d'espèces sur la surface de la Terre » (traduction de l'auteur).

100. « Éviter l'effondrement de la biodiversité dans les aires protégées des forêts tropicales » ; « Les réserves tropicales fonctionneront comme des "arches" pour la biodiversité » (traduction de l'auteur).

101. On pourra se référer à l'article de Wikipédia à ce sujet : « Histoire de l'administration des eaux et forêts en France », fr.wikipedia.org.

102. Les initiatives d'aéroports soucieux de préserver leur biodiversité et plus généralement leur environnement sans obérer la sécurité des vols sont à souligner. Deux compagnies aériennes nationales (HOP ! et Air France) ainsi que la DGAC (Direction générale de l'aviation civile) soutiennent ces initiatives ; www.hop.com/sites/default/files/press/180615_hop_biodiversite_une_association_pour_un_transport_aerien_mieux_integre_a_son_environnement.pdf.

103. « Le Brésil choisira-t-il une déforestation raisonnée pour la sauvegarde de la biodiversité ? », http://www2.cnrs.fr/sites/communique/4ichier/08la biodiversite_en_amazonie_ap_bp.pdf.

104. www.unicaen.fr/homme_et_loup/index.php.

105. www.loup.org/droit/convention.htm.

106. En 2016 : on recense 669 réserves dans 120 pays, dont 14 en France. Les deux pays s'étant les mieux dotés sont les États-Unis et la Fédération de Russie. Voir www.unesco.org/new/fr/natural-sciences/environment/ecological-sciences/biosphere-reserves/ et www.mab-france.org/fr/biospheres/. L'initiative date de 1971 (création du MAB succédant au Programme biologique international), donc bien avant l'apparition du terme « biodiversité ».

107. C'est le titre du chapitre XIII de son ouvrage [176].

108. Cette convention internationale pour la conservation des zones humides a été signée en 1971 à Ramsar, en Iran.

109. Dans le film *Ridicule* (de Patrice Leconte, 1996), le baron Grégoire Ponceludon de Malavoy est un personnage fictif qui défend un projet d'assainissement. Il personnifie une volonté de l'époque qui a été concrétisée au XIXe siècle par les moines de l'abbaye Notre-Dame-des-Dombes.

110. Expression de Margaret Thatcher : *There is no alternative* (« Il n'y a pas d'alternative »).

111. « La tragédie des communs » ; « Le problème de la population n'a pas de solution technique ; il faut une extension fondamentale de la moralité » (traduction de l'auteur).

112. « Le plus grand bien pour le plus grand nombre » (traduction de l'auteur). Jeremy Bentham a été l'un des principaux théoriciens de l'utilitarisme, un élément clé de la doctrine libérale.

113. « Non pour deux raisons, chacune suffisante par elle-même. La première est théorique. Il n'est pas possible de maximiser pour deux ou plus de variables. Cela a été clairement établi par von Neumann et Morgenstern mais son principe est implicite dans la théorie des équations aux dérivées partielles qui date de d'Alembert (1717-1783) » (traduction de l'auteur).

114. « Le problème de la population n'a pas de solution technique. Il nécessite un développement de la moralité. » Hardin prône-t-il l'abstinence ?

115. Il est d'ailleurs intéressant de constater que ces défauts sont attribués aux pauvres ! Le mal n'est pas de s'enrichir, mais de le faire inconsidérément et de ne penser qu'à cela au détriment des autres. C'est être cupide.

116. On peut montrer que pour rendre compte de la structure de populations de fourmis, il suffit de règles simples. Ces structures sont élémentaires et très stables dans le temps et ces populations sont amalgamées à des sociétés. La simulation de la dynamique de ces « sociétés » a été faite, *cf.* par exemple [182].

117. Dès la fin des années 1970, le CNRS a lancé des programmes interdisciplinaires de recherche sur l'environnement. Ceux-ci ont mené des travaux sur le milieu rural, avec leurs partenaires (Inra, Cemagref-Irstea, ORSTOM-IRD, Cirad, ONF, etc.). Une part importante relevait de l'écologie, mais les aspects socio-économiques n'étaient pas oubliés. Ces programmes ont été arrêtés au début des années 2000. On pourra se reporter à l'article [184]. Dans cet article, le Piren, Programme interdisciplinaire de recherche sur l'environnement, est aussi évoqué. Il précéda ces deux programmes en couvrant la période 1978-1990.

118. www.gip-ecofor.org/ ou fr.wikipedia.org/wiki/GIP_Ecofor.

119. Édouard Bard est professeur au Collège de France, où il occupe la chaire « Évolution du climat et des océans » ; il a reçu de nombreuses distinctions scientifiques.

120. Le G-Science 2012 : Académies des sciences du G8, plus cinq des pays émergents et deux invitées, au total et par ordre alphabétique : celles d'Afrique du Sud, d'Allemagne, du Brésil, du Canada, de Chine, des États-Unis, de France, d'Inde, d'Indonésie, d'Italie, du Japon, du Maroc, du Mexique, du Royaume-Uni et de Russie.

121. Que le lecteur me pardonne pour certaines répétitions, mais, comme Philippe Huneman, ça me fait rire aussi !

122. Faire attention à ce sujet, car cette vision peut procéder d'une position idéologique a priori, ou d'une commodité méthodologique liée à la modélisation en termes de système de l'écologie fonctionnelle, par exemple les systèmes à compartiments pour représenter les stocks et les flux biogéochimiques pendant une durée limitée, mais assez longue pour que cette approximation structurelle soit pertinente pendant cette durée.

123. « L'âge d'or de l'écologie théorique ».

124. www.taieb.net/auteurs/Walras/mech_gf.pdf.

125. Dans cet article « fondateur », les auteurs estiment les services des écosystèmes entre 16 et 54 mille milliards de dollars par an.

126. Ce terme m'a été cité par Lionel Larqué, président de l'Alliance science-société, et semble avoir été utilisé dans l'entourage du regretté Bernard Maris.

127. Notons néanmoins l'effort fait en France avec la FRB (Fondation pour la recherche sur la biodiversité).

128. Ce terme signifie « ordre permanent », donc intangible, chaque chose dans l'univers doit être à sa place pour que le fonctionnement permanent soit assuré. On interprète ainsi la pulsion qui mène Ulysse à revenir à Ithaque, près de Pénélope, à sa place, malgré toutes les tentations auxquelles il est soumis, notamment par la divine Calypso (*cf.* par exemple ce qu'en dit Luc Ferry).

129. Même pour les organismes on constate qu'ils sont en renouvellement permanent durant leur vie : des cellules meurent, d'autres apparaissent, mais le tout est maintenu en cohésion, permettant d'assurer un bon fonctionnement. Dans le cas contraire (arrêt du renouvellement, renouvellement non conforme), l'organisme concerné entre dans un état pathologique. Si on veut garder une apparence d'un organisme, on peut le naturaliser (mot curieux, d'ailleurs !) ou le momifier. Voulons-nous d'une nature momifiée ?

130. J. S. Haldane était le père de John Burton Sanderson Haldane, l'un des inventeurs de la génétique des populations et de l'utilisation des modèles mathématiques dans cette discipline avec Ronald Fisher et Sewall Wright. Il a aussi intégré son approche dans une pensée évolutive. Avant la guerre, il faisait partie des « eugénistes de gauche » ; il était aussi très proche des communistes, il s'est néanmoins opposé vivement au lyssenkisme. On lui attribue aussi l'expression : « Dieu, s'il existe, a un penchant démesuré pour les coléoptères. » D'autres scientifiques proches des communistes ou communistes eux-mêmes, biologistes ou non, ont critiqué sévèrement le lyssenkisme, même en Union soviétique. Ce fut notamment le cas du célèbre mathématicien Andrei Kolmogorov.

131. Mais nous sommes aussi un peu fautifs car cette expérience n'a pas toujours été publiée et diffusée, occupés que nous étions à élaborer et à raffiner cette méthodologie, à démontrer son efficacité. Ainsi, la remarquable synthèse, basée sur près de quarante ans d'expérience en la matière, faite par le CNRS en 2011 est limitée à une diffusion et à un usage internes.

132. J'utilise ce mot bien qu'il ne me plaise pas et pourtant il a une signification très claire et noble : conduire les affaires du monde. Le problème est quand il n'y a plus que cela, on gère faute de penser, faute de projet. Les politiques, dénués d'idées et de courage, ont fort dégradé l'image : la gestion est un outil pour réaliser un projet et non pas un projet en soi.

133. Après vérification, il s'avère que ce mot existe déjà, mais avec un sens très différent dans la langue cajun de Louisiane dans laquelle il désigne la personne gestionnaire des biens de l'habitation. On parle aussi d'économe (terme qui était utilisé dans les établissements scolaires en France avec le sens d'intendant) [208].

134. Le manque d'idée et l'imprégnation idéologique de la marchandisation du monde vont jusqu'à parler de « dette écologique », un autre exemple de transfert rapide de concept. Le problème, si on n'y prend garde, est qu'avec le mot on trimballe tout un tas de casseroles dont le vacarme peut troubler l'entendement.

135. Rappelons la référence accessible : www.taieb.net/auteurs/Walras/mech_gf.pdf. Dans ce fichier, la lettre de Poincaré est à la fin ; en tête on trouve la réponse de Walras. Elle est d'ailleurs curieuse.

136. Cette expression signifiant « Tout s'écoule » est attribuée à ce philosophe présocratique. Sa philosophie s'opposait à celle de Parménide défendant l'ordre cosmique et par extension la notion de stationnarité éternelle et sa version simpliste d'équilibre, une sorte de moyenne d'un état stationnaire. Le cosmos de Parménide est un « système », concept repris par Aristote. L'idée d'Héraclite a aussi été traduite, s'il ne l'a écrite lui-même, par « Rien n'est permanent, si ce n'est le changement » ou « Ce qui est permanent, c'est le changement » ou encore « On ne se baigne jamais deux fois dans le même fleuve », etc. C'est bien ce que nous observons naïvement et ce que nous constatons scientifiquement, par exemple pour les êtres vivants et par extension pour les systèmes biologiques et écologiques. Dans ce contexte, il faut prendre le concept de « système » comme une commodité méthodologique, valable pendant une durée donnée. « Panta Rhei » est aussi l'intitulé du premier épisode de la remarquable série réalisée par des collègues mathématiciens sur le chaos, que nous évoquons un peu plus loin.

137. Il s'est ainsi démarqué de Laplace qui en traitait plutôt comme un produit de notre ignorance.

138. Pour la philosophie de Spinoza, on pourra se référer à l'ouvrage récent de Frédéric Lenoir : *Le Miracle Spinoza*, Fayard, 2017. D'autres références ont déjà été données, notamment le cours de Gilles Deleuze. On pourra également lister les émissions consacrées à Spinoza sur France Culture.

139. On pourra se référer à la publication de Christian Vidal [215].

140. Cette présentation en deux étapes distinctes, commode pour l'exposé, ne correspond pas à la réalité, car les processus se déroulent continûment, simultanément et sont en fait imbriqués.

141. En fait des résultats récents montrent que l'horizon de prédictibilité est limité, l'horloge céleste donne bien l'heure aujourd'hui, mais pas à l'échelle de la vie de notre Système solaire [217].

142. Soulignons encore une fois que la météorologie fait partie des exemples cités par Poincaré pour illustrer la sensibilité aux conditions initiales, quarante-huit ans avant le calcul d'Edward Lorenz.

143. Les modèles dits déterministes n'incluent pas de terme probabiliste au contraire des modèles probabilistes, comme on le devine aisément.

144. Dans l'ouvrage déjà cité sur la modélisation (Pavé 2012 [80]), un chapitre complet est consacré à ce type de problème et aux concepts associés. Rappelons que le modèle logistique en temps discret comme sa version plus ancienne en temps continu sont à l'origine des modèles démographiques et de dynamique des populations. La version en temps discret, proposée par Robert May en 1974, est devenue un exemple paradigmatique pour l'étude des dynamiques chaotiques [218] [219] [220].

145. C'est-à-dire le rapport entre l'effectif réel au temps $n$ et l'effectif

maximum possible de la population. On peut aussi voir ce modèle indépendamment de cette interprétation. C'est, par exemple, le cas étudié par Jean-Pierre Blanchet, de l'université du Québec à Montréal, où ce modèle est utilisé en physique des particules. Il ne m'est pas possible de juger de la pertinence de cette utilisation, très loin de mes compétences. Cependant, l'idée de J. P. Blanchet me semble originale [224].

146. Il est difficile d'en dire plus car il faudrait faire appel à des notions mathématiques sortant largement du cadre de cet ouvrage et aussi au-delà des compétences de l'auteur. C'est une qualité des mathématiques de citer un résultat avec un minimum de détails et de pouvoir l'utiliser, car on est sûr d'une chose, celui de sa validité.

147. L'ouvrage *L'Héritage de Kolmogorov* [226] peut être consulté à ce propos. Plusieurs chapitres évoquent cette question. Il est un peu ardu, mais, comme c'est le cas pour l'ouvrage cité d'Henri Poincaré, des parties purement textuelles sont très accessibles.

148. On peut recommander un excellent film, complété par des documents [227] : « Chaos 1. Mouvement et déterminisme : Panta Rhei », https://www.youtube.com/watch?v=JNWM8hTXVNM&list=PLw2BeOjATqrt-vGQi9Z-FeSYuQJPGph_BP. La référence [226] présente des développements théoriques pour ceux qui le désireraient.

149. *Cf.* l'ouvrage *L'Héritage de Kolmogorov* [226].

150. *Cf.* son ouvrage *Hasard et chaos* [40], lui aussi déjà cité, et noter parmi ses apports sa contribution à la définition de ces « mesures SRB ».

151. Il faut néanmoins être prudent. Si l'on considère le génome comme un système dynamique, donc évoluant dans le temps, il se peut qu'une faible perturbation, comme l'insertion d'un gène exotique, influence largement la suite.

152. Dans un but de contrôle, on peut négliger la dérive génétique, lente et progressive.

153. Il s'agit de la bactérie baptisée Mycoplasma mycoides JCVI-syn1.0, qui a été créée en introduisant un chromosome bactérien obtenu par voie de synthèse dans une bactérie *Mycoplasma capricolum* auparavant privée de son ADN [228].

154. fr.wikipedia.org/wiki/Esprit_quantique.

155. Plusieurs économistes ont dénoncé ces pratiques ; parmi les publications sur le sujet, on peut consulter l'article de Christian Walter [230].

# Table

93

**La biodiversité, de LUCA à... Ratatouille** ............... 7

**Tour d'horizon** ............................................ 9

**1. Exemples et expériences** ............................ 21
L'escargot de Quimper n'aime pas le foot .............. 22
Le Pique-prune au risque des autoroutes, des tronçonneuses et... d'Iter ............................................ 22
L'ours, le loup et le cormoran ........................ 24
Des mouflons, des chats, des oiseaux... et des scientifiques dans les îles Kerguelen ................................ 26
Où sont passés les oiseaux des champs ?................ 31
Les pirates sont-ils dans la forêt ? .................... 33
Que nous dit la biodiversité des humains ? .............. 36
Biodiversité des villes, biodiversité des champs.......... 39
Biodiversité et climat : je t'aime, moi non plus... ........ 41
Fables, contes et légendes : une biodiversité imaginaire ... 46

**2. Histoire quelque peu brinquebalante du concept**...... 49
Prolégomènes ........................................ 49
L'invention du mot sans véritable définition............. 55
Biodiversité et écologie ................................ 58
La biodiversité, médiatisée et socialisée ................ 66

**3. On compte beaucoup, plus ou moins bien, et qu'en fait-on ?** .......................................... 69

Caractériser la biodiversité : le choix de l'espèce est-il bon ? .......... 70
Premières utilisations du concept.......... 71
Comment, où et quand compter ?.......... 76
L'incontournable biométrie .......... 78
Les concepts d'habitat et de niche écologique sont-ils utiles pour évaluer la biodiversité ? .......... 81
Des cas concrets .......... 86
De nouveaux moyens d'évaluation : exemple du métagénome.......... 101
Un peu plus de mathématiques, ça peut être utile .......... 102
Les estimations de la biodiversité sont souvent acrobatiques, parfois fantaisistes.......... 119

**4. Et si l'on parlait un peu d'évolution** .......... 123
Découverte des mécanismes fondamentaux de l'évolution . 125
Quelques exemples contemporains .......... 138
Mutations, sexes, biodiversité et évolution .......... 153
La fin des origines ?.......... 156
Dynamique de la biodiversité : de l'évolution biologique à la dynamique des populations .......... 158

**5. Prévisions de la biodiversité : vers une sixième grande extinction ?** .......... 163
Origines du concept .......... 166
Qu'en est-il des données ? .......... 177
Peut-on modéliser la biodiversité et prévoir son devenir ?.. 192
Conclusion partielle .......... 204

**6. La biodiversité : comment en parle-t-on ?** .......... 209
Une histoire édifiante et quelque peu explicative .......... 209
Analyse contemporaine : la biodiversité oubliée.......... 212
Un argument d'autorité dans le dialogue social .......... 213
Un objet de droit .......... 216
Des discours parfois équivoques des scientifiques .......... 220
La biodiversité pourrait-elle être un bien commun ? .......... 225

L'exemple du monde rural : sa biodiversité et ses habitants 233
Diverses écologies et leurs discours .................. 237

**7. Déconstruire et reconstruire l'écologie scientifique ?...** 241
Bilan provisoire.............................. 244
La biodiversité dans le débat social.................. 252
Quelles sont les valeurs attachées à la biodiversité ? ...... 255
L'écologie scientifique à la croisée des chemins ......... 258
La place de la biodiversité dans l'étude scientifique du vivant .................................. 260
Vers une reconstruction ? .......................... 262
Que peut-on penser de tout cela ? .................... 276

**8. Ce que nous dit la biodiversité sur le hasard et le hasard sur la biodiversité** ............................ 281
Quelques jalons de plus sur le chemin du hasard......... 283
De Poincaré à Spinoza ............................ 284
Les accointances du hasard avec le vivant : des liaisons parfois dangereuses, mais pas toujours................ 287
Hasard et mathématiques, ordre et chaos, contingence .... 294
L'exemple du modèle logistique en temps discret ........ 301
Un cadre théorique puissant......................... 307
Quelques conséquences ............................ 310
Éloge des mathématiques........................... 320
Éloge de la biodiversité............................ 321

**Annexe**.................................... 323
Quelques travaux des académies : Académie des technologies, Académie d'agriculture, Académie des sciences, Académie des sciences de l'outre-mer .......................... 323

*Remerciements*................................ 325

*Références bibliographiques*........................ 327

*Notes*...................................... 343

RÉALISATION : PAO ÉDITIONS DU SEUIL
IMPRESSION : NORMANDIE ROTO IMPRESSION S.A.S. À LONRAI
DÉPÔT LÉGAL : FÉVRIER 2019. N° 134150 (1805432)
*Imprimé en France*